굴착기 운전기능사

필기 문제집

다락원아카데미 편

다락원

머리말

최근 건설 및 토목 등의 분야에서 각종 건설기계가 다양하게 사용되고 있습니다. 건설 산업현장에서 건설기계는 효율성이 매우 높기 때문에 국가산업 발전뿐만 아니라, 각종 해외 공사에까지 중요한 역할을 수행하고 있습니다. 이에 따라 건설 산업현장에서는 건설기계 조종 인력이 많이 필요해졌고, 건설기계 조종 면허에 대한 가치도 높아졌습니다.

〈원큐패스 굴착기운전기능사 필기 문제집〉은 '굴착기운전기능사 필기시험'을 준비하는 수험생들이 단기간에 효율적인 학습을 통해 필기시험에 합격할 수 있도록 다음과 같은 특징으로 구성하였으니 참고하여 시험을 준비하시길 바랍니다.

1. 과목별 빈출 예상문제
- 기출문제 중 출제 빈도가 높은 문제만을 선별하여 과목별로 예상문제를 정리하였습니다.
- 각 문제에 상세한 해설을 추가하여, 이해하기 어려운 문제도 쉽게 학습할 수 있습니다.

2. 실전 모의고사 5회
- 실제 시험과 유사하게 구성하여 실전처럼 연습할 수 있는 실전 모의고사 5회를 제공합니다.
- 시험 직전 자신의 실력을 점검하고 시간 관리 능력을 키울 수 있습니다.

3. 모바일 모의고사 5회
- QR코드를 통해 제공되는 모바일 모의고사 5회로 언제 어디서든 연습할 수 있습니다.
- CBT 방식으로 시행되는 시험에 대비하며 실전 감각을 익힐 수 있습니다.

4. 핵심 이론 요약
- 시험 직전에 빠르게 확인할 수 있는, 꼭 알아야 하는 핵심 이론만 요약하여 제공합니다.
- 과목별 빈출 예상문제를 풀다가 모르는 내용은 요약된 이론을 참고해 효율적으로 학습할 수 있습니다.

수험생 여러분의 앞날에 합격의 기쁨과 발전이 있기를 기원하며, 이 책의 부족한 점은 여러분의 소중한 조언으로 계속 수정, 보완할 것을 약속드립니다.

이 책에 대한 문의사항은
원큐패스 카페(http://cafe.naver.com/1qpass)로 하시면 친절히 답변해 드립니다.

개요

굴착기는 주로 도로, 주택, 댐, 간척, 항만, 농지정리, 준설 등의 각종 건설공사나 광산 작업 등에 활용된다. 이에 특수한 기술을 요하며, 또한 안전운행과 기계수명 연장 및 작업능률 제고 등을 위해 숙련기능인력 양성이 필요하다.

수행직무

건설현장의 토목 공사를 위하여 굴착기를 조종하여 터파기, 깎기, 상차, 쌓기, 메우기 등의 작업을 수행하는 직무이다.

진로 및 전망

- 주로 건설업체, 건설기계 대여업체 등으로 진출하며, 이외에도 광산, 항만, 시·도 건설사업소 등으로 진출할 수 있다.
- 굴착기 등의 굴착, 성토, 정지용 건설기계는 건설 및 광산현장에서 주로 활용된다.

시험일정

상시시험으로 자세한 일정은 시행처인 한국산업인력공단 Q-net(www.q-net.or.kr)에서 확인

필기

시험과목	굴착기 조종, 점검 및 안전관리	
주요항목	점검	1. 운전 전·후 점검 2. 장비 시운전 3. 작업상황 파악
	주행 및 작업	1. 주행 2. 작업 3. 전·후진 주행장치
	구조 및 기능	1. 일반사항 2. 작업장치 3. 작업용 연결장치 4. 상부회전체 5. 하부주행체
	안전관리	1. 안전보호구 착용 및 안전장치 확인 2. 위험요소 확인 3. 안전운반 작업 4. 장비 안전관리 5. 가스 및 전기 안전관리
	건설기계관리법 및 도로교통법	1. 건설기계관리법 2. 도로교통법
	장비구조	1. 엔진구조 2. 전기장치 3. 유압일반
검정방법	전과목 혼합, 객관식 4지 택일형 60문항	
시험시간	1시간	
합격기준	100점을 만점으로 하여 60점 이상	

실기

시험과목	굴착기 조종 실무
주요항목	장비 시운전, 주행, 터파기, 깎기, 쌓기, 메우기, 선택장치 작업, 작업상황 파악, 운전 전 점검, 안전·환경관리, 작업 후 점검
검정방법	작업형
시험시간	6분 정도
합격기준	100점을 만점으로 하여 60점 이상

과목별 빈출 예상문제

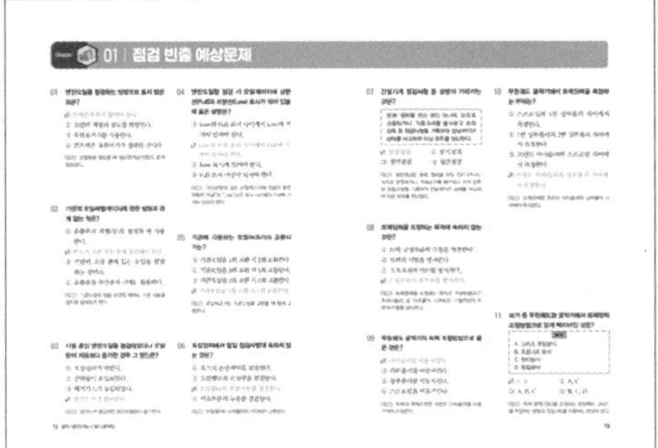

- 기출문제의 철저한 분석을 통하여 출제 빈도가 높은 유형의 문제를 수록하였다.
- 예상문제를 각 과목별로 수록하여 이해도를 한층 높일 수 있도록 구성하였다.

실전 모의고사 5회

수험생들이 시험 직전에 풀어보며 실전 감각을 키우고 자신의 실력을 테스트해 볼 수 있도록 구성하였다.

핵심 이론 요약

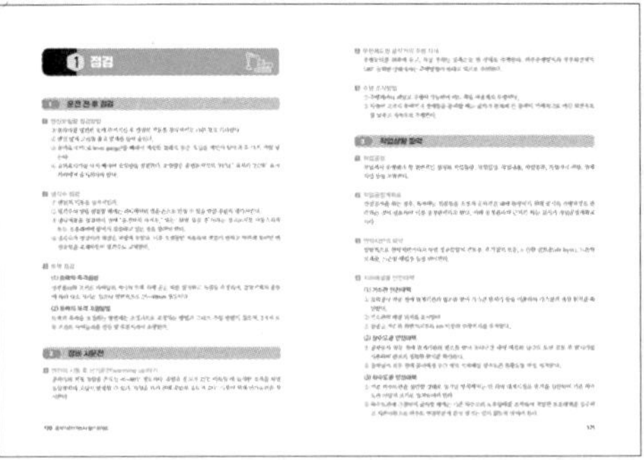

꼭 알아야 하는 핵심 이론을 과목별로 모아 효율적으로 학습할 수 있도록 구성하였다.

모바일 모의고사 5회

본책에 수록된 실전 모의고사 5회와 별도로 간편하게 모바일로 모의고사에 응시할 수 있도록 모바일 모의고사를 수록하였다.

STEP 1

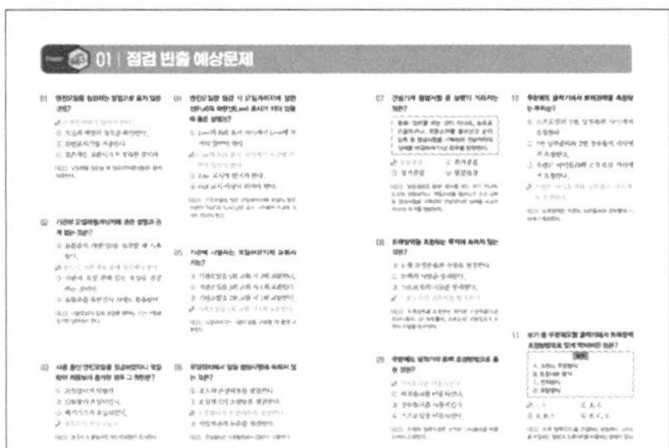

과목별 빈출 예상문제로 시험 유형 익히기

시험에 자주 출제되는 문제들로 시험 유형을 익히고, 상세한 해설을 통해 문제를 이해할 수 있다.

STEP 2

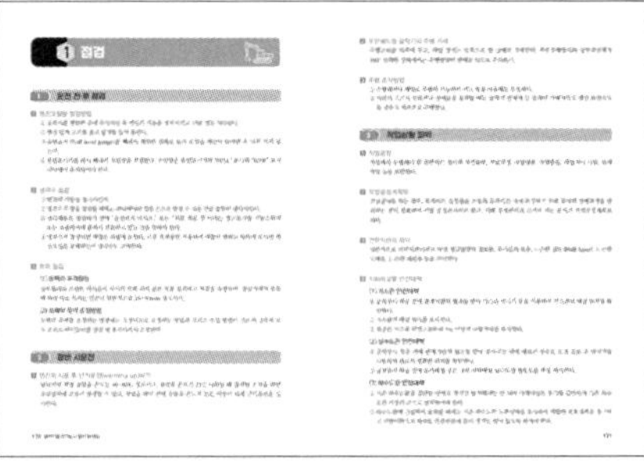

핵심 이론 요약으로 기본 개념 다지기

꼭 알아야 할 핵심 이론을 요약하여 제공하며, 과목별 빈출 예상문제를 풀다가 모르는 내용은 이를 참고해 효율적으로 학습할 수 있다.

STEP 3

실전 모의고사 5회로 마무리하기

시험 직전 실전 모의고사를 풀어보며 실전처럼 연습할 수 있다.

STEP 4

모바일 모의고사 5회 제공

언제 어디서나 스마트폰만 있으면 쉽게 모바일로 모의고사 시험을 볼 수 있다.

CBT(Computer Based Test) 시험 안내

2017년부터 모든 기능사 필기시험은 시험장의 컴퓨터를 통해 이루어집니다. 화면에 나타난 문제를 풀고 마우스를 통해 정답을 표시하여 모든 문제를 다 풀었는지 한 번 더 확인한 후 답안을 제출하고, 제출된 답안은 감독자의 컴퓨터에 자동으로 저장되는 방식입니다. 처음 응시하는 학생들은 시험 환경이 낯설어 실수할 수 있으므로, 반드시 사전에 CBT 시험에 대한 충분한 연습이 필요합니다. Q-Net 홈페이지에서는 CBT 체험하기를 제공하고 있으니, 잘 활용하기를 바랍니다.

■ Q-Net 홈페이지의 CBT 체험하기

〈http://www.q-net.or.kr〉

처음 방문하셨나요?
큐넷 서비스를 **미리 체험**해보고
사이트를 쉽고 빠르게 이용할 수 있는
이용 안내, 큐넷 길라잡이를 제공.

큐넷 체험하기 | CBT 체험하기
이용안내 바로가기 | 큐넷길라잡이 보기
일학습병행제 외부평가 체험하기

■ CBT 시험을 위한 모바일 모의고사

① QR코드 스캔 → 도서 소개화면에서 '모바일 모의고사' 터치

② 로그인 후 '실전 모의고사' 회차 선택

③ 스마트폰 화면에 보이는 문제를 보고 정답란에 정답 체크

④ 문제를 다 풀고 '채점하기' 터치 → 내 점수, 정답, 오답, 해설 확인 가능

문제 풀기 채점하기 해설 보기

목차

Part 1 과목별 빈출 예상문제

Part 2 실전 모의고사

Part 1

과목별 빈출 예상문제

Chapter 

01 | 점검 빈출 예상문제

01 엔진오일을 점검하는 방법으로 옳지 않은 것은?

① 끈적끈적하지 않아야 한다.
② 오일의 색깔과 점도를 확인한다.
③ 유면표시기를 사용한다.
④ 검은색은 교환시기가 경과한 것이다.

해설 오일량을 점검할 때 점도(끈적끈적함)도 함께 점검한다.

02 기관의 오일레벨게이지에 관한 설명과 관계 없는 것은?

① 윤활유의 레벨(양)을 점검할 때 사용한다.
② 반드시 기관 작동 중에 점검해야 한다.
③ 기관의 오일 팬에 있는 오일을 점검하는 것이다.
④ 윤활유를 육안검사 시에도 활용한다.

해설 기관오일의 양을 점검할 때에는 기관 가동을 정지한 상태에서 한다.

03 사용 중인 엔진오일을 점검하였더니 오일량이 처음보다 증가한 경우 그 원인은?

① 오일필터가 막혔다.
② 산화물이 혼입되었다.
③ 배기가스가 유입되었다.
④ 냉각수가 혼입되었다.

해설 냉각수가 혼입되면 엔진오일량이 증가한다.

04 엔진오일량 점검 시 오일게이지에 상한선(Full)과 하한선(Low) 표시가 되어 있을 때 옳은 설명은?

① Low와 Full 표시 사이에서 Low에 가까이 있어야 한다.
② Low와 Full 표시 사이에서 Full에 가까이 있어야 한다.
③ Low 표시에 있어야 한다.
④ Full 표시 이상이 되어야 한다.

해설 기관오일의 양은 오일게이지에 오일이 묻은 부분이 "Full"과 "Low"선의 표시 사이에서 Full에 가까이 있어야 한다.

05 기관에 사용하는 오일여과기의 교환시기는?

① 기관오일을 1회 교환 시 2회 교환한다.
② 기관오일을 3회 교환 시 1회 교환한다.
③ 기관오일을 2회 교환 시 1회 교환한다.
④ 기관오일을 1회 교환 시 1회 교환한다.

해설 오일여과기는 기관오일을 교환할 때 함께 교환한다.

06 유압장치에서 일일 점검사항에 속하지 않는 것은?

① 호스의 손상여부를 점검한다.
② 오일탱크의 오일량을 점검한다.
③ 오일필터의 오염여부를 점검한다.
④ 이음부분의 누유를 점검한다.

해설 오일필터는 6개월(500시간)마다 교환한다.

07 건설기계 점검사항 중 설명이 가리키는 것은?

> 분해·정비를 하는 것이 아니라, 눈으로 관찰하거나, 작동소리를 들어보고 손의 감촉 등 점검사항을 기록하여 전날까지의 상태를 비교하여 이상 유무를 판단한다.

① 일상점검 ② 분기점검
③ 정기점검 ④ 월간점검

해설 일상점검은 분해·정비를 하는 것이 아니라, 눈으로 관찰하거나, 작동소리를 들어보고 손의 감촉 등 점검사항을 기록하여 전날까지의 상태를 비교하여 이상 유무를 판단한다.

08 트랙장력을 조정하는 목적에 속하지 않는 것은?

① 트랙 구성부품의 수명을 연장한다.
② 트랙의 이탈을 방지한다.
③ 스프로킷의 마모를 방지한다.
④ 스윙모터의 과부하를 방지한다.

해설 트랙장력을 조정하는 목적은 구성부품(프린트아이들러, 상·하부롤러, 스프로킷) 수명연장과 트랙의 이탈을 방치한다.

09 무한궤도 굴착기의 트랙 조정방법으로 옳은 것은?

① 아이들러를 이동시킨다.
② 하부롤러를 이동시킨다.
③ 상부롤러를 이동시킨다.
④ 스프로킷을 이동시킨다.

해설 트랙의 장력조정은 프런트 아이들러를 이동시켜서 조정한다.

10 무한궤도 굴착기에서 트랙장력을 측정하는 부위는?

① 스프로킷과 1번 상부롤러 사이에서 측정한다.
② 1번 상부롤러와 2번 상부롤러 사이에서 측정한다.
③ 프런트 아이들러와 스프로킷 사이에서 측정한다.
④ 프런트 아이들러와 상부롤러 사이에서 측정한다.

해설 트랙장력은 프런트 아이들러와 상부롤러 사이에서 측정한다.

11 보기 중 무한궤도형 굴착기에서 트랙장력 조정방법으로 맞게 짝지어진 것은?

> **보기**
> A. 그리스 주입방식
> B. 조정너트 방식
> C. 전자방식
> D. 유압방식

① A, B ② A, C
③ A, B, C ④ B, C, D

해설 트랙 장력(긴도)을 조정하는 방법에는 그리스를 주입하는 방법과 조정너트를 이용하는 방법이 있다.

12 무한궤도 굴착기에서 트랙장력 조정방법으로 옳은 것은?

① 캐리어 롤러의 조정방식으로 한다.
② 트랙 조정용 실린더에 그리스를 주입한다.
③ 트랙 조정용 심(shim)을 끼워서 조정한다.
④ 하부롤러의 조정방식으로 한다.

해설 트랙장력은 트랙조정용 실린더에 그리스를 주입한다.

13 무한궤도 굴착기에서 트랙장력이 약간 팽팽하게 되었을 때 작업조건이 오히려 효과적인 곳은?

① 바위가 깔린 땅
② 수풀이 우거진 땅
③ 진흙땅
④ 모래땅

해설 바위가 깔린 땅에서는 트랙장력을 약간 팽팽하게 하여야 한다.

14 트랙장치의 트랙유격이 너무 커졌을 때 발생하는 현상은?

① 주행속도가 빨라진다.
② 주행속도가 매우 느려진다.
③ 트랙이 벗겨지기 쉽다.
④ 슈판 마모가 급격해진다.

해설 트랙유격이 커지면 트랙이 벗겨지기 쉽다.

15 무한궤도 굴착기에서 트랙장력을 너무 팽팽하게 조정했을 때 미치는 영향과 관계없는 것은?

① 트랙링크의 마모가 촉진된다.
② 프런트 아이들러의 마모가 촉진된다.
③ 트랙이 이탈된다.
④ 스프로킷의 마모가 촉진된다.

해설 트랙장력이 너무 팽팽하면 상·하부롤러, 트랙링크, 프런트 아이들러, 구동 스프로킷 등 트랙부품이 조기마모된다.

16 무한궤도 굴착기에서 주행 충격이 클 때 트랙 조정방법으로 옳지 않은 것은?

① 굴착기를 전진하다가 정지시킨다.
② 브레이크가 있는 경우에는 브레이크를 사용해서는 안 된다.
③ 2~3회 반복 조정하여 양쪽 트랙의 유격을 똑같이 조정한다.
④ 장력은 일반적으로 25~40cm이다.

해설 트랙유격은 일반적으로 25~40mm이다.

17 무한궤도식 굴착기에서 트랙이 자주 벗겨지는 원인과 관계 없는 것은?

① 유격(긴도)이 규정보다 크다.
② 트랙의 상·하부롤러가 마모되었다.
③ 트랙의 중심정렬이 맞지 않았다.
④ 최종구동기어가 마모되었다.

18 **무한궤도식 굴착기에서 트랙을 분리하여야 할 경우에 속하지 않는 것은?**

① 트랙을 교환하고자 할 때
② 아이들러를 교환하고자 할 때
③ 스프로킷을 교환하고자 할 때
④ 상부롤러를 교환하고자 할 때

해설 트랙을 분리하여야 하는 경우는 트랙을 교환할 때, 스프로킷을 교환할 때, 프런트 아이들러를 교환할 때 등이다.

19 **무한궤도형 굴착기의 주행 불량의 원인과 관계 없는 것은?**

① 한쪽 주행모터의 브레이크 작동이 불량할 때
② 유압펌프의 토출유량이 부족할 때
③ 트랙에 오일이 묻었을 때
④ 스프로킷이 손상되었을 때

Chapter 02 | 주행 및 작업 빈출 예상문제

01 휠 타입 굴착기의 출발 시 주의사항으로 틀린 것은?

① 주차 브레이크가 해제되었는지 확인한다.
② 붐을 최대한 높이 든다.
③ 좌우 작업레버는 잠가둔다.
④ 좌우 아우트리거가 완전히 올라갔는지 확인한다.

해설 출발할 때 붐을 높이 들어서는 안 된다.

02 타이어 굴착기의 주행 전 주의사항으로 틀린 것은?

① 버킷 실린더, 암 실린더를 충분히 늘려 펴서 버킷이 캐리어 상면 높이 위치에 있도록 한다.
② 버킷 레버, 암 레버, 붐 실린더 레버가 움직이지 않도록 잠가둔다.
③ 선회고정장치는 반드시 풀어 놓는다.
④ 굴착기에 그리스, 오일, 진흙 등이 묻어 있는지 점검한다.

해설 주행을 할 때 선회고정장치는 반드시 잠가 두어야 한다.

03 무한궤도형 굴착기의 주행방법 중 잘못된 것은?

① 가능하면 평탄한 길을 택하여 주행한다.
② 요철이 심한 곳에서는 엔진 회전속도를 높여 통과한다.
③ 돌이 주행모터에 부딪치지 않도록 한다.
④ 연약한 땅을 피해서 간다.

04 트랙형 굴착기의 주행장치에 브레이크 장치가 없는 이유로 가장 적당한 것은?

① 주속으로 주행하기 때문이다.
② 트랙과 지면의 마찰이 크기 때문이다.
③ 주행제어 레버를 반대로 작용시키면 정지하기 때문이다.
④ 주행제어 레버를 중립으로 하면 주행모터의 유압유 공급 쪽과 복귀 쪽 회로가 차단되기 때문이다.

해설 트랙형 굴착기의 주행장치에 브레이크 장치가 없는 이유는 주행제어 레버를 중립으로 하면 주행모터의 유압유 공급 쪽과 복귀 쪽 회로가 차단되기 때문이다.

05 굴착작업 시 진행방향으로 옳은 것은?

① 전진 ② 후진
③ 선회 ④ 우방향

해설 굴착기로 작업을 할 때에는 후진시키면서 한다.

06 굴착기 운전 시 작업안전사항으로 적합하지 않은 것은?

① 스윙하면서 버킷으로 암석을 부딪쳐 파쇄하는 작업을 하지 않는다.
② 안전한 작업 반경을 초과해서 하중을 이동시킨다.
③ 굴착하면서 주행하지 않는다.
④ 작업을 중지할 때는 파낸 모서리로부터 장비를 이동시킨다.

해설 굴착기로 작업할 때 작업 반경을 초과해서 하중을 이동시켜서는 안 된다.

07 굴착기 운전 중 주의사항으로 가장 거리가 먼 것은?

① 기관을 필요이상 공회전시키지 않는다.
② 급가속, 급브레이크는 장비에 악영향을 주므로 피한다.
③ 커브 주행은 커브에 도달하기 전에 속력을 줄이고, 주의하여 주행한다.
④ 주행 중 이상소음, 냄새 등의 이상을 느낀 경우에는 작업 후 점검한다.

해설 주행 중 이상소음, 냄새 등의 이상을 느낀 경우에는 즉시 점검하여야 한다.

08 굴착기로 덤프트럭에 상차작업 시 가장 중요한 굴착기의 위치는?

① 선회거리를 가장 짧게 한다.
② 암 작동거리를 가장 짧게 한다.
③ 버킷 작동거리를 가장 짧게 한다.
④ 붐 작동거리를 가장 짧게 한다.

해설 덤프트럭에 상차작업을 할 때 굴착기의 선회거리를 가장 짧게 하여야 한다.

09 굴착기 등 건설기계 작업장에서 이동 및 선회 시 안전을 위해서 행하는 적절한 조치로 맞는 것은?

① 경적을 울려서 작업장 주변 사람에게 알린다.
② 버킷을 내려서 점검하고 작업한다.
③ 급방향 전환을 위하여 위험시간을 최대한 줄인다.
④ 굴착작업으로 안전을 확보한다.

해설 작업장에서 이동할 때에는 경적을 울려 작업장 사람들에게 알리도록 한다.

10 굴착기로 작업 시 운전자의 시선은 항상 어디를 향해야 하는가?

① 붐 ② 암
③ 버킷 ④ 후방

해설 작업할 때 운전자의 시선은 버킷을 향해야 한다.

11 굴착기 작업 시 지켜야 할 안전수칙 중 틀린 것은?

① 흙을 파면서 스윙하지 말 것
② 한쪽 트랙을 들 때에는 붐과 암의 각도를 30도 이내로 할 것
③ 경사지에 주차를 할 때에는 반드시 고임목을 고일 것
④ 작업이 끝나고 조종석을 떠날 때에는 반드시 버킷을 지면에 내려놓을 것

해설 한쪽 트랙을 들 때에는 붐과 암의 각도를 90도 정도로 해야 한다.

12 굴착기 작업방법 중 틀린 것은?

① 버킷으로 옆으로 밀거나 스윙할 때의 충격력을 이용하지 않는다.
② 하강하는 버킷이나 붐의 중력을 이용하여 굴착하도록 한다.
③ 굴착부분을 주의 깊게 관찰하면서 작업하도록 한다.
④ 과부하를 받으면 버킷을 지면에 내리고 모든 레버를 중립으로 한다.

해설 하강하는 버킷이나 붐의 중력을 이용하여 굴착해서는 안 된다.

13 굴착기 작업 중 동시작동이 불가능하거나 해서는 안 되는 작동은 어느 것인가?

① 굴착을 하면서 스윙한다.
② 붐을 들면서 덤핑을 한다.
③ 붐을 낮추면서 스윙을 한다.
④ 붐을 낮추면서 굴착을 한다.

해설 굴착을 하면서 스윙을 하면 스윙모터에 과부하가 걸리므로 해서는 안 된다.

14 굴착기로 작업할 때 안전한 작업방법에 관한 사항들이다. 가장 적절하지 않은 것은?

① 작업 후에는 암과 버킷 실린더로드를 최대로 줄이고 버킷을 지면에 내려놓을 것
② 토사를 굴착하면서 스윙하지 말 것
③ 암석을 옮길 때는 버킷으로 밀어내지 말 것
④ 버킷을 들어 올린 채로 브레이크를 걸어두지 말 것

해설 암석을 옮길 때는 버킷으로 밀어내도록 한다.

15 굴착을 깊게 하여야 하는 작업 시 안전준수사항으로 가장 거리가 먼 것은?

① 작업장소의 조명 및 위험요소의 유무 등에 대하여 점검하여야 한다.
② 작업은 가능한 숙련자가 하고, 작업안전 책임자가 있어야 한다.
③ 여러 단계로 나누지 않고, 한 번에 굴착한다.
④ 산소결핍의 위험이 있는 경우는 안전담당자에게 산소농도 측정 및 기록을 하게 한다.

해설 굴착을 깊게 할 때에는 여러 단계로 나누어 굴착한다.

16 굴착기의 효과적인 굴착작업이 아닌 것은?

① 붐과 암의 각도를 80~110° 정도로 선정한다.
② 버킷은 의도한 대로 위치하고 붐과 암을 계속 변화시키면서 굴착한다.
③ 버킷 투스의 끝이 암(디퍼스틱)보다 안쪽으로 향해야 한다.
④ 굴착한 후 암(디퍼스틱)을 오므리면서 붐은 상승위치로 변화시켜 하역위치로 스윙한다.

해설 굴착작업을 할 때에는 버킷 투스의 끝이 암(디퍼스틱)보다 바깥쪽으로 향해야 한다.

17 굴착기로 깎기 작업 시 안전준수사항으로 잘못된 것은?

① 상부에서 붕괴낙하 위험이 있는 장소에서 작업은 금지한다.
② 부석이나 붕괴되기 쉬운 지반은 적절한 보강을 한다.
③ 굴착면이 높은 경우에는 계단식으로 굴착한다.
④ 상·하부 동시작업으로 작업능률을 높인다.

해설 깎기 작업을 할 때 상·하부 동시작업을 해서는 안 된다.

18 굴착기로 넓은 홈을 굴착작업 시 가장 알맞은 굴착순서는?

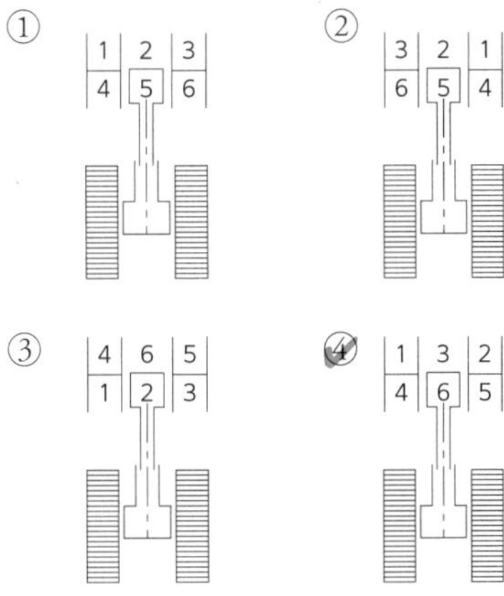

19 굴착기를 이용하여 수중작업을 하거나 하천을 건널 때의 안전사항으로 맞지 않는 것은?

① 타이어 굴착기는 액슬 중심점 이상이 물에 잠기지 않도록 주의하면서 도하한다.
② 무한궤도 굴착기는 주행모터의 중심선 이상이 물에 잠기지 않도록 주의하면서 도하한다.
③ 타이어 굴착기는 블레이드를 앞쪽으로 하고 도하한다.
④ 수중작업 후에는 물에 잠겼던 부위에 새로운 그리스를 주입한다.

해설 무한궤도 굴착기는 상부롤러 중심선 이상이 물에 잠기지 않도록 주의하면서 도하한다.

20 굴착기 작업 중 운전자 하차 시 주의사항으로 틀린 것은?

① 엔진 가동을 정지시킨 후 가속레버를 최대로 당겨 놓는다.
② 타이어형인 경우 경사지에서 정차 시 고임목을 설치한다.
③ 버킷을 땅에 완전히 내린다.
④ 엔진 가동을 정지시킨다.

해설 가속레버(또는 가속다이얼)를 저속위치로 내려놓은 다음 엔진의 시동을 끈다.

21 타이어 굴착기의 액슬 허브(axle hub)에 오일을 교환하고자 한다. 오일을 배출시킬 때와 주입할 때의 플러그 위치로 옳은 것은?

① 배출시킬 때 – 1시 방향, 주입할 때 – 9시 방향
② 배출시킬 때 – 6시 방향, 주입할 때 – 9시 방향
③ 배출시킬 때 – 3시 방향, 주입할 때 – 9시 방향
④ 배출시킬 때 – 2시 방향, 주입할 때 – 12시 방향

해설 액슬 허브의 오일을 배출시킬 때에는 플러그를 6시 방향에, 주입할 때는 플러그를 9시 방향에 위치시킨다.

22 굴착기에 연결할 수 없는 작업장치는 어느 것인가?

① 스캐리 파이어　② 어스오거
③ 파일 드라이버　④ 파워 셔블

해설 굴착기에 연결할 수 있는 작업장치는 백호, 셔블, 파일 드라이버, 어스 오거, 우드 그래플(그랩), 리퍼 등이 있다.

23 굴착기의 작업장치 중 아스팔트, 콘크리트 등을 깰 때 사용되는 것으로 가장 적합한 것은?

① 드롭해머 ② 파일 드라이버
③ 마그네트 ④ 브레이커

해설 브레이커(breaker)는 정(chisel)의 머리 부분에 유압방식 왕복해머로 연속적으로 타격을 가해 암석, 콘크리트, 아스팔트 등을 파쇄하는 작업장치이다.

24 유압모터를 이용한 스크루로 구멍을 뚫고 전신주 등을 박는 작업에 사용되는 굴착기 작업장치는?

① 그래플 ② 브레이커
③ 오거 ④ 리퍼

해설 오거(또는 어스 오거)는 유압모터를 이용한 스크루로 구멍을 뚫고 전신주 등을 박는 작업에 사용한다.

25 굴착기의 작업장치에서 굳은 땅, 언 땅, 콘크리트 및 아스팔트 파괴 또는 나무뿌리 뽑기, 발파한 암석 파기 등에 가장 적합한 것은?

① 리퍼 ② 크램쉘
③ 셔블 ④ 폴립버킷

해설 리퍼(ripper)는 굳은 땅, 언 땅, 콘크리트 및 아스팔트 파괴 또는 나무뿌리 뽑기, 발파한 암석 파기 등에 사용된다.

26 굴착기를 주차시키고자 할 때의 방법으로 틀린 것은?

① 단단하고 평탄한 지면에 주차시킨다.
② 어태치먼트(attachment)는 굴착기 중심선과 일치시킨다.
③ 유압계통의 유압을 완전히 제거한다.
④ 유압실린더 로드는 최대로 노출시켜 놓는다.

해설 유압실린더 로드를 노출시켜서는 안 된다.

27 굴착기에서 유압실린더를 이용하여 집게를 움직여 통나무를 집어 상차하거나 쌓을 때 사용하는 작업장치는?

① 백호
② 파일 드라이버
③ 우드 그래플
④ 브레이커

해설 우드 그래플(wood grapple, 그랩)은 유압실린더를 이용하여 집게를 움직여 통나무를 집어 상차하거나 쌓을 때 사용하는 작업장치이다.

28 타이어형 굴착기의 조향방식은 어느 것인가?

① 앞바퀴 조향방식이며, 기계식이다.
② 앞바퀴 조향방식이며, 유압식이다.
③ 뒷바퀴 조향방식이며, 기계식이다.
④ 뒷바퀴 조향방식이며, 공기식이다.

해설 타이어형 굴착기는 앞바퀴 조향이며, 유압식이다.

29 조향장치의 특성에 관한 설명으로 옳지 않은 것은?

① 노면으로부터의 충격이나 원심력 등의 영향을 받지 않아야 한다.
② 타이어 및 조향장치의 내구성이 커야 한다.
③ 회전반경이 가능한 한 커야 한다.
④ 조향조작이 경쾌하고 자유로워야 한다.

해설 조향장치는 회전반경이 작아서 좁은 곳에서도 방향을 변환을 할 수 있어야 한다.

30 **동력조향장치의 장점과 관계 없는 것은?**

① 조작이 미숙하면 엔진 가동이 자동으로 정지된다.
② 작은 조작력으로 조향조작을 할 수 있다.
③ 조향기어 비율을 조작력에 관계없이 선정할 수 있다.
④ 굴곡노면에서의 충격을 흡수하여 조향핸들에 전달되는 것을 방지한다.

해설 동력조향장치의 조작이 미숙하여도 엔진이 정지하는 경우는 없다.

31 **동력조향장치 구성부품에 속하지 않는 것은?**

① 유압펌프
② 복동 유압실린더
③ 제어밸브
④ 하이포이드 피니언

해설 유압발생장치(오일펌프), 유압제어장치(제어밸브), 작동장치(유압실린더)로 되어 있다.

32 **파워스티어링에서 조향핸들이 매우 무거운 원인으로 옳은 것은?**

① 볼 조인트의 교환시기가 되었다.
② 조향핸들 유격이 크다.
③ 바퀴가 습지에 있다.
④ 조향펌프에 오일이 부족하다.

해설 조향펌프에 오일이 부족하면 조향핸들이 무거워진다.

33 **조향바퀴의 얼라인먼트의 요소와 관계없는 것은?**

① 캠버　② 캐스터
③ 토인　④ 부스터

해설 조향바퀴 얼라인먼트의 요소에는 캠버, 토인, 캐스터, 킹핀 경사각 등이 있다.

34 **타이어형 굴착기에서 앞바퀴 정렬의 역할과 관계 없는 것은?**

① 조향핸들의 조작을 작은 힘으로 쉽게 할 수 있다.
② 타이어 마모를 최소로 한다.
③ 브레이크의 수명을 길게 한다.
④ 방향 안정성을 준다.

해설 앞바퀴 정렬은 브레이크 수명과 관계없다.

35 **앞바퀴 얼라인먼트 요소 중 캠버의 필요성에 대한 설명과 관계 없는 것은?**

① 조향 시 바퀴의 복원력이 발생한다.
② 조향 휠의 조작을 가볍게 한다.
③ 앞차축의 휨을 적게 한다.
④ 토(toe)와 관련성이 있다.

해설 조향할 때 바퀴에 복원력을 부여하는 요소는 캐스터이다.

36 **휠 얼라인먼트에서 토인의 필요성으로 관계 없는 것은?**

① 조향바퀴를 평행하게 회전시킨다.
② 타이어 이상마멸을 방지한다.
③ 조향바퀴의 방향성을 준다.
④ 바퀴가 옆 방향으로 미끄러지는 것을 방지한다.

해설 조향바퀴의 방향성을 주는 요소는 캐스터이다.

37 **무한궤도형 굴착기의 환향은 무엇에 의하여 작동되는가?**

① 주행펌프 ② 스티어링 휠
③ 스로틀 레버 ④ 주행모터

해설 무한궤도형 굴착기의 환향(조향)작용은 유압(주행)모터로 한다.

38 **굴착기의 한쪽 주행레버만 조작하여 회전하는 것을 무엇이라 하는가?**

① 피벗회전 ② 급회전
③ 스핀회전 ④ 원웨이 회전

해설 **피벗회전(pivot turn)**
좌·우측의 한쪽 주행레버만 밀거나, 당기면 한쪽 트랙만 전·후진시켜 조향을 하는 방법이다.

39 **무한궤도 굴착기의 상부회전체가 하부주행체에 대한 역위치에 있을 때 좌측 주행레버를 당기면 차체가 어떻게 회전되는가?**

① 좌향 스핀회전 ② 우향 스핀회전
③ 좌향 피벗회전 ④ 우향 피벗회전

해설 상부회전체가 하부주행체에 대한 역위치에 있을 때 좌측 주행레버를 당기면 차체는 좌향 피벗회전을 한다.

40 **굴착기의 양쪽 주행레버를 조작하여 급회전하는 것을 무슨 회전이라고 하는가?**

① 저속회전 ② 스핀회전
③ 피벗회전 ④ 원웨이 회전

해설 **스핀회전(spin turn)**
양쪽 주행레버를 동시에 한쪽 레버를 앞으로 밀고, 한쪽 레버는 뒤로 당기면서 급회전하여 조향하는 방법이다.

41 **무한궤도 굴착기로 주행 중 회전 반경을 가장 적게 할 수 있는 방법은?**

① 한쪽 주행모터만 구동시킨다.
② 구동하는 주행모터 이외에 다른 모터의 조향 브레이크를 강하게 작동시킨다.
③ 2개의 주행모터를 서로 반대 방향으로 동시에 구동시킨다.
④ 트랙의 폭이 좁은 것으로 교체한다.

해설 회전 반경을 적게 하려면 2개의 주행모터를 서로 반대 방향으로 동시에 구동시킨다. 즉 스핀회전을 한다.

42 **현가장치가 갖추어야 할 기능이 아닌 것은?**

① 승차감의 향상을 위해 상하 움직임에 적당한 유연성이 있어야 한다.
② 원심력이 발생되어야 한다.
③ 주행안정성이 있어야 한다.
④ 구동력 및 제동력 발생 시 적당한 강성이 있어야 한다.

해설 **현가장치의 구비조건**
- 승차감의 향상을 위해 상하 움직임에 적당한 유연성이 있을 것
- 주행안정성이 있을 것
- 구동력 및 제동력이 발생될 때 적당한 강성이 있을 것
- 선회할 때 원심력이 발생하지 말 것

43 **쇽업소버의 역할 중 가장 거리가 먼 것은?**

① 좌우의 스프링의 힘을 균등하게 한다.
② 스프링의 상하 운동에너지를 열에너지로 바꾸는 일을 한다.
③ 주행 중 충격에 의하여 발생된 진동을 흡수한다.
④ 스프링의 피로를 적게 한다.

해설 **쇽업소버의 역할**
- 스프링의 상하 운동에너지를 열에너지로 바꾸는 작용을 한다.
- 주행 중 충격에 의하여 발생된 진동을 흡수한다.
- 스프링의 피로를 적게 한다.

44 현가장치에 사용되는 공기스프링의 특징이 아닌 것은?

① 차체의 높이가 항상 일정하게 유지된다.
② 작은 진동을 흡수하는 효과가 있다.
③ 다른 기구보다 간단하고 값이 싸다.
④ 고유진동을 낮게 할 수 있다.

해설 **공기스프링의 장점**
- 차체의 높이가 항상 일정하게 유지된다.
- 작은 진동을 흡수하는 효과가 있다.
- 고유진동을 낮게 할 수 있다.

45 변속기의 필요성에 속하지 않는 것은?

① 환향을 빠르게 한다.
② 시동 시 기관을 무부하 상태로 한다.
③ 기관의 회전력을 증대시킨다.
④ 건설기계의 후진 시 필요로 한다.

해설 변속기는 기관을 시동할 때 무부하 상태로 하고, 회전력을 증가시키며, 역전(후진)을 가능하게 한다.

46 변속기의 구비조건으로 옳지 않은 것은?

① 단계가 없이 연속적인 변속 조작이 가능해야 한다.
② 전달효율이 적어야 한다.
③ 소형·경량이어야 한다.
④ 변속 조작이 쉬워야 한다.

해설 변속기는 전달효율이 커야 한다.

47 토크컨버터의 동력전달매체는 어느 것인가?

① 클러치판 ② 기어
③ 벨트 ④ 유체

해설 토크컨버터의 동력전달매체는 유체(오일)이다.

48 토크컨버터의 기본 구성부품에 속하지 않는 것은?

① 펌프 ② 터빈
③ 스테이터 ④ 터보

해설 토크컨버터는 펌프(크랭크축에 연결), 터빈(변속기 입력축과 연결), 스테이터로 구성된다.

49 자동변속기에 장착된 토크컨버터에 대한 설명으로 옳지 않은 것은?

① 조작이 쉽고 엔진에 무리가 없다.
② 일정 이상의 과부하가 걸리면 엔진의 가동이 정지한다.
③ 부하에 따라 자동적으로 변속한다.
④ 기계적인 충격을 오일이 흡수하여 엔진의 수명을 연장한다.

해설 토크컨버터는 일정 이상의 과부하가 걸려도 엔진이 정지하지 않는다.

50 엔진과 직결되어 같은 회전수로 회전하는 토크컨버터의 구성부품은?

① 펌프 ② 터빈
③ 스테이터 ④ 변속기 출력축

해설 펌프는 기관의 크랭크축에, 터빈은 변속기 입력축과 연결된다.

51 토크컨버터에서 오일의 흐름 방향을 바꾸어 주는 부품은?

① 임펠러 ② 터빈러너
③ 스테이터 ④ 변속기 입력축

해설 스테이터는 오일의 흐름 방향을 바꾸어 회전력을 증대시킨다.

52 토크컨버터에서 회전력이 최댓값이 될 때를 무엇이라 하는가?

① 스톨 포인트
② 회전력
③ 토크변환 비율
④ 유체충돌 손실비율

해설 스톨 포인트(stall point)란 터빈이 정지되어 있을 때 펌프에서 전달되는 회전력이며, 펌프의 회전속도와 터빈의 회전비율이 0으로 회전력이 최대인 점이다.

53 건설기계에 부하가 걸릴 때 토크컨버터의 터빈속도는?

① 일정하다. ② 관계없다.
③ 느려진다. ④ 빨라진다.

해설 건설기계에 부하가 걸리면 토크컨버터의 터빈속도는 느려진다.

54 토크컨버터에서 사용하는 오일의 구비조건에 속하지 않는 것은?

① 착화점이 높을 것
② 비점이 높을 것
③ 빙점이 낮을 것
④ 점도가 높을 것

해설 토크컨버터 오일은 점도가 낮고, 비중이 커야 한다.

55 유성기어장치의 구성요소로 옳은 것은?

① 평기어, 유성기어, 후진기어, 링기어
② 선기어, 유성기어, 래크기어, 링기어
③ 선기어, 유성기어, 유성기어 캐리어, 링기어
④ 링기어 스퍼기어, 유성기어 캐리어, 선기어

해설 유성기어장치의 주요부품은 선기어, 유성기어, 링기어, 유성기어 캐리어이다.

56 자동변속기가 과열하는 원인으로 옳지 않은 것은?

① 오일이 규정량보다 많다.
② 과부하 운전을 계속하였다.
③ 변속기 오일냉각기가 막혔다.
④ 메인압력이 높다.

해설 자동변속기의 오일량이 부족하면 과열된다.

57 휠 형식(wheel type) 굴착기의 동력전달장치에서 슬립이음이 변화를 가능하게 하는 것은?

① 회전속도 ② 추진축의 길이
③ 드라이브 각도 ④ 추진축의 진동

해설 슬립이음을 사용하는 이유는 추진축의 길이 변화를 주기 위함이다.

58 추진축의 각도 변화를 가능하게 하는 이음은?

① 슬리브 이음 ② 플랜지 이음
③ 슬립이음 ④ 자재이음

해설 자재이음(유니버설 조인트)은 변속기와 종감속기어 사이(추진축)의 구동각도 변화를 가능하게 한다.

59 자재이음의 종류에 속하지 않는 것은?

① 플렉시블 이음 ② 커플 이음
③ 십자이음 ④ 트러니언 이음

해설 자재이음의 종류에는 십자형 자재이음(훅 이음), 플렉시블 이음, 트러니언 이음, 등속도(CV) 자재이음 등이 있다.

60 유니버설 조인트 중 등속조인트의 종류에 속하지 않는 것은?

① 버필드형 ② 제파형
③ 트랙터형 ④ 훅형

해설 등속조인트의 종류에는 트랙터형, 벤딕스 와이스형, 제파형, 버필드형 등이 있다.

61 추진축의 스플라인부가 마모되면?

① 가속 시 미끄럼 현상이 발생한다.
② 클러치 페달의 유격이 크다.
③ 주행 중 소음이 나고 차체에 진동이 있다.
④ 차동기어장치의 물림이 불량하다.

해설 추진축의 스플라인이 마모되면 주행 중 소음이 나고 차체에 진동이 발생한다.

62 타이어형 굴착기의 동력전달장치에서 최종적으로 구동력을 증가시키는 장치는?

① 종감속기어 ② 스윙모터
③ 스프로킷 ④ 자동변속기

해설 종감속기어(파이널 드라이브 기어)는 엔진의 동력을 마지막으로 감속하여 구동력을 증가시킨다.

63 타이어형 굴착기에서 차동기어장치를 설치하는 목적은?

① 선회할 때 반부동식 축이 바깥쪽 바퀴에 힘을 주도록 하기 위함이다.
② 선회할 때 바깥쪽 바퀴의 회전속도를 안쪽 바퀴보다 빠르게 하기 위함이다.
③ 선회할 때 양쪽 바퀴의 회전이 동일하게 작용되도록 하기 위함이다.
④ 변속기어 조작을 쉽게 하기 위함이다.

해설 차동기어장치는 선회할 때(커브를 돌 때) 바깥쪽 바퀴의 회전속도를 안쪽 바퀴보다 빠르게 한다.

64 차축의 스플라인 부분은 차동기어장치의 어느 기어와 결합되어 있는가?

① 구동 피니언 ② 차동 피니언
③ 차동사이드 기어 ④ 링 기어

65 액슬축의 종류에 속하지 않는 것은?

① 1/2 부동식 ② 전부동식
③ 반부동식 ④ 3/4 부동식

해설 액슬축(차축) 지지방식에는 전부동식, 반부동식, 3/4부동식이 있다.

66 제동장치의 기능과 관계 없는 것은?

① 급제동 시 노면으로부터 발생되는 충격을 흡수하는 장치이다.
② 독립적으로 작동시킬 수 있는 2계통의 제동장치가 있다.
③ 주행속도를 감속시키거나 정지시키기 위한 장치이다.
④ 경사로에서 정지된 상태를 유지할 수 있는 구조이다.

해설 제동장치는 주행속도를 감속시키고, 정지시키는 장치이며, 독립적으로 작동시킬 수 있는 2계통의 제동장치가 있다. 또 경사로에서 정지된 상태를 유지할 수 있어야 한다.

67 타이어식 건설기계에서 사용하는 유압식 제동장치의 구성부품에 속하지 않는 것은?

① 에어 컴프레서
② 오일 리저브 탱크
③ 마스터 실린더
④ 휠 실린더

해설 유압식 제동장치는 마스터 실린더, 오일 리저브 탱크, 브레이크 파이프 및 호스, 휠 실린더, 브레이크 슈, 슈 리턴 스프링, 브레이크 드럼 등으로 구성되어 있다.

68 내리막길에서 제동장치를 자주 사용 시 브레이크 오일이 비등하여 송유압력의 전달 작용이 불가능하게 되는 현상은?

✓ 베이퍼 록 현상
② 페이드 현상
③ 브레이크 록 현상
④ 사이클링 현상

해설 베이퍼 록 현상은 브레이크 오일이 비등 기화하여 오일의 전달 작용을 불가능하게 하는 현상이다.

69 브레이크 장치의 베이퍼 록 발생 원인에 속하지 않는 것은?

① 오일의 변질에 의한 비등점의 저하
② 드럼과 라이닝의 끌림에 의한 가열
✓ 엔진 브레이크의 장시간 사용
④ 긴 내리막길에서 과도한 브레이크 사용

해설 베이퍼 록을 방지하기 위해 엔진 브레이크를 사용한다.

70 타이어형 굴착기로 길고 급한 경사 길을 운전할 때 반 브레이크를 사용하면 어떤 현상이 발생하는가?

① 라이닝은 페이드, 파이프는 스팀록
② 파이프는 증기폐쇄, 라이닝은 스팀록
③ 파이프는 스팀록, 라이닝은 베이퍼 록
✓ 라이닝은 페이드, 파이프는 베이퍼 록

해설 길고 급한 경사 길을 운전할 때 반 브레이크를 사용하면 라이닝에서는 페이드가 발생하고, 파이프에서는 베이퍼 록이 발생한다.

71 브레이크 드럼의 구비조건으로 옳지 않은 것은?

① 가볍고 강도와 강성이 클 것
② 정적·동적 평형이 잡혀 있을 것
✓ 내마멸성이 적을 것
④ 냉각이 잘될 것

해설 브레이크 드럼은 가볍고 내마멸성과 강도와 강성이 크고, 정적·동적 평형이 잡혀 있어야 하고, 냉각이 잘되어야 한다.

72 제동장치의 페이드 현상 방지방법에 관한 설명으로 옳지 않은 것은?

✓ 온도 상승에 따른 마찰계수 변화가 큰 라이닝을 사용할 것
② 드럼은 열팽창률이 적은 재질을 사용할 것
③ 드럼의 냉각성능을 크게 할 것
④ 드럼의 열팽창률이 적은 형상으로 할 것

해설 페이드 현상을 방지하려면 온도 상승에 따른 마찰계수 변화가 작은 라이닝을 사용한다.

73 브레이크에서 하이드로 백에 관한 설명으로 옳지 않은 것은?

① 대기압과 흡기다기관 부압과의 차이를 이용하였다.
② 하이드로 백은 브레이크 계통에 설치되어 있다.
③ 외부에 누출이 없는데도 브레이크 작동이 나빠지는 것은 하이드로 백 고장일 수도 있다.
✓ 하이드로 백에 고장이 나면 브레이크가 전혀 작동하지 않는다.

74 **유압 브레이크 장치에서 제동페달이 복귀되지 않는 원인은?**

① 진공 체크밸브 불량
② 마스터 실린더의 리턴구멍 막힘
③ 브레이크 오일 점도가 낮기 때문
④ 파이프 내의 공기의 침입

해설 마스터 실린더의 리턴구멍이 막히면 제동이 풀리지 않는다.

75 **드럼 브레이크에서 브레이크 작동 시 조향핸들이 한쪽으로 쏠리는 원인과 관계없는 것은?**

① 타이어 공기압이 고르지 않다.
② 마스터 실린더 체크밸브 작용이 불량하다.
③ 브레이크 라이닝 간극이 불량하다.
④ 한쪽 휠 실린더 작동이 불량하다.

해설 브레이크를 작동시킬 때 조향핸들이 한쪽으로 쏠리는 원인은 타이어 공기압이 고르지 않을 때, 한쪽 휠 실린더 작동이 불량할 때, 한쪽 브레이크 라이닝 간극이 불량할 때 등이다.

76 **공기 브레이크의 장점으로 틀린 것은?**

① 차량중량에 제한을 받지 않는다.
② 베이퍼 록 발생이 많다.
③ 페달을 밟는 양에 따라 제동력이 조절된다.
④ 공기가 다소 누출되어도 제동성능이 현저하게 저하되지 않는다.

해설 공기 브레이크는 베이퍼 록 발생 염려가 없다.

77 **공기 브레이크 장치의 구성부품에 속하지 않는 것은?**

① 마스터 실린더 ② 브레이크 밸브
③ 공기탱크 ④ 릴레이 밸브

해설 공기 브레이크는 공기압축기, 압력조정기와 언로드 밸브, 공기탱크, 브레이크 밸브, 퀵 릴리스 밸브, 릴레이 밸브, 슬랙 조정기, 브레이크 체임버, 캠, 브레이크슈, 브레이크 드럼으로 구성된다.

78 **공기 브레이크에서 브레이크 슈를 직접 작동시키는 부품은?**

① 브레이크 페달 ② 캠
③ 유압 ④ 릴레이 밸브

해설 공기 브레이크에서 브레이크슈를 직접 작동시키는 것은 캠(cam)이다.

79 **제동장치 중 주브레이크의 종류에 속하지 않는 것은?**

① 배기 브레이크 ② 배력 브레이크
③ 공기 브레이크 ④ 유압 브레이크

해설 배기 브레이크는 긴 내리막길을 내려갈 때 사용하는 감속 브레이크이다.

80 **하부구동체(under carriage)에서 굴착기의 무게를 지탱하고 완충작용을 하며, 대각지주가 설치된 부분은?**

① 상부롤러 ② 트랙 프레임
③ 하부롤러 ④ 트랙

81 무한궤도형 굴착기 트랙의 구성부품으로 옳은 것은?

① 슈, 조인트, 스프로킷, 핀, 슈 볼트
② 슈, 슈볼트, 링크, 부싱, 핀
③ 슈, 스프로킷, 하부롤러, 상부롤러, 감속기
④ 스프로킷, 트랙롤러, 상부롤러, 아이들러

해설 트랙은 슈, 슈 볼트, 링크, 부싱, 핀 등으로 구성되어 있다.

82 트랙장치의 구성부품 중 트랙 슈와 슈를 연결하는 부품은?

① 부싱과 캐리어 롤러
② 상부롤러와 하부롤러
③ 아이들러와 스프로킷
④ 트랙링크와 핀

해설 트랙 슈와 슈를 연결하는 부품은 트랙링크와 핀이다.

83 트랙링크의 수가 38조라면 트랙 핀의 부싱은 몇 조인가?

① 37조(set) ② 38조(set)
③ 39조(set) ④ 40조(set)

해설 트랙링크의 수가 38조라면 트랙 핀의 부싱은 38조이다.

84 트랙 슈의 종류에 속하지 않는 것은?

① 고무 슈 ② 반이중 돌기 슈
③ 3중 돌기 슈 ④ 4중 돌기 슈

해설 트랙 슈의 종류에는 단일돌기 슈, 2중 돌기 슈, 3중 돌기 슈, 습지용 슈, 고무 슈, 암반용 슈, 평활 슈 등이 있다.

85 도로를 주행할 때 포장노면의 파손을 방지하기 위해 주로 사용하는 트랙 슈는?

① 스노우 슈 ② 단일돌기 슈
③ 평활 슈 ④ 습지용 슈

해설 평활 슈는 도로를 주행할 때 포장노면의 파손을 방지하기 위해 사용한다.

86 무한궤도형 굴착기에서 트랙을 탈거하기 위해서 제거해야 하는 것은?

① 슈 ② 부싱
③ 링크 ④ 마스터 핀

해설 트랙의 분리할 경우에는 마스터 핀을 제거한다.

87 무한궤도 굴착기에서 프런트 아이들러의 작용에 대한 설명으로 옳은 것은?

① 토크를 발생하여 트랙에 전달한다.
② 구동력을 트랙으로 전달한다.
③ 트랙의 진로를 조정하면서 주행방향으로 트랙을 유도한다.
④ 파손을 방지하고 원활한 운전을 할 수 있도록 하여 준다.

해설 프런트 아이들러(front idler, 전부 유동륜)는 트랙의 장력을 조정하면서 트랙의 진행방향을 유도한다.

88 **주행 중 트랙 전방에서 오는 충격을 완화하여 차체 파손을 방지하고 운전을 원활하게 하는 장치는?**

① 댐퍼 스프링 ② 상부롤러
③ 리코일 스프링 ④ 트랙 롤러

해설 리코일 스프링은 무한궤도 굴착기의 트랙 전면에서 오는 충격을 완화시키기 위해 설치한다.

89 **상부롤러에 대한 설명으로 관계 없는 것은?**

① 트랙의 회전을 바르게 유지한다.
② 전부 유동륜과 기동륜 사이에 1~2개가 설치된다.
③ 더블 플랜지형을 주로 사용한다.
④ 트랙이 밑으로 처지는 것을 방지한다.

해설 상부롤러는 싱글 플랜지형(바깥쪽으로 플랜지가 있는 형식)을 사용한다.

90 **롤러(roller)에 대한 설명으로 옳지 않은 것은?**

① 하부롤러는 트랙의 마모를 방지한다.
② 상부롤러는 스프로킷과 아이들러 사이에 트랙이 처지는 것을 방지한다.
③ 하부롤러는 트랙프레임의 한쪽 아래에 3~7개 설치되어 있다.
④ 상부롤러는 일반적으로 1~2개가 설치되어 있다.

해설 하부롤러는 굴착기의 전체하중을 지지하고 중량을 트랙에 균등하게 분배해 주며, 트랙의 회전위치를 바르게 유지한다.

91 **무한궤도 굴착기의 스프로킷에 가까운 쪽의 하부롤러는?**

① 싱글 플랜지형 ② 더블 플랜지형
③ 플랫형 ④ 오프셋형

해설 싱글 플랜지형은 반드시 프런트 아이들러와 스프로킷이 있는 쪽에 설치하며 싱글 플랜지형과 더블 플랜지형은 하나 건너서 하나씩(교번) 설치한다.

92 **무한궤도 주행장치에서 스프로킷의 이상 마모를 방지하기 위해서 조정하는 것은?**

① 트랙의 장력
② 프런트 아이들러의 위치
③ 상부롤러의 간격
④ 슈의 간격

해설 스프로킷이 이상 마멸하는 원인은 트랙의 장력과대, 즉, 트랙이 이완된 경우이다.

93 **무한궤도 굴착기에서 스프로킷이 한쪽으로만 마모되는 원인은?**

① 트랙장력이 늘어났다.
② 스프로킷 및 아이들러가 직선배열이 아니다.
③ 상부롤러가 과다하게 마모되었다.
④ 트랙링크가 마모되었다.

해설 스프로킷이 한쪽으로만 마모되는 원인은 스프로킷 및 프런트 아이들러가 직선배열이 아니기 때문이다.

Chapter  03 | 구조 및 기능 빈출 예상문제

01 굴착기로 할 수 없는 작업은 어느 것인가?

① 땅고르기 작업
② 차량토사 적재
③ 경사면 굴토
④ 준설작업

해설 굴착기로 땅고르기, 토사적재굴로, 도랑파기, 굴착, 토사상차작업 등을 할 수 있다.

02 굴착기의 위치보다 높은 곳을 굴착하는 데 알맞은 것으로 토사 및 암석을 트럭에 적재하기 쉽게 디퍼 덮개를 개폐하도록 제작된 것은?

① 파워 셔블
② 기중기
③ 굴착기
④ 스크레이퍼

해설 파워 셔블(power shovel)은 굴착기의 위치보다 높은 곳을 굴착하는 데 알맞으며, 토사 및 암석을 트럭에 적재하기 쉽게 디퍼(버킷)덮개를 개폐하도록 되어 있다.

03 무한궤도형 굴착기와 타이어형 굴착기의 운전특성에 대한 설명으로 틀린 것은?

① 무한궤도형은 습지·사지에서의 작업이 유리하다.
② 타이어형은 변속 및 주행속도가 빠르다.
③ 무한궤도형은 기복이 심한 곳에서 작업이 불리하다.
④ 타이어형은 장거리 이동이 빠르고, 기동성이 양호하다.

해설 무한궤도형은 접지압력이 낮아 습지·사지 및 기복이 심한 곳에서의 작업이 유리하다.

04 굴착기의 3대 주요 구성요소로 가장 적당한 것은?

① 상부회전체, 하부회전체 중간회전체
② 작업장치, 하부추진체, 중간선회체
③ 상부조정장치, 하부회전장치, 중간동력장치
④ 작업장치, 상부회전체, 하부추진체

해설 굴착기는 작업장치, 상부회전체, 하부추진체로 구성된다.

05 굴착기에서 작업장치의 동력전달 순서로 맞는 것은?

① 엔진 → 제어밸브 → 유압펌프 → 유압실린더 및 유압모터
② 유압펌프 → 엔진 → 제어밸브 → 유압실린더 및 유압모터
③ 유압펌프 → 엔진 → 유압실린더 및 유압모터 → 제어밸브
④ 엔진 → 유압펌프 → 제어밸브 → 유압실린더 및 유압모터

06 굴착기의 기본 작업 사이클 과정으로 맞는 것은?

① 선회 → 굴착 → 적재 → 선회 → 굴착 → 붐 상승
② 굴착 → 붐 상승 → 스윙 → 적재 → 스윙 → 굴착
③ 굴착 → 적재 → 붐 상승 → 선회 → 굴착 → 선회
④ 선회 → 적재 → 굴착 → 적재 → 붐 상승 → 선회

07 굴착기 버킷용량 표시로 맞는 것은?

① in^2　② yd^2
③ m^2　④ m^3 (✓)

해설 굴착기 버킷용량은 m^3로 표시한다.

08 굴착기 버킷투스의 종류 중 점토, 석탄 등의 굴착작업에 사용하며, 절입성능이 좋은 것은 어느 것인가?

① 샤프형 투스(sharp type tooth) (✓)
② 롤러형 투스(roller type tooth)
③ 록형 투스(lock type tooth)
④ 슈형 투스(shoe type tooth)

해설 **버킷투스의 종류**
- 샤프형 투스 : 점토·석탄 등을 절단할 때 사용하며 절입성능이 좋다.
- 록형 투스 : 암석·자갈 등을 굴착 및 적재작업에 사용한다.

09 굴착기 붐(boom)은 무엇에 의하여 상부회전체에 연결되어 있는가?

① 테이퍼 핀(taper pin)
② 풋 핀(foot pin) (✓)
③ 킹 핀(king pin)
④ 코터 핀(cotter pin)

해설 붐은 풋(푸트) 핀에 의해 상부회전체에 설치된다.

10 굴착기의 굴착작업은 주로 어느 것을 사용하는가?

① 버킷 실린더　② 붐 실린더
③ 암 실린더 (✓)　④ 주행모터

해설 굴착작업을 할 때에는 주로 암(디퍼스틱) 실린더를 사용한다.

11 굴착기의 굴착력이 가장 큰 경우는?

① 암과 붐이 일직선상에 있을 때
② 암과 붐이 45° 선상을 이루고 있을 때
③ 버킷을 최소작업 반경 위치로 놓았을 때
④ 암과 붐이 직각 위치에 있을 때 (✓)

해설 암과 붐의 각도가 90~110° 정도일 때 가장 큰 굴착력을 발휘한다.

12 굴착기 작업장치의 연결부분(작동부분) 니플에 주유하는 것은?

① 그리스 (✓)　② 엔진오일
③ 기어오일　④ 유압유

해설 작업장치의 연결부분(핀 부분)의 니플에는 그리스(G.A.A)를 주유한다.

13 굴착기 작업장치의 핀 등에 그리스가 주유되었는지를 확인하는 방법으로 옳은 것은?

① 그리스 니플을 분해하여 확인한다.
② 그리스 니플을 깨끗이 청소한 후 확인한다.
③ 그리스 니플의 볼을 눌러 확인한다. (✓)
④ 그리스 주유 후 확인할 필요가 없다.

해설 그리스 주유 확인은 니플의 볼을 눌러 확인한다.

14 굴착기의 작업제어레버 중 굴착작업과 직접 관계가 없는 것은?

① 버킷 제어레버
② 스윙 제어레버
③ 암(스틱) 제어레버
④ 붐 제어레버

해설 굴착작업을 할 때 사용하는 것은 암(스틱) 제어레버, 붐 제어레버, 버킷 제어레버이다.

15 굴착기가 굴착작업 시 작업능력이 떨어지는 원인으로 맞는 것은?

① 릴리프 밸브 조정 불량
② 아워미터 고장
③ 조향핸들 유격 과다
④ 트랙 슈에 주유가 안 됨

해설 릴리프 밸브의 조정이 불량하면 굴착작업을 할 때 능력이 떨어진다.

16 굴착기의 붐 제어레버를 계속하여 상승위치로 당기고 있으면 어느 곳에 가장 큰 손상이 발생하는가?

① 엔진
② 유압펌프
③ 릴리프 밸브 및 시트
④ 유압모터

해설 굴착기의 붐 제어레버를 계속하여 상승위치로 당기고 있으면 릴리프 밸브 및 시트에 가장 큰 손상이 발생한다.

17 굴착기의 상부회전체는 무엇에 의해 하부주행체와 연결되어 있는가?

① 풋 핀 ② 스윙 볼 레이스
③ 스윙모터 ④ 주행모터

해설 상부회전체는 스윙 볼 레이스(swing ball race)에 의해 하부주행체와 연결되어 있다.

18 굴착기의 상부회전체는 몇 도까지 회전이 가능한가?

① 90° ② 180°
③ 270° ④ 360°

해설 굴착기의 상부회전체는 360° 회전이 가능하다.

19 굴착기 스윙(선회)동작이 원활하게 안 되는 원인으로 틀린 것은?

① 터닝조인트 불량
② 릴리프 밸브 설정압력 부족
③ 컨트롤 밸브 스풀 불량
④ 스윙(선회)모터 내부 손상

해설 터닝조인트(turning joint)는 센터조인트라고도 부르며 무한궤도형 굴착기에서 상부회전체의 유압유를 주행모터로 공급하는 장치이다.

20 굴착기에 대한 설명으로 틀린 것은?

① 스윙 제어레버는 부드럽게 조작한다.
② 주행레버 2개를 동시에 앞으로 밀면 굴착기는 전진한다.
③ 센터조인트는 상부회전체 중심부분에 설치되어 있다.
④ 스윙모터는 일반적으로 기어모터를 사용한다.

해설 굴착기의 스윙모터는 레이디얼 피스톤 모터를 사용한다.

21 굴착기 작업 시 안정성을 주고 굴착기의 균형을 잡아주기 위하여 설치한 것은?

① 붐 ② 스틱
③ 버킷 ④ 카운터 웨이트

해설 카운터 웨이트(밸런스 웨이트, 평형추)는 작업할 때 안정성을 주고 굴착기의 균형을 잡아주기 위하여 설치한 것이다. 즉 작업을 할 때 굴착기의 뒷부분이 들리는 것을 방지한다.

22 **타이어형 굴착기에서 유압식 동력전달장치 중 변속기를 직접 구동시키는 것은?**

① 선회모터 ② 토크컨버터
③ 주행모터 ④ 기관

해설 타이어형 굴착기가 주행할 때 주행모터의 회전력이 입력축을 통해 전달되면 변속기 내의 유성기어 → 유성기어 캐리어 → 출력축을 통해 차축으로 전달된다.

23 **무한궤도형 굴착기에는 유압모터가 몇 개 설치되어 있는가?**

① 3개 ② 5개
③ 1개 ④ 2개

해설 무한궤도형 굴착기에는 일반적으로 주행모터 2개와, 스윙모터 1개가 설치된다.

24 **무한궤도형 굴착기의 구성부품이 아닌 것은?**

① 유압펌프 ② 오일 냉각기
③ 자재이음 ④ 주행모터

해설 자재이음은 타이어형 건설기계에서 구동각도의 변화를 주는 부품이다.

25 **무한궤도형 굴착기의 하부추진체 동력전달 순서로 맞는 것은?**

① 엔진 → 제어밸브 → 센터조인트 → 유압펌프 → 주행모터 → 트랙
② 엔진 → 제어밸브 → 센터조인트 → 주행모터 → 유압펌프 → 트랙
③ 엔진 → 센터조인트 → 유압펌프 → 제어밸브 → 주행모터 → 트랙
④ 엔진 → 유압펌프 → 제어밸브 → 센터조인트 → 주행모터 → 트랙

26 **굴착기의 상부선회체 유압유를 하부주행체로 전달하는 역할을 하고 상부선회체가 선회 중에 배관이 꼬이지 않게 하는 것은?**

① 주행모터 ② 선회감속장치
③ 센터조인트 ④ 선회모터

해설 **센터조인트(center joint)**
굴착기의 상부회전체의 회전 중심부분에 설치되어 있으며, 메인 유압펌프의 유압유를 주행모터로 전달한다. 또 상부회전체가 회전하더라도 호스, 파이프 등이 꼬이지 않고 원활히 공급한다.

27 **무한궤도형 굴착기의 주행동력으로 이용되는 것은?**

① 차동장치 ② 전기모터
③ 유압모터 ④ 변속기 동력

해설 무한궤도형 굴착기의 주행동력은 유압모터(주행모터)로부터 공급받는다.

28 **무한궤도형 굴착기 좌·우 트랙에 각각 한 개씩 설치되어 있으며 센터조인트로부터 유압을 받아 조향기능을 하는 구성품은?**

① 주행모터
② 드래그 링크
③ 조향기어 박스
④ 동력조향 실린더

해설 주행모터는 무한궤도형 굴착기 좌·우 트랙에 각각 한 개씩 설치되어 있으며 센터조인트로부터 유압을 받아 조향기능을 한다.

Chapter  04 | 안전관리 빈출 예상문제

01 안전의 제일이념으로 옳은 것은?

① 인간 존중 ② 재산 보호
③ 품질 향상 ④ 생산성 향상

02 하인리히의 사고예방원리 5단계를 순서대로 나열한 것은?

① 조직 → 사실의 발견 → 평가분석 → 시정책의 선정 → 시정책의 적용
② 시정책의 적용 → 조직 → 사실의 발견 → 평가분석 → 시정책의 선정
③ 사실의 발견 → 평가분석 → 시정책의 선정 → 시정책의 적용 → 조직
④ 시정책의 선정 → 시정책의 적용 → 조직 → 사실의 발견 → 평가분석

해설 **사고예방 5단계**
조직 → 사실의 발견 → 평가분석 → 시정책의 선정 → 시정책의 적용

03 인간 공학적 안전설정으로 페일세이프란?

① 안전도 검사방법이다.
② 안전통제의 실패로 인하여 원상복귀가 가장 쉬운 사고의 결과이다.
③ 인간 또는 기계에 과오나 동작상의 실패가 있어도 안전사고를 발생시키지 않도록 하는 통제방책이다.
④ 안전사고 예방을 할 수 없는 물리적 불안전 조건과 불안전 인간의 행동이다.

해설 페일세이프(fail safe)란 인간 또는 기계에 과오나 동작상의 실패가 있어도 안전사고를 발생시키지 않도록 하는 통제방책이다.

04 연 100만 근로시간당 몇 건의 재해가 발생했는가의 재해율 산출은?

① 연천인율 ② 강도율
③ 도수율 ④ 발생률

해설 도수율은 안전사고 발생빈도로 근로시간 100만 시간당 발생하는 사고건수이다.

05 산업안전보건법상 산업재해의 정의는?

① 근로자가 업무에 관계되는 건설물·설비·원재료·가스·증기·분진 등에 의하거나 작업 또는 그 밖의 업무로 인하여 사망 또는 부상하거나 질병에 걸리게 되는 것이다.
② 운전 중 본인의 부주의로 교통사고가 발생된 것이다.
③ 고의로 물적 시설을 파손한 것이다.
④ 일상 활동에서 발생하는 사고로서 인적 피해에 해당하는 부분이다.

06 ILO(국제노동기구)의 구분에 의한 근로불능 상해의 종류 중 응급조치 상해는 며칠간 치료를 받은 다음부터 정상작업에 임할 수 있는 정도의 상해인가?

① 1일 미만 ② 5일 미만
③ 10일 미만 ④ 2주 미만

해설 응급조치 상해란 1일 미만의 치료를 받고 다음부터 정상작업에 임할 수 있는 상해정도이다.

07 산업재해 부상의 종류별 구분에서 경상해란?

① 업무상 목숨을 잃게 되는 경우이다.
② 응급처치 이하의 상처로 작업에 종사하면서 치료를 받는 상해정도이다.
③ 부상으로 인하여 2주 이상의 노동손실을 가져온 상해정도이다.
④ 부상으로 1일 이상 14일 이하의 노동손실을 가져온 상해정도이다.

해설 경상해란 부상으로 1일 이상 14일 이하의 노동손실을 가져온 상해정도이다.

08 재해 발생 원인과 관계 없는 것은?

① 방호장치의 기능을 제거하였다.
② 관리감독이 소홀하다.
③ 작업장치 회전반경 내 출입을 금지하였다.
④ 잘못된 방법으로 작업을 하였다.

09 사고를 많이 발생시키는 원인 순서로 옳은 것은?

① 불안전행위 → 불안전조건 → 불가항력
② 불안전조건 → 불안전행위 → 불가항력
③ 불안전행위 → 불가항력 → 불안전조건
④ 불가항력 → 불안전조건 → 불안전행위

해설 사고를 많이 발생시키는 원인 순서는 불안전행위 → 불안전조건 → 불가항력이다.

10 현장에서 작업자가 작업 안전상 반드시 알아두어야 할 사항은?

① 장비의 가격
② 안전규칙 및 수칙
③ 종업원의 기술정도
④ 종업원의 작업환경

11 안전교육의 목적으로 옳지 않은 것은?

① 능률적인 표준작업을 숙달시킨다.
② 위험에 대처하는 능력을 기른다.
③ 작업에 대한 주의심을 파악할 수 있게 한다.
④ 소비절약 능력을 배양한다.

12 안전수칙을 지킴으로써 발생될 수 있는 효과에 속하지 않는 것은?

① 기업의 이직률이 감소된다.
② 기업의 신뢰도를 높여준다.
③ 상하동료 간의 인간관계가 개선된다.
④ 기업의 투자경비가 늘어난다.

13 작업환경 개선방법으로 옳지 않은 것은?

① 부품을 신품으로 모두 교환한다.
② 조명을 밝게 한다.
③ 소음을 줄인다.
④ 채광을 좋게 한다.

14 **산업재해 방지대책을 수립하기 위하여 위험요인을 발견하는 방법으로 옳은 것은?**

① 안전점검
② 안전대책 회의
③ 경영층 참여와 안진조직 진단
④ 재해사후 조치

15 **점검주기에 따른 안전점검의 종류에 속하지 않는 것은?**

① 정기점검 ② 구조점검
③ 특별점검 ④ 수시점검

해설 안전점검의 종류에는 일상점검, 정기점검, 수시점검, 특별점검 등이 있다.

16 **일반적인 보호구의 구비조건에 속하지 않는 것은?**

① 착용이 간편할 것
② 재료의 품질이 양호할 것
③ 햇볕에 열화가 잘될 것
④ 위험유해 요소에 대한 방호성능이 충분할 것

해설 보호구는 햇볕에 열화가 잘 되어서는 안 된다.

17 **보호구를 선택할 때의 주의사항과 관계없는 것은?**

① 착용이 용이하고 크기 등 사용자에게 편리할 것
② 보호구 성능기준에 적합하고 보호성능이 보장될 것
③ 사용 목적에 구애받지 않을 것
④ 작업행동에 방해되지 않을 것

해설 보호구는 사용 목적에 적합해야 한다.

18 **안전보호구에 속하지 않는 것은?**

① 안전모 ② 안전화
③ 안전장갑 ④ 안전 가드레일

해설 안전 가드레일은 안전시설물에 속한다.

19 **안전한 작업을 위해 반드시 보안경을 착용해야 하는 작업은?**

① 엔진오일 보충 및 냉각수 점검 작업
② 제동등 작동점검 작업
③ 전기저항 측정 및 배선점검 작업
④ 장비의 하체점검 작업

해설 건설기계의 하체를 점검할 때에는 보안경을 착용하여야 한다.

20 **사용구분에 따른 차광보안경의 종류에 속하지 않는 것은?**

① 자외선용 ② 비산방지용
③ 용접용 ④ 적외선용

해설 **차광보안경의 종류**
자외선용, 적외선용, 복합용, 용접용

21 **안전모에 대한 설명으로 옳지 않은 것은?**

① 알맞은 규격으로 성능시험에 합격품이어야 한다.
② 가볍고 성능이 우수하며 머리에 꼭 맞고 충격흡수성이 좋아야 한다.
③ 각종 위험으로부터 보호할 수 있는 종류의 안전모를 선택해야 한다.
④ 구멍을 뚫어서 통풍이 잘되게 하여 착용한다.

해설 안전모에 통풍을 목적으로 구멍을 뚫어서는 안 된다.

22 **방진마스크를 착용해야 하는 작업장은?**

① 온도가 낮은 작업장
② 소음이 심한 작업장
③ 산소가 결핍되기 쉬운 작업장
④ 분진이 많은 작업장

해설 분진(먼지)이 발생하는 장소에서는 방진마스크를 착용하여야 한다.

23 **산소결핍의 우려가 있는 장소에서 착용하여야 하는 마스크는?**

① 방진 마스크 ② 송기 마스크
③ 방독 마스크 ④ 가스 마스크

해설 산소결핍의 우려가 있는 장소에서는 송기(송풍) 마스크를 착용해야 한다.

24 **감전되거나 전기화상을 입을 위험이 있는 장소에서 작업 시 작업자가 착용해야 하는 것은?**

① 구명구 ② 구명조끼
③ 비상벨 ④ 보호구

해설 감전되거나 전기화상을 입고 위험이 있는 곳에서는 보호구를 착용한다.

25 **중량물 운반 작업 시 착용하여야 할 안전화는?**

① 보통작업용 안전화
② 중작업용 안전화
③ 절연용 안전화
④ 경작업용 안전화

해설 중량물 운반 작업을 할 때에는 중작업용 안전화를 착용하여야 한다.

26 **안전관리상 장갑을 끼고 작업하면 가장 위험한 작업은?**

① 판금작업 ② 줄 작업
③ 용접작업 ④ 드릴작업

해설 선반·드릴 등의 절삭가공 및 해머작업을 할 때에는 장갑을 착용해서는 안 된다.

27 **전기기기에 의한 감전사고를 방지하기 위하여 필요한 설비는?**

① 대지전위 상승설비
② 접지설비
③ 고압계 설비
④ 방폭등 설비

해설 전기기기에 의한 감전 사고를 막기 위해서는 접지설비를 하여야 한다.

28 **안전장치를 선정할 때 고려사항으로 옳지 않은 것은?**

① 안전장치 기능제거를 용이하게 할 수 있어야 한다.
② 위험부분에는 안전방호장치가 설치되어 있어야 한다.
③ 작업하기에 불편하지 않는 구조이어야 한다.
④ 강도나 기능 면에서 신뢰도가 커야 한다.

해설 안전장치의 기능을 제거해서는 안 된다.

29 작업복에 대한 설명으로 옳지 않은 것은?

① 작업복은 몸에 알맞고 동작이 편해야 한다.
② 주머니가 너무 많지 않고, 소매가 단정한 것이 좋다.
③ 작업복은 항상 깨끗한 상태로 입어야 한다.
④ 착용자의 연령, 성별 등에 관계없이 일률적인 스타일을 선정해야 한다.

해설 작업복은 착용자의 연령·성별 등에 적합한 스타일을 선정한다.

30 납산 배터리 액체를 취급하는 데 가장 적합한 복장은?

① 화학섬유로 만든 옷을 입는다.
② 고무로 만든 옷을 입는다.
③ 무명으로 만든 옷을 입는다.
④ 가죽으로 만든 옷을 입는다.

해설 전해액을 취급할 때에는 고무로 만든 옷을 착용한다.

31 보기는 재해 발생 시 조치요령이다. 조치 순서로 올바른 것은?

보기
A. 운전정지 B. 관련된 또 다른 재해방지 C. 피해자 구조 D. 응급처치

① A → B → C → D
② C → B → D → A
③ C → D → A → B
④ A → C → D → B

해설 재해가 발생하였을 때 조치 순서는 운전정지 → 피해자 구조 → 응급처치 → 2차 재해방지이다.

32 작업점 외에 직접 사람이 접촉하여 말려들거나 다칠 위험이 있는 장소를 덮어씌우는 방호장치는?

① 포집형 방호장치
② 위치 제한형 방호장치
③ 격리형 방호장치
④ 접근거부형 방호장치

해설 격리형 방호장치는 작업점 이외에 직접 사람이 접촉하여 말려들거나 다칠 위험이 있는 장소를 덮어씌우는 방호장치이다.

33 리프트의 방호장치에 속하지 않는 것은?

① 과부하 방지장치
② 출입문 인터록
③ 해지장치
④ 권과방지장치

해설 **리프트(lift)의 방호장치**
과부하 방지장치, 출입문 인터록, 권과방지장치, 비상정지장치, 제동장치

34 동력기계장치의 표준 방호덮개의 설치 목적과 관계 없는 것은?

① 주유나 검사의 편리성 때문이다.
② 동력전달장치와 신체의 접촉을 방지한다.
③ 방음이나 집진하기 위함이다.
④ 가공물 등의 낙하에 의한 위험을 방지한다.

35 안전·보건표지의 종류에 속하지 않는 것은?

① 성능표지 ② 안내표지
③ 금지표지 ④ 지시표지

36 안전·보건표지의 종류별 용도·사용 장소·형태 및 색채에서 바탕은 흰색, 기본모형은 빨간색, 관련부호 및 그림은 검정색으로 된 안전표지는?

① 보조표지 ② 지시표지
③ 금지표지 ④ 주의표지

해설 금지표지의 바탕은 흰색, 기본모형은 빨간색, 관련부호 및 그림은 검정색으로 되어 있다.

37 그림과 같은 안전표지판이 의미하는 것은?

① 비상구 ② 보안경 착용
③ 출입 금지 ④ 인화성물질 경고

38 안전·보건표지의 종류와 형태에서 그림의 안전표지판이 의미하는 것은?

① 보행 금지 ② 사용 금지
③ 출입 금지 ④ 작업 금지

39 안전·보건표지의 종류와 형태에서 그림과 같은 표지가 의미하는 것은?

① 인화성물질 경고
② 화기 금지
③ 금연
④ 산화성물질 경고

40 안전·보건표지의 종류와 형태에서 그림의 안전표지판의 의미는?

① 사용 금지 ② 탑승 금지
③ 물체이동 금지 ④ 보행 금지

41 산업안전표지의 종류에서 경고표지에 속하지 않는 것은?

① 저온 경고
② 인화성물질 경고
③ 폭발성물질 경고
④ 방독마스크 착용

해설 방독마스크 착용은 지시표지에 해당된다.

42 산업안전보건법령상 안전·보건표지의 종류 중 다음 그림의 의미는?

① 산화성물질 경고
② 급성독성물질 경고
③ 폭발성물질 경고
④ 인화성물질 경고

43 안전·보건표지의 종류와 형태에서 그림의 안전표지판이 의미하는 것은?

① 매달린 물체 경고
② 폭발물 경고
③ 몸균형 상실 경고
④ 방화성물질 경고

44 안전·보건표지의 종류와 형태에서 그림의 안전표지판을 사용하는 장소는?

① 폭발성의 물질이 있는 장소
② 레이저 광선에 노출될 우려가 있는 장소
③ 방사능물질이 있는 장소
④ 발전소나 고전압이 흐르는 장소

45 보안경 착용, 방독마스크 착용, 방진마스크 착용, 안전모자 착용, 귀마개 착용 등을 나타내는 안전표지는?

① 금지표지 ② 경고표지
③ 안내표지 ④ 지시표지

해설 지시표지에는 보안경 착용, 방독마스크 착용, 방진마스크 착용, 보안면 착용, 안전모 착용, 귀마개 착용, 안전화 착용, 안전장갑 착용, 안전복 착용 등이 있다.

46 안전·보건표지의 종류와 형태에서 그림의 안전표지는?

① 보행 금지
② 몸균형 상실 경고
③ 방독마스크 착용
④ 안전복 착용

47 안전표지의 종류 중 안내표지에 속하지 않는 것은?

① 비상구 ② 출입 금지
③ 녹십자 표지 ④ 응급구호 표지

48 안전·보건표지 종류와 형태에서 그림의 안전표지판이 의미하는 것은?

① 녹십자 ② 비상구
③ 병원 ④ 안전지대

49 안전·보건표지의 종류와 형태에서 그림의 표지는?

① 비상구 ② 응급구호
③ 안전제일 ④ 들것

50 안전표지 중 응급치료소, 응급처치용 장비를 표시하는 데 사용하는 색채는?

✔1 녹색 ② 적색
③ 흑색과 백색 ④ 황색과 흑색

해설 응급치료소, 응급처치용 장비를 표시하는 데 사용하는 색채는 녹색이다.

51 산업안전보건법령상 안전·보건표지에서 색채와 용도가 잘못된 것은?

① 파란색 – 지시
✔2 노란색 – 위험
③ 녹색 – 안내
④ 빨간색 – 금지, 경고

해설 노란색은 주의(충돌·추락·전도 및 그 밖의 비슷한 사고의 방지를 위해 물리적 위험성 표시)이다.

52 안전표지의 색채 중에서 대피장소 또는 비상구의 표지에 사용되는 색채는?

① 빨간색 ② 주황색
✔3 녹색 ④ 청색

해설 대피장소 또는 비상구의 표지에는 녹색을 사용한다.

53 굴착기를 트레일러에 상차하는 방법에 대한 것으로 가장 적합하지 않은 것은?

① 가급적 경사대를 사용한다.
✔2 트레일러로 운반 시 작업장치를 반드시 앞쪽으로 한다.
③ 경사대는 15° 정도 경사시키는 것이 좋다.
④ 붐을 이용하여 버킷으로 차체를 들어올려 탑재하는 방법도 이용되지만 전복의 위험이 있어 특히 주의를 요하는 방법이다.

해설 트레일러로 굴착기를 운반할 때 작업장치를 반드시 뒤쪽으로 한다.

54 전부장치가 부착된 굴착기를 트레일러로 수송할 때 붐이 향하는 방향으로 가장 적합한 것은?

① 왼쪽 방향 ② 오른쪽 방향
③ 앞 방향 ✔4 뒤 방향

55 굴착기를 트레일러에 탑재하여 운반할 때 상부회전체와 하부추진체를 고정시켜주는 것은?

① 밸런스 웨이트
✔2 스윙 록 장치
③ 센터조인트
④ 주행 록 장치

해설 스윙 록 장치(선회고정장치)는 굴착기를 트레일러에 탑재하여 운반할 때 상부회전체와 하부추진체를 고정시켜준다.

56 굴착기의 일상 점검사항이 아닌 것은?

① 엔진오일량
② 냉각수 누출 여부
✔3 오일냉각기 세척
④ 유압오일량

57 굴착기의 시동 전에 이뤄져야 하는 외관 점검사항이 아닌 것은?

① 고압호스 및 파이프 연결부 손상여부
② 각종 오일의 누유여부
③ 각종 볼트·너트의 체결상태
✔4 유압유 탱크의 필터의 오염상태

해설 유압유는 매 5,000시간마다 교환하며, 이때 필터의 오염 상태를 점검한다.

58 굴착기의 작업 중 운전자가 관심을 가져야 할 사항이 아닌 것은?

① 엔진회전속도 게이지
② 온도 게이지
③ 작업속도 게이지
④ 굴착기의 잡음상태

해설 건설기계에는 작업속도 게이지가 없다.

59 굴착기 작업 종료 후의 주의사항으로 가장 관계가 적은 것은?

① 굴착기를 토사 붕괴·홍수 등의 위험이 없는 평탄한 장소에 주차시킨다.
② 연료를 탱크에 가득 채운다.
③ 버킷은 지면에 내려놓는다.
④ 운전자는 유압유가 완전히 냉각된 후에 굴착기에서 떠난다.

60 기계장치의 안전관리를 위해 정지상태에서 점검해야 하는 사항과 관계 없는 것은?

① 볼트·너트의 헐거움
② 이상소음 및 진동상태
③ 장치의 외관상태
④ 벨트장력 상태

해설 이상소음 및 진동상태는 운전상태에서 점검한다.

61 기계시설의 안전유의사항으로 옳지 않은 것은?

① 회전부분(기어, 벨트, 체인) 등은 위험하므로 반드시 커버를 씌워둔다.
② 작업장의 바닥은 보행에 지장을 주지 않도록 청결하게 유지한다.
③ 작업장의 통로는 근로자가 안전하게 다닐 수 있도록 정리정돈을 한다.
④ 발전기, 용접기, 엔진 등 장비는 한 곳에 모아서 배치한다.

해설 발전기, 용접기, 엔진 등은 분산시켜 배치하여야 한다.

62 동력공구를 사용할 때 주의사항과 관계없는 것은?

① 압축공기 중의 수분을 제거한다.
② 에어 그라인더는 회전수에 유의한다.
③ 규정 공기압력을 유지한다.
④ 보호구는 안 해도 무방하다.

해설 동력공구를 사용할 때에는 보호구를 반드시 착용한다.

63 수공구 사용 시 안전수칙으로 옳지 않은 것은?

① 해머 작업은 미끄러짐을 방지하기 위해서 반드시 면장갑을 끼고 작업한다.
② 줄 작업으로 생긴 쇳가루는 브러시로 털어낸다.
③ 쇠톱 작업은 밀 때 절삭되게 작업한다.
④ 조정렌치는 조정조가 있는 부분에 힘을 받지 않게 하여 사용한다.

해설 해머작업을 할 때에는 장갑을 착용해서는 안 된다.

64 작업장에 필요한 수공구의 보관방법으로 옳지 않은 것은?

① 사용한 공구는 파손된 부분 등의 점검 후 보관한다.
② 공구함을 준비하여 종류와 크기별로 보관한다.
③ 날이 있거나 뾰족한 물건은 위험하므로 뚜껑을 씌워둔다.
④ 사용한 수공구는 녹슬지 않도록 손잡이 부분에 오일을 발라 보관하도록 한다.

해설 사용한 수공구는 깨끗이 청소한 후 보관한다.

65 볼트·너트를 조일 때 사용하는 공구에 속하지 않는 것은?

① 파이프렌치 ② 토크렌치
③ 소켓렌치 ④ 복스렌치

해설 파이프렌치는 파이프를 조일 때 사용한다.

66 스패너 작업방법으로 옳은 것은?

① 스패너로 볼트를 죌 때는 앞으로 당기고 풀 때는 뒤로 민다.
② 스패너로 죄고 풀 때는 항상 앞으로 당긴다.
③ 스패너 사용 시 몸의 중심을 항상 옆으로 한다.
④ 스패너의 입이 너트의 치수보다 조금 큰 것을 사용한다.

해설 스패너로 볼트나 너트를 죄고 풀때에는 항상 앞으로 당겨야 한다.

67 6각 볼트·너트를 조이고 풀 때 가장 알맞은 공구는?

① 복스렌치 ② 플라이어
③ 드라이버 ④ 바이스

해설 볼트나 너트를 풀거나 조일 때에는 복스렌치가 가장 알맞다.

68 복스렌치가 오픈엔드렌치보다 비교적 많이 사용되는 이유는?

① 2개를 한 번에 조일 수 있다.
② 볼트와 너트 주위를 감싸 힘의 균형 때문에 미끄러지지 않는다.
③ 다양한 볼트·너트의 크기를 사용할 수 있다.
④ 마모율이 적고 값이 싸다.

해설 복스렌치는 볼트나 너트 주위를 감싸 힘의 균형 때문에 미끄러지지 않는다.

69 토크렌치 사용방법으로 옳은 것은?

① 핸들을 잡고 밀면서 사용한다.
② 볼트나 너트 조임력을 규정값에 정확히 맞도록 하기 위해 사용한다.
③ 게이지에 관계없이 볼트 및 너트를 조이면 된다.
④ 토크 증대를 위해 손잡이에 파이프를 끼워서 사용하는 것이 좋다.

해설 토크렌치는 볼트나 너트의 조임력을 규정값에 정확히 맞도록 하기 위해 사용하며, 볼트나 너트를 조일 때만 사용하여야 한다.

70 해머로 작업을 할 때 주의사항과 관계 없는 것은?

① 자루가 단단한 것을 사용한다.
② 해머는 처음부터 힘차게 때린다.
③ 작업에 알맞은 무게의 해머를 사용한다.
④ 장갑을 끼지 않는다.

해설 타격할 때 처음과 마지막에 힘을 많이 가하지 않도록 한다.

71 드라이버 사용방법으로 옳지 않은 것은?

① 날 끝 홈의 폭과 깊이가 같은 것을 사용한다.
② 작은 공작물이라도 한손으로 잡지 말고 바이스 등으로 고정하고 사용한다.
③ 날 끝이 수평이어야 하며 둥글거나 빠진 것은 사용하지 않는다.
④ 전기 작업 시 자루는 모두 금속으로 되어 있는 것을 사용한다.

해설 드라이버로 전기 작업을 할 때에는 반드시 절연된 자루를 사용한다.

72 정(chisel) 작업 시 안전수칙과 관계 없는 것은?

① 기름을 깨끗이 닦은 후에 사용한다.
② 담금질한 재료를 정으로 쳐서는 안 된다.
③ 차광안경을 착용한다.
④ 머리가 벗겨진 것은 사용하지 않는다.

73 아래 보기의 조건에서 도시가스가 누출되었을 경우 폭발할 수 있는 조건으로 모두 맞게 짝지어진 것은?

보기

A. 누출된 가스의 농도는 폭발범위 내에 들어야 한다.
B. 누출된 가스에 불씨 등의 점화원이 있어야 한다.
C. 점화가 가능한 공기(산소)가 있어야 한다.
D. 가스가 누출되는 압력이 3.0MPa 이상이어야 한다.

① A　② A, B
③ A, B, C　④ A, C, D

해설 가스압력과 폭발과는 관계가 없다.

74 LPG의 특성에 속하지 않는 것은?

① 액체상태일 때 피부에 닿으면 동상의 우려가 있다.
② 누출 시 공기보다 무거워 바닥에 체류하기 쉽다.
③ 원래 무색·무취이나 누출 시 쉽게 발견하도록 부취제를 첨가한다.
④ 주성분은 프로판과 메탄이다.

해설 LPG의 주성분은 프로판과 부탄이다.

75 지상에 설치되어 있는 도시가스배관 외면에 반드시 표시해야 하는 사항이 아닌 것은?

① 소유자명　② 가스의 흐름방향
③ 사용가스명　④ 최고사용압력

해설 배관 외면에는 가스의 흐름방향, 사용가스명, 최고사용압력 등이 표시되어 있다.

76 **도시가스사업법에서 압축가스일 경우 중압이라 함은?**

① 10MPa~100MPa 미만
② 1MPa~10MPa 미만
③ 0.02MPa~0.1MPa 미만
④ 0.1MPa~1MPa 미만

해설
- 저압 : 1MPa 미만
- 중압 : 0.1MPa 이상 1MPa 미만
- 고압 : 1MPa 이상

77 **도시가스 매설배관의 최고사용압력에 따른 보호포의 바탕색상으로 옳은 것은?**

① 저압 - 흰색, 중압 이상 - 적색
② 저압 - 황색, 중압 이상 - 적색
③ 저압 - 적색, 중압 이상 - 황색
④ 저압 - 적색, 중압 이상 - 흰색

해설 **보호포의 바탕 색상**
- 저압 : 황색
- 중압 이상 : 적색

78 **도시가스가 공급되는 지역에서 굴착공사 중에 아래 그림과 같은 것이 발견되었다. 이것은 무엇인가?**

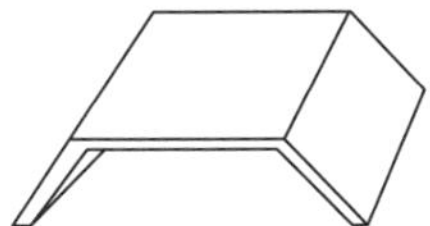

① 보호판
② 보호포
③ 라인마크
④ 가스누출 검지구멍

해설 보호판은 철판으로 장비에 의한 배관손상을 방지하기 위하여 설치하는 것이며, 두께가 4mm 이상의 철판으로 부식방지(방식) 코팅되어 있다.

79 **도시가스배관을 지하에 매설 시 특수한 사정으로 규정에 의한 심도를 유지할 수 없어 보호판을 사용하였을 때 보호판 외면이 지면과 최소 얼마 이상의 깊이를 유지하여야 하는가?**

① 0.3m 이상 ② 0.4m 이상
③ 0.5m 이상 ④ 0.6m 이상

해설 보호판 외면과 지면과의 깊이는 0.3m 이상을 유지하여야 한다.

80 **일반도시가스 사업자의 지하배관을 설치할 때 공동주택 등의 부지 내에서는 몇 m 이상의 깊이에 배관을 설치해야 하는가?**

① 1.5m 이상 ② 1.2m 이상
③ 1.0m 이상 ④ 0.6m 이상

해설 공동주택 등의 부지내에서는 0.6m 이상의 깊이에 배관을 설치한다.

81 **폭 4m 이상 8m 미만인 도로에 일반도시가스 배관을 매설 시 지면과 도시가스배관 상부와의 최소 이격거리는?**

① 0.6m 이상 ② 1.0m 이상
③ 1.2m 이상 ④ 1.5m 이상

해설 폭 4m 이상 8m 미만인 도로에 가스배관을 매설할 때 지면과 배관 상부와의 거리는 1.0m 이상이다.

82 **항타기는 원칙적으로 가스배관과의 수평거리가 몇 m 이상 되는 곳에 설치하여야 하는가?**

① 1.0m 이상 ② 2.0m 이상
③ 3.0m 이상 ④ 5.0m 이상

해설 항타기는 가스배관과 수평거리 2.0m 이상 되는 곳에 설치한다.

83 파일박기를 하고자 할 때 가스배관과의 수평거리 몇 m 이내에서 시험굴착을 통하여 가스배관의 위치를 확인해야 하는가?

✓① 2m 이내　② 3m 이내
③ 4m 이내　④ 5m 이내

해설 파일박기를 할 때 가스배관과 수평거리 2m 이내에서 시험굴착을 한다.

84 도시가스가 공급되는 지역에서 굴착공사를 하기 전에 도로부분의 지하에 가스배관의 매설 여부는 누구에게 요청하여야 하는가?

✓① 굴착공사 관할정보 지원센터
② 굴착공사 관할 경찰서장
③ 굴착공사 관할 시·도지사
④ 굴착공사 관할 시장·군수·구청장

해설 가스배관 매설 여부는 도시가스사업자 또는 굴착공사 관할정보 지원센터에 조회한다.

85 도시가스배관이 매설된 지점에서 가스배관 주위를 굴착하고자 할 때에 반드시 인력으로 굴착해야 하는 범위는?

✓① 배관 좌·우 1m 이내
② 배관 좌·우 2m 이내
③ 배관 좌·우 3m 이내
④ 배관 좌·우 4m 이내

해설 배관주위를 굴착할 때 배관 좌·우 1m 이내는 인력으로 굴착한다.

86 도로 굴착자가 굴착공사 전에 이행할 사항에 대한 설명으로 옳지 않은 것은?

① 도면에 표시된 가스배관과 기타 저장물 매설유무를 조사하여야 한다.
✓② 굴착용역회사의 안전관리자가 지정하는 일정에 시험굴착을 수립하여야 한다.
③ 위치 표시용 페인트와 표지판 및 황색 깃발 등을 준비하여야 한다.
④ 조사된 자료로 시험굴착위치 및 굴착개소 등을 정하여 가스배관 매설위치를 확인하여야 한다.

해설 도시가스 사업자와 일정을 협의하여 시험굴착을 수립한다.

87 도시가스배관을 지하에 매설할 경우 상수도관 등 다른 시설물과의 이격거리는?

① 10cm 이상　✓② 30cm 이상
③ 60cm 이상　④ 100cm 이상

해설 배관을 매설할 때 상수도관과의 이격거리는 30cm 이상이다.

88 노출된 배관의 길이가 몇 m 이상인 경우에는 가스누출경보기를 설치하여야 하는가?

✓① 20m 이상인 경우
② 50m 이상인 경우
③ 100m 이상인 경우
④ 200m 이상인 경우

해설 노출된 배관의 길이가 20m 이상인 경우에는 가스누출경보기를 설치하여야 한다.

89 **굴착작업 중 줄파기 작업에서 줄파기 1일 시공량 결정은 어떻게 하도록 되어 있는가?**

① 시공속도가 가장 빠른 천공작업에 맞추어 결정한다.
② 시공속도가 가장 느린 천공작업에 맞추어 결정한다.
③ 공사시방서에 명기된 일정에 맞추어 결정한다.
④ 공사 관리 감독기관에 보고한 날짜에 맞추어 결정한다.

해설 줄파기 1일 시공량 결정은 시공속도가 가장 느린 천공작업에 맞추어 결정한다.

90 **도로굴착자는 가스배관이 확인된 지점에 가스배관 위치표시를 해야 한다. 비포장 도로의 경우 위치표시 방법은?**

① 가스배관 직상부 도로에 보호판을 설치한다.
② 5m 간격으로 시험굴착을 해둔다.
③ 가스배관 직상부에 페인트를 사용하여 두 줄로 긋는다.
④ 표시말뚝을 설치한다.

해설 가스배관 위치표시 방법 중 비포장도로의 경우에는 표시말뚝을 설치한다.

91 **굴착작업 중 줄파기 작업에서 줄파기 심도는 최소한 얼마 이상으로 하여야 하는가?**

① 0.6m 이상　② 1.0m 이상
③ 1.5m 이상　④ 2.0m 이상

해설 굴착작업 중 줄파기 작업에서 줄파기 심도는 최소한 1.5m 이상으로 하여야 한다.

92 **도로굴착자는 되메움 공사완료 후 도시가스배관 손상방지를 위하여 최소한 몇 개월 이상 지반침하 유무를 확인하여야 하는가?**

① 6개월　② 3개월
③ 2개월　④ 1개월

해설 되메움 공사완료 후 최소 3개월 이상 지반침하 유무를 확인하여야 한다.

93 **도시가스배관 주위를 굴착 후 되메우기 시 지하에 매몰하면 안 되는 것은?**

① 보호포　② 보호판
③ 라인마크　④ 전기방식용 양극

해설 라인마크는 지표면에 가스의 흐름방향을 알려주는 것이다.

94 **도시가스가 공급되는 지역에서 도로공사 중 그림과 같은 것이 일렬로 설치되어 있는 것이 발견되었다. 이것은 무엇인가?**

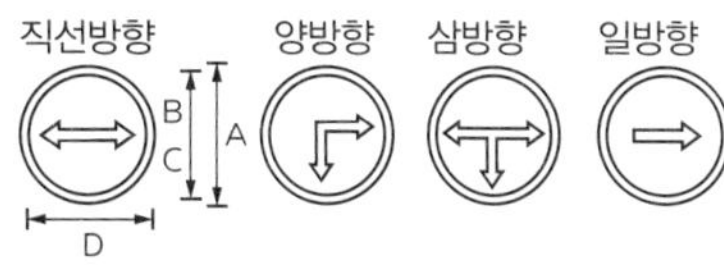

① 가스누출 검지구멍
② 보호판
③ 가스배관매몰 표지판
④ 라인마크

95 **도로상에 가스배관이 매설된 것을 표시하는 라인마크에 대한 설명으로 옳지 않은 것은?**

① 도시가스라 표기되어 있으며 화살표가 표시되어 있다.
② 청색으로 된 원형마크로 되어있고 화살표가 표시되어 있다.
③ 분기점에는 T형 화살표가 표시되어 있고, 직선구간에는 배관길이 50m마다 1개 이상 설치되어 있다.
④ 지름이 9cm 정도인 원형으로 된 동합금이나 황동주물로 되어있다.

해설 라인마크는 지름 9cm 정도의 원형으로 제작한 동합금이나 청동주물이다.

96 **도시가스 매설배관 표지판의 설치기준과 관계 없는 것은?**

① 포장도로 및 공동주택부지 내의 도로에 라인마크(line mark)와 함께 설치한다.
② 표지판 모양은 직사각형이다.
③ 설치간격은 500m마다 1개 이상이다.
④ 황색바탕에 검정색 글씨로 도시가스 배관임을 알리고 연락처 등을 표시한다.

해설 도시가스 매설배관 표지판은 라인마크(line mark)와 함께 설치해서는 안 된다.

97 **가스배관용 폴리에틸렌관의 특징이 아닌 것은?**

① 지하매설용으로 사용된다.
② 일광·열에 약하다.
③ 도시가스 고압관으로 사용된다.
④ 부식이 잘되지 않는다.

해설 폴리에틸렌관은 도시가스 저압관으로 사용된다.

98 **발전소 상호간, 변전소 상호간, 발전소와 변전소 간의 전선로를 나타내는 용어는?**

① 배전선로
② 전기수용 설비선로
③ 인입선로
④ 송전선로

해설 발전소 상호간 또는 발전소와 변전소 간의 전선로를 송전선로라 한다.

99 **교류전기에서 고전압이라 함은 몇 V를 초과하는 전압인가?**

① 220V 초과 ② 380V 초과
③ 600V 초과 ④ 750V 초과

해설 교류 전기에서 고전압이라 함은 600V를 초과하는 전압이다.

100 **현재 한전에서 운용하고 있는 송전선로 종류가 아닌 것은?**

① 22.9kV 선로 ② 154kV 선로
③ 345kV 선로 ④ 765kV 선로

해설 한국전력에서 사용하는 송전선로 종류에는 154kV, 345kV, 765kV가 있다.

101 **고압전선로 주변에서 작업 시 굴착기와 전선로와의 안전 이격거리에 대한 설명과 관계 없는 것은?**

① 애자수가 많을수록 멀어져야 한다.
② 전압이 높을수록 멀어져야 한다.
③ 전선이 굵을수록 멀어져야 한다.
④ 전압에는 관계없이 일정하다.

102 그림과 같이 시가지에 있는 배전선로 "A"에는 일반적으로 몇 볼트(V)의 전압이 인가되는가?

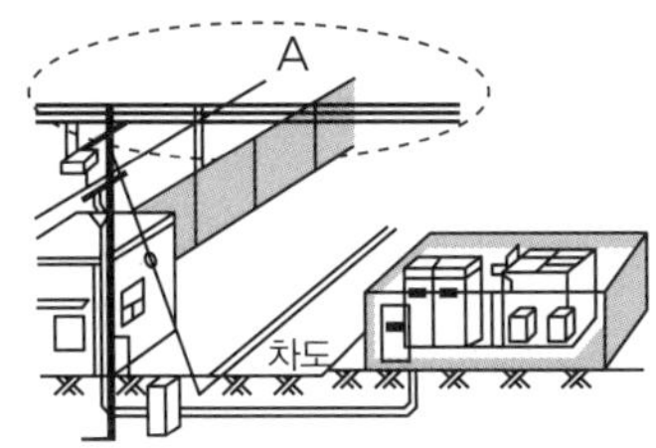

① 110V ② 220V
③ 440V ④ 22,900V

해설 시가지에 있는 배전선로(콘크리트 전주)에는 22,900V의 전압이 인가되어 있다.

103 가공 송전선로에서 사용하는 애자에 관한 설명으로 옳지 않은 것은?

① 애자는 코일에 전류가 흐르면 자기장을 형성하는 역할을 한다.
② 애자는 고전압 선로의 안전시설에 필요하다.
③ 애자수는 전압이 높을수록 많다.
④ 애자는 전선과 철탑과의 절연을 하기 위해 취부한다.

해설 애자는 전선과 철탑과의 절연을 하기 위해 취부(설치)하며, 고전압 선로의 안전시설에 필요하다. 또 애자 수는 전압이 높을수록 많다.

104 아래 그림과 같이 고압 가공전선로 주상변압기의 설치 높이 H는 시가지와 시가지 외에서 각각 몇 m인가?

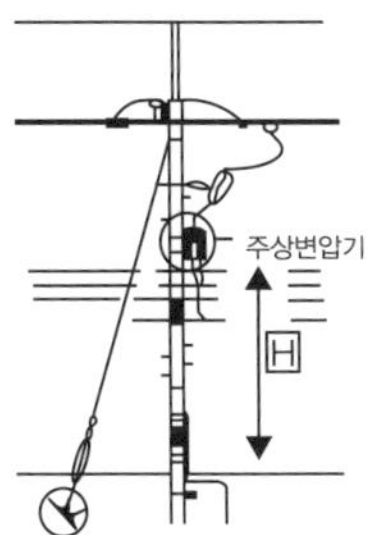

① 시가지 - 5.0m, 시가지 외 - 3.0m
② 시가지 - 4.5m, 시가지 외 - 3.0m
③ 시가지 - 5.0m, 시가지 외 - 4.0m
④ 시가지 - 4.5m, 시가지 외 - 4.0m

해설 주상변압기의 설치 높이는 시가지에서는 4.5m, 시가지 이외의 지역에서는 4.0m이다.

105 특별고압 가공 배전선로에 관한 설명으로 옳은 것은?

① 전압에 관계없이 장소마다 다르다.
② 배전선로는 전부 절연전선이다.
③ 높은 전압일수록 전주 상단에 설치하는 것을 원칙으로 한다.
④ 낮은 전압일수록 전주 상단에 설치하는 것을 원칙으로 한다.

106 22.9kV 배전선로에 근접하여 굴착기 등 건설기계로 작업 시 안전관리상 옳은 것은?

① 전력선이 활선인지 확인 후 안전조치된 상태에서 작업한다.
② 안전관리자의 지시 없이 운전자가 알아서 작업한다.
③ 해당 시설관리자는 입회하지 않아도 무관하다.
④ 전력선에 접촉되더라도 끊어지지 않으면 사고는 발생하지 않는다.

107 철탑에 154,000V라는 표시판이 부착되어 있는 전선 근처에서 작업 시 옳지 않은 것은?

① 철탑 기초에서 충분히 이격하여 굴착한다.
② 철탑 기초 주변 흙이 무너지지 않도록 한다.
③ 전선에 30cm 이내로 접근되지 않게 작업한다.
④ 전선이 바람에 흔들리는 것을 고려하여 접근금지 로프를 설치한다.

해설 154,000V인 경우 전선에 5m 이내로 접근되지 않도록 해야 한다.

108 154kV 송전선로 주변에서 굴착기 작업에 관한 설명으로 옳은 것은?

① 전력회사에만 연락하면 전력선에 접촉해도 안전하다.
② 전력선에 접근되지 않도록 충분한 이격거리를 확보한다.
③ 전력선에 접촉되더라도 끊어지지 않으면 계속 작업한다.
④ 전력선에 접촉만 않도록 조심하여 작업한다.

109 지중전선로 지역에서 지하장애물 조사 시 옳은 방법은?

① 작업속도 효율이 높은 굴착기로 굴착한다.
② 일정 깊이로 보링을 한 후 코어를 분석하여 조사한다.
③ 장애물 노출 시 굴착기 브레이커로 찍어본다.
④ 굴착개소를 종횡으로 조심스럽게 인력으로 굴착한다.

110 굴착으로부터 전력 케이블을 보호하기 위하여 설치하는 표시시설과 관계 없는 것은?

① 모래
② 지중선로 표시기
③ 표지시트
④ 보호판

해설 전력케이블 표시시설에는 지중선로 표시기, 표지시트, 보호판 등이 있다.

111 전력케이블이 매설돼 있음을 표시하기 위한 표지시트는 차도에서 지표면 아래 몇 cm 깊이에 설치되어 있는가?

① 10cm ② 30cm
③ 50cm ④ 100cm

해설 표지시트는 차도에서 지표면 아래 30cm 깊이에 설치되어 있다.

112 굴착기를 이용하여 도로 굴착작업 중 "고압선 위험" 표지시트가 발견되었다. 다음 중 옳은 것은?

① 표지시트의 직하에 전력케이블이 묻혀 있다.
② 표지시트의 직각방향에 전력케이블이 묻혀 있다.
③ 표지시트의 우측에 전력케이블이 묻혀 있다.
④ 표지시트의 좌측에 전력케이블이 묻혀 있다.

113 전력케이블의 매설 깊이로 가장 알맞은 것은?

① 차도 및 중량물의 영향을 받을 우려가 없는 경우 0.3m 이상이다.
② 차도 및 중량물의 영향을 받을 우려가 없는 경우 0.6m 이상이다.
③ 차도 및 중량물의 영향을 받을 우려가 있는 경우 0.3m 이상이다.
④ 차도 및 중량물의 영향을 받을 우려가 있는 경우 0.6m 이상이다.

해설 전력케이블의 매설 깊이는 차도 및 중량물의 영향을 받을 우려가 없는 경우 0.6m 이상이다.

114 차도 아래에 매설되는 전력케이블(직접매설식)은 지면에서 최소 몇 m 이상의 깊이로 매설되어야 하는가?

① 0.3m 이상 ② 0.9m 이상
③ 1.0m 이상 ④ 1.5m 이상

해설 차도아래에 매설되는 전력 케이블은 지면에서 최소 1.0m 이상에 매설되어야 한다.

115 그림은 전주 번호찰 표기내용이다. 전주 길이를 나타내는 것은?

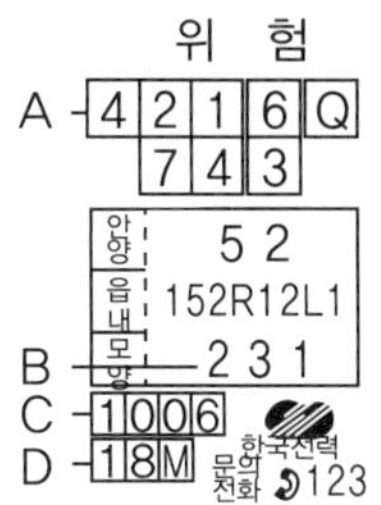

① A ② B
③ C ④ D

해설 A는 관리구 번호, B는 전주번호, C는 시행 년월, D는 전주길이를 나타낸다.

116 전기시설에 접지공사가 되어 있는 경우 접지선의 표시색은?

① 빨간색 ② 녹색
③ 노란색 ④ 흰색

해설 접지선의 표시색은 녹색이다.

Chapter  05 | 건설기계관리법 및 도로교통법 빈출 예상문제

01 건설기계관리법의 입법 목적에 해당되지 않는 것은?

① 건설기계의 효율적인 관리를 하기 위함
② 건설기계 안전도 확보를 위함
③ 건설기계의 규제 및 통제를 하기 위함 (정답)
④ 건설공사의 기계화를 촉진함

해설 건설기계관리법은 건설기계의 등록·검사·형식승인 및 건설기계사업과 건설기계조종사면허 등에 관한 사항을 정하여 건설기계를 효율적으로 관리하고 건설기계의 안전도를 확보하여 건설공사의 기계화를 촉진함을 목적으로 한다.

02 건설기계관련법상 건설기계의 정의를 가장 올바르게 한 것은?

① 건설공사에 사용할 수 있는 기계로서 대통령령이 정하는 것 (정답)
② 건설현장에서 운행하는 장비로서 대통령령이 정하는 것
③ 건설공사에 사용할 수 있는 기계로서 국토교통부령이 정하는 것
④ 건설현장에서 운행하는 장비로서 국토교통부령이 정하는 것

해설 건설기계는 건설공사에 사용할 수 있는 기계로서 대통령령으로 정한 것이다.

03 건설기계관리법에서 정의한 '건설기계형식'으로 가장 옳은 것은?

① 형식 및 규격을 말한다.
② 성능 및 용량을 말한다.
③ 구조·규격 및 성능 등에 관하여 일정하게 정한 것을 말한다. (정답)
④ 엔진구조 및 성능을 말한다.

해설 건설기계형식이란 구조·규격 및 성능 등에 관하여 일정하게 정한 것이다.

04 건설기계 등록신청에 대한 설명으로 맞는 것은? (단, 전시·사변 등 국가비상사태하의 경우 제외)

① 시·군·구청장에게 취득한 날로부터 10일 이내 등록신청을 한다.
② 시·도지사에게 취득한 날로부터 15일 이내 등록신청을 한다.
③ 시·군·구청장에게 취득한 날로부터 1월 이내 등록신청을 한다.
④ 시·도지사에게 취득한 날로부터 2월 이내 등록신청을 한다. (정답)

해설 건설기계등록신청은 특별시장·광역시장·도지사 또는 특별자치도지사(시·도지사)에게 건설기계를 취득한 날(판매를 목적으로 수입된 건설기계의 경우에는 판매한 날)부터 2월 이내에 하여야 한다. 다만, 전시·사변 기타 이에 준하는 국가비상사태하에 있어서는 5일 이내에 신청하여야 한다.

05 건설기계관리법령상의 건설기계가 아닌 것은?

① 아스팔트 피니셔
② 천장크레인
③ 쇄석기
④ 롤러

해설 천장크레인은 산업기계에 속한다.

06 건설기계를 등록할 때 필요한 서류에 해당하지 않는 것은?

① 건설기계제작증
② 수입면장
③ 매수증서
④ 건설기계검사증 등본원부

해설 **건설기계를 등록할 때 필요한 서류**
- 건설기계제작증(국내에서 제작한 건설기계의 경우)
- 수입면장 기타 수입 사실을 증명하는 서류(수입한 건설기계의 경우)
- 매수증서(관청으로부터 매수한 건설기계의 경우)
- 건설기계의 소유자임을 증명하는 서류
- 건설기계제원표
- 자동차손해배상보장법에 따른 보험 또는 공제의 가입을 증명하는 서류

07 시·도지사로부터 통지서 또는 명령서를 받은 건설기계소유자는 그 받은 날부터 며칠 이내에 등록번호표제작자에게 그 통지서 또는 명령서를 제출하고 등록번호표제작등을 신청하여야 하는가?

① 3일　② 10일
③ 20일　④ 30일

해설 시·도지사로부터 통지서 또는 명령서를 받은 건설기계소유자는 그 받은 날부터 3일 이내에 등록번호표제작자에게 그 통지서 또는 명령서를 제출하고 등록번호표제작 등을 신청하여야 한다.

08 건설기계 등록사항의 변경신고는 변경이 있는 날로부터 며칠 이내에 하여야 하는가? (단, 국가비상사태일 경우 제외)

① 20일 이내　② 30일 이내
③ 15일 이내　④ 10일 이내

해설 건설기계의 소유자는 건설기계등록사항에 변경(주소지 또는 사용본거지가 변경된 경우 제외)이 있는 때에는 그 변경이 있은 날부터 30일(상속의 경우에는 상속개시일부터 6개월) 이내에 등록을 한 시·도지사에게 제출하여야 한다. 다만, 전시·사변 기타 이에 준하는 국가비상사태 하에 있어서는 5일 이내에 하여야 한다.

09 건설기계 등록말소 사유에 해당되지 않는 것은?

① 건설기계를 폐기한 경우
② 건설기계의 차대가 등록 시의 차대와 다른 경우
③ 정비 또는 개조를 목적으로 해체된 경우
④ 건설기계가 멸실된 경우

해설 정비 또는 개조를 목적으로 해체된 경우에는 건설기계 등록말소 사유에 속하지 않는다.

10 건설기계 소유자는 건설기계를 도난당한 날로부터 얼마 이내에 등록말소를 신청해야 하는가?

① 30일 이내
② 2개월 이내
③ 3개월 이내
④ 6개월 이내

해설 건설기계를 도난당한 경우에는 도난당한 날부터 2개월 이내에 등록말소를 신청하여야 한다.

11 시·도지사가 저당권이 등록된 건설기계를 말소할 때 미리 그 뜻을 건설기계의 소유자 및 이해관계인에게 통보한 후 몇 개월이 지나지 않으면 등록을 말소할 수 없는가?

① 1개월 ② 3개월
③ 6개월 ④ 12개월

해설 시·도지사는 등록을 말소하려는 경우에는 미리 그 뜻을 건설기계의 소유자 및 이해관계인에게 알려야 하며, 통지 후 1개월(저당권이 등록된 경우에는 3개월)이 지난 후가 아니면 이를 말소할 수 없다.

12 시·도지사는 건설기계 등록원부를 건설기계의 등록을 말소한 날부터 몇 년간 보존하여야 하는가?

① 1년 ② 3년
③ 5년 ④ 10년

해설 건설기계 등록원부는 건설기계의 등록을 말소한 날부터 10년간 보존하여야 한다.

13 건설기계 등록번호표에 표시되지 않는 것은?

① 기종 ② 등록번호
③ 등록관청 ④ 연식

해설 건설기계 등록번호표에는 기종, 등록관청, 등록번호, 용도 등이 표시된다.

14 건설기계번호표의 색상으로 틀린 것은?

① 자가용 – 흰색 바탕에 검은색 문자
② 대여사업용 – 주황색 바탕에 검은색 문자
③ 관용 – 흰색 바탕에 검은색 문자
④ 수입용 – 붉은색 바탕에 흰색문자

해설 **등록번호표의 색상**
- 비사업용(관용 또는 자가용) : 흰색 바탕에 검은색 문자
- 대여사업용 : 주황색 바탕에 검은색 문자
- 임시운행 번호표 : 색 페인트 판에 검은색 문자

15 건설기계번호표 중 대여사업용에 해당하는 것은?

① 6000~9999 ② 1000~5999
③ 9001~9999 ④ 0001~0999

해설
- 관용 : 0001~0999
- 자가용 : 1000~5999
- 대여사업용 : 6000~9999

16 건설기계등록을 말소한 때에는 등록번호표를 며칠 이내에 시·도지사에게 반납하여야 하는가?

① 10일 ② 15일
③ 20일 ④ 30일

해설 건설기계 등록번호표는 10일 이내에 시·도지사에게 반납하여야 한다.

17 건설기계관리법령상 건설기계 검사의 종류가 아닌 것은?

① 구조변경검사 ② 임시검사
③ 수시검사 ④ 신규등록검사

해설 건설기계 검사의 종류에는 신규등록검사, 정기검사, 구조변경검사, 수시검사가 있다.

18 건설기계관리법령상 건설기계를 검사유효기간이 끝난 후에 계속 운행하고자 할 때는 어느 검사를 받아야 하는가?

① 신규등록검사 ② 계속검사
③ 수시검사 ④ 정기검사

해설 **정기검사**
건설공사용 건설기계로서 3년의 범위에서 국토교통부령으로 정하는 검사유효기간이 끝난 후에 계속하여 운행하려는 경우에 실시하는 검사와 대기환경보전법 및 소음·진동관리법에 따른 운행차의 정기검사

19 성능이 불량하거나 사고가 자주 발생하는 건설기계의 안전성 등을 점검하기 위하여 실시하는 검사와 건설기계 소유자의 신청을 받아 실시하는 검사는?

① 예비검사 ② 구조변경검사
③ 수시검사 ④ 정기검사

해설 **수시검사**
성능이 불량하거나 사고가 자주 발생하는 건설기계의 안전성 등을 점검하기 위하여 수시로 실시하는 검사와 건설기계 소유자의 신청을 받아 실시하는 검사

20 정기검사 대상 건설기계의 정기검사 신청기간으로 옳은 것은?

① 건설기계의 정기검사 유효기간 만료일 전후 45일 이내에 신청한다.
② 건설기계의 정기검사 유효기간 만료일 전 91일 이내에 신청한다.
③ 건설기계의 정기검사 유효기간 만료일 전후 각각 31일 이내에 신청한다.
④ 건설기계의 정기검사 유효기간 만료일 후 61일 이내에 신청한다.

해설 정기검사를 받으려는 자는 검사유효기간의 만료일 전후 각각 31일 이내에 신청한다.

21 건설기계 정기검사 신청기간 내에 정기검사를 받은 경우, 다음 정기검사의 유효기간 시작일을 바르게 설명한 것은?

① 유효기간에 관계없이 검사를 받은 다음 날부터
② 유효기간 내에 검사를 받은 것은 종전 검사유효기간 만료일부터
③ 유효기간에 관계없이 검사를 받은 날부터
④ 유효기간 내에 검사를 받은 것은 종전 검사유효기간 만료일 다음 날부터

해설 정기검사 신청기간 내에 정기검사를 받은 경우 다음 정기검사 유효기간의 산정은 종전 검사유효기간 만료일의 다음 날부터 기산한다.

22 신규등록일로부터 10년 경과된 타이어식 굴착기의 정기검사 유효기간은?

① 3년 ② 2년
③ 1년 ④ 6개월

해설 타이어식 굴착기의 정기검사 유효기간은 1년이다.

23 건설기계의 정기검사 연기사유에 해당되지 않는 것은?

✔ 7일 이내의 정비
② 건설기계의 도난
③ 건설기계의 사고발생
④ 천재지변

해설 건설기계소유자는 천재지변, 건설기계의 도난, 사고발생, 압류, 31일 이상에 걸친 정비 그 밖의 부득이 한 사유로 검사신청기간 내에 검사를 신청할 수 없는 경우에는 검사신청기간 만료일까지 검사연기신청서에 연기사유를 증명할 수 있는 서류를 첨부하여 시·도지사에게 제출하여야 한다.

24 건설기계의 검사연기신청을 하였으나 불허통지를 받은 자는 언제까지 검사를 신청하여야 하는가?

① 불허통지를 받은 날부터 5일 이내
② 불허통지를 받은 날부터 10일 이내
③ 검사신청기간 만료일부터 5일 이내
✔ 검사신청기간 만료일부터 10일 이내

해설 검사연기신청을 받은 시·도지사 또는 검사대행자는 그 신청일부터 5일 이내에 검사연기여부를 결정하여 신청인에게 통지하여야 한다. 이 경우 검사연기 불허통지를 받은 자는 검사신청기간 만료일부터 10일 이내에 검사신청을 하여야 한다.

25 건설기계의 제동장치에 대한 정기검사를 면제받기 위한 건설기계제동장치정비 확인서를 발행받을 수 있는 곳은?

① 건설기계대여회사
✔ 건설기계정비업자
③ 건설기계부품업자
④ 건설기계매매업자

해설 건설기계의 제동장치에 대한 정기검사를 면제받고자 하는 자는 정기검사의 신청 시에 당해 건설기계정비업자가 발행한 건설기계제동장치정비확인서를 시·도지사 또는 검사대행자에게 제출해야 한다.

26 건설기계의 검사를 연장받을 수 있는 기간을 잘못 설명한 것은?

① 해외임대를 위하여 일시 반출된 경우 - 반출기간 이내
② 압류된 건설기계의 경우 - 압류기간 이내
③ 건설기계 대여업을 휴지한 경우 - 사업의 개시신고를 하는 때까지
✔ 장기간 수리가 필요한 경우 - 소유자가 원하는 기간

해설 **검사를 연장받을 수 있는 기간**

- 해외임대를 위하여 일시 반출되는 건설기계의 경우에는 반출기간 이내
- 압류된 건설기계의 경우에는 그 압류기간 이내
- 타워크레인 또는 천공기(터널보링식 및 실드굴진식으로 한정)가 해체된 경우에는 해체되어 있는 기간 이내
- 사업의 휴지를 신고한 경우에는 당해 사업의 개시신고를 하는 때까지

27 건설기계의 출장검사가 허용되는 경우가 아닌 것은?

① 도서지역에 있는 건설기계
✔ 너비가 2.0미터를 초과하는 건설기계
③ 자체중량이 40톤을 초과하거나 축중이 10톤을 초과하는 건설기계
④ 최고속도가 시간당 35킬로미터 미만인 건설기계

해설 **출장검사를 받을 수 있는 경우**

- 도서지역에 있는 경우
- 자체중량이 40ton 이상 또는 축중이 10ton 이상인 경우
- 너비가 2.5m 이상인 경우
- 최고속도가 시간당 35km 미만인 경우

28 **건설기계의 정비명령은 누구에게 하여야 하는가?**

① 해당 건설기계 운전자
② 해당 건설기계 검사업자
③ 해당 건설기계 정비업자
④ 해당 건설기계 소유자

해설 시·도지사는 검사에 불합격된 건설기계에 대해서는 31일 이내의 기간을 정하여 해당 건설기계의 소유자에게 검사를 완료한 날(검사를 대행하게 한 경우에는 검사결과를 보고받은 날)부터 10일 이내에 정비명령을 해야 한다.

29 **건설기계조종사면허에 대한 설명 중 틀린 것은?**

① 건설기계를 조종하려는 사람은 시·도지사에게 건설기계조종사면허를 받아야 한다.
② 건설기계조종사면허는 국토교통부령으로 정하는 바에 따라 건설기계의 종류별로 받아야 한다.
③ 건설기계조종사면허를 받으려는 사람은 국가기술자격법에 따른 해당 분야의 기술자격을 취득하고 적성검사에 합격하여야 한다.
④ 건설기계조종사면허증의 발급, 적성검사의 기준, 그 밖에 건설기계조종사면허에 필요한 사항은 대통령령으로 정한다.

해설 건설기계조종사면허증의 발급, 적성검사의 기준, 그 밖에 건설기계조종사면허에 필요한 사항은 국토교통부령으로 정한다.

30 **건설기계조종사의 면허 적성검사기준으로 틀린 것은?**

① 두 눈의 시력이 각각 0.3 이상
② 두 눈을 동시에 뜨고 측정한 시력이 0.7 이상
③ 시각은 150도 이상
④ 청력은 10데시벨의 소리를 들을 수 있을 것

해설 **건설기계조종사의 면허 적성검사기준**

- 두 눈을 동시에 뜨고 잰 시력이 0.7 이상이고 두 눈의 시력이 각각 0.3 이상일 것(교정시력을 포함)
- 55데시벨(보청기를 사용하는 사람은 40데시벨)의 소리를 들을 수 있을 것
- 언어분별력이 80퍼센트 이상일 것
- 시각은 150도 이상일 것

31 **건설기계조종사면허의 결격사유에 해당되지 않는 것은?**

① 18세 미만인 사람
② 정신질환자 또는 뇌전증환자
③ 마약·대마·향정신성의약품 또는 알코올 중독자
④ 파산자로서 복권되지 않은 사람

해설 **건설기계조종사면허의 결격사유**

- 18세 미만인 사람
- 정신질환자 또는 뇌전증환자
- 앞을 보지 못하는 사람, 듣지 못하는 사람
- 마약·대마·향정신성의약품 또는 알코올중독자
- 건설기계조종사면허가 취소된 날부터 1년이 지나지 아니하였거나 건설기계조종사면허의 효력정지 처분 기간 중에 있는 사람

32 건설기계조종사 면허증 발급신청 시 첨부하는 서류와 가장 거리가 먼 것은?

① 신체검사서
② 국가기술자격증 정보
③ 주민등록표 등본
④ 소형건설기계 조종교육 이수증

해설 **면허증 발급신청 할 때 첨부하는 서류**
- 신체검사서
- 소형건설기계조종교육이수증(소형건설기계조종사 면허증을 발급신청하는 경우에 한정한다)
- 건설기계조종사면허증(건설기계조종사면허를 받은 자가 면허의 종류를 추가하고자 하는 때에 한한다)
- 6개월 이내에 촬영한 탈모상반신 사진 2매
- 국가기술자격증 정보
- 자동차운전면허 정보(3톤 미만의 지게차를 조종하려는 경우에 한정한다)

33 건설기계관리법령상 건설기계조종사 면허취소 또는 효력정지를 시킬 수 있는 자는?

① 대통령
② 경찰서장
③ 시장·군수 또는 구청장
④ 국토교통부장관

34 도로교통법에 의한 제1종 대형자동차 면허로 조종할 수 없는 건설기계는?

① 콘크리트 펌프
② 노상안정기
③ 아스팔트 살포기
④ 타이어식 기중기

해설 **제1종 대형 운전면허로 조종 가능한 건설기계**
덤프트럭, 아스팔트 살포기, 노상 안정기, 콘크리트 믹서트럭, 콘크리트 펌프, 트럭적재식 천공기

35 건설기계조종사 면허증의 반납사유에 해당하지 않는 것은?

① 면허가 취소된 때
② 면허의 효력이 정지된 때
③ 건설기계를 조종하지 않을 때
④ 면허증의 재교부를 받은 후 잃어버린 면허증을 발견한 때

해설 **면허증의 반납사유**
- 면허가 취소된 때
- 면허의 효력이 정지된 때
- 면허증의 재교부를 받은 후 잃어버린 면허증을 발견한 때

36 건설기계관리법상의 건설기계 사업에 해당하지 않는 것은?

① 건설기계매매업
② 건설기계해체재활용업
③ 건설기계정비업
④ 건설기계제작업

해설 건설기계 사업의 종류에는 매매업, 대여업, 해체재활용업, 정비업이 있다.

37 폐기대상건설기계 인수증명서를 발급할 수 있는 자는?

① 시·도지사
② 국토교통부장관
③ 시장·군수
④ 건설기계해체재활용업자

해설 건설기계해체재활용업자는 건설기계의 폐기요청을 받은 때에는 폐기대상 건설기계를 인수한 후 폐기요청을 한 건설기계소유자에게 폐기대상건설기계 인수증명서를 발급하여야 한다.

38 신개발 건설기계의 시험·연구목적 운행을 제외한 건설기계의 임시운행 기간은 며칠 이내인가?

① 5일 ② 10일
③ 15일 ④ 20일

해설 임시운행기간은 15일 이내로 한다. 다만, 신개발 건설기계를 시험·연구의 목적으로 운행하는 경우에는 3년 이내로 한다.

39 건설기계해체재활용업 등록은 누구에게 하는가?

① 국토교통부장관
② 시장·군수 또는 구청장
③ 행정안전부장관
④ 읍·면·동장

40 건설기계의 등록 전에 임시운행 사유에 해당되지 않는 것은?

① 건설기계 구입 전 이상 유무를 확인하기 위해 1일간 예비운행을 하는 경우
② 등록신청을 하기 위하여 건설기계를 등록지로 운행하는 경우
③ 수출을 하기 위하여 건설기계를 선적지로 운행하는 경우
④ 신개발 건설기계를 시험·연구의 목적으로 운행하는 경우

해설 **임시운행 사유**
- 등록신청을 하기 위하여 건설기계를 등록지로 운행하는 경우
- 신규등록검사 및 확인검사를 받기 위하여 건설기계를 검사장소로 운행하는 경우
- 수출을 하기 위하여 건설기계를 선적지로 운행하는 경우
- 수출을 하기 위하여 등록말소 한 건설기계를 점검·정비의 목적으로 운행하는 경우
- 신개발 건설기계를 시험·연구의 목적으로 운행하는 경우
- 판매 또는 전시를 위하여 건설기계를 일시적으로 운행하는 경우

41 술에 취한 상태(혈중 알코올농도 0.03% 이상 0.08% 미만)에서 건설기계를 조종한 자에 대한 면허효력정지 처분기준은?

① 20일 ② 30일
③ 40일 ④ 60일

해설 술에 취한 상태(혈중 알코올농도 0.03% 이상 0.08% 미만)에서 건설기계를 조종한 경우 면허효력정지 60일이다.

42 고의 또는 과실로 가스공급시설을 손괴하거나 기능에 장애를 입혀 가스의 공급을 방해한 때의 건설기계조종사 면허효력정지기간은?

① 240일 ② 180일
③ 90일 ④ 45일

해설 건설기계를 조종 중에 고의 또는 과실로 가스공급시설을 손괴한 경우 면허효력정지 180일이다.

43 건설기계관리법령상 건설기계조종사면허의 취소처분 기준에 해당하지 않는 것은?

① 건설기계조종사면허증을 다른 사람에게 빌려 준 경우
② 술에 취한 상태(혈중 알코올농도 0.03% 이상 0.08% 미만)에서 건설기계를 조종하다가 사고로 사람을 죽게 하거나 다치게 한 경우
③ 건설기계 조종 중에 고의 또는 과실로 가스공급시설의 기능에 장애를 입혀 가스공급을 방해한 자
④ 술에 만취한 상태(혈중 알코올농도 0.08%)에서 건설기계를 조종한 경우

44 술에 만취한 상태(혈중 알코올 농도 0.08 퍼센트 이상)에서 건설기계를 조종한 자에 대한 면허의 취소·정지처분 내용은?

① 면허취소
② 면허효력정지 60일
③ 면허효력정지 50일
④ 면허효력정지 70일

45 건설기계조종사 면허정지처분 기간 중 건설기계를 조종한 경우의 정지처분 내용은?

① 면허취소
② 면허효력정지 60일
③ 면허효력정지 30일
④ 면허효력정지 20일

46 건설기계조종사 면허의 취소·정지 처분 기준 중 "경상"의 인명피해를 구분하는 판단 기준으로 가장 옳은 것은?

① 1주 미만의 치료를 요하는 진단이 있는 경우
② 2주 이하의 치료를 요하는 진단이 있는 경우
③ 3주 미만의 치료를 요하는 진단이 있는 경우
④ 4주 이하의 치료를 요하는 진단이 있는 경우

해설 경상은 3주 미만의 치료를 요하는 진단이 있는 경우이며, 중상은 3주 이상의 치료를 요하는 진단이 있는 경우이다.

47 등록되지 아니한 건설기계를 사용하거나 등록이 말소된 건설기계를 사용하거나 운행한 자에 대한 벌칙은?

① 100만 원 이하 벌금
② 300만 원 이하 벌금
③ 1년 이하의 징역 또는 1,000만 원 이하 벌금
④ 2년 이하의 징역 또는 2,000만 원 이하 벌금

해설 등록되지 아니하거나 등록말소된 건설기계를 사용하거나 운행한 자는 2년 이하의 징역 또는 2천만 원 이하의 벌금이다.

48 건설기계조종사면허를 받지 아니하고 건설기계를 조종한 자에 대한 벌칙 기준은?

① 2년 이하의 징역 또는 1천만 원 이하의 벌금
② 1년 이하의 징역 또는 1천만 원 이하의 벌금
③ 2년 이하의 징역 또는 300만 원 이하의 벌금
④ 1년 이하의 징역 또는 300만 원 이하의 벌금

해설 건설기계조종사면허를 받지 아니하고 건설기계를 조종한 자는 1년 이하의 징역 또는 1,000만 원 이하의 벌금이다.

49 건설기계관리법령상 건설기계의 소유자가 건설기계를 도로나 타인의 토지에 계속 버려두어 방치한 자에 대해 적용하는 벌칙은?

① 1,000만 원 이하의 벌금
② 2,000만 원 이하의 벌금
③ 1년 이하의 징역 또는 1천만 원 이하의 벌금
④ 2년 이하의 징역 또는 2천만 원 이하의 벌금

해설 건설기계의 소유자가 건설기계를 도로나 타인의 토지에 계속 버려두어 방치한 경우 1년 이하의 징역 또는 1천만 원 이하의 벌금이다.

50 건설기계의 정비명령을 이행하지 아니한 자에 대한 벌칙은?

① 1년 이하의 징역 또는 5천만 원 이하의 벌금
② 1년 이하의 징역 또는 3천만 원 이하의 벌금
③ 1년 이하의 징역 또는 2천만 원 이하의 벌금
④ 1년 이하의 징역 또는 1천만 원 이하의 벌금

해설 정비명령을 이행하지 아니한 자의 벌칙은 1년 이하의 징역 또는 1천만 원 이하의 벌금이다.

51 건설기계관리법령상 구조변경검사를 받지 아니한 자에 대한 처벌은?

① 1년 이하의 징역 또는 1,000만 원 이하의 벌금
② 1년 이하의 징역 또는 1,500만 원 이하의 벌금
③ 2년 이하의 징역 또는 2,000만 원 이하의 벌금
④ 2년 이하의 징역 또는 2,500만 원 이하의 벌금

해설 구조변경검사 또는 수시검사를 받지 아니한 자는 1년 이하의 징역 또는 1,000만 원 이하의 벌금이다.

52 건설기계의 등록번호표를 부착·봉인하지 아니하거나 등록번호를 새기지 아니한 자에게 부가하는 법규상의 과태료로 맞는 것은?

① 30만 원 이하의 과태료
② 50만 원 이하의 과태료
③ 100만 원 이하의 과태료
④ 20만 원 이하의 과태료

해설 건설기계의 등록번호를 부착·봉인하지 아니하거나 등록번호를 새기지 아니한 자에게 부가하는 법규상의 과태료는 100만 원 이하이다.

53 건설기계를 주택가 주변에 세워 두어 교통소통을 방해하거나 소음 등으로 주민의 생활환경을 침해한 자에 대한 벌칙은?

① 200만 원 이하의 벌금
② 100만 원 이하의 벌금
③ 100만 원 이하의 과태료
④ 50만 원 이하의 과태료

해설 건설기계를 주택가 주변에 세워 두어 교통소통을 방해하거나 소음 등으로 주민의 생활환경을 침해한 자에 대한 벌칙은 50만 원 이하의 과태료이다.

54 고속도로 통행이 허용되지 않는 건설기계는?

① 콘크리트믹서트럭
② 덤프트럭
③ 굴착기(타이어식)
④ 기중기(트럭적재식)

55 대형건설기계의 범위에 속하지 않는 것은?

① 길이가 15m인 건설기계
② 너비가 2.8m인 건설기계
③ 높이가 6m인 건설기계
④ 총중량 45톤인 건설기계

해설 **대형건설기계**
- 길이가 16.7m 이상인 경우
- 너비가 2.5m 이상인 경우
- 최소회전 반경이 12m 이상인 경우
- 높이가 4m 이상인 경우
- 총중량이 40톤 이상인 경우
- 총중량 상태에서 축하중이 10톤을 초과하는 건설기계

56 대형건설기계에서 경고표지판 부착위치는?

① 작업인부가 쉽게 볼 수 있는 곳
② 조종실 내부의 조종사가 보기 쉬운 곳
③ 교통경찰이 쉽게 볼 수 있는 곳
④ 특별 번호판 옆

해설 대형건설기계에는 조종실 내부의 조종사가 보기 쉬운 곳에 경고표지판을 부착하여야 한다.

57 타이어식 건설기계의 최고속도가 최소 몇 km/h 이상일 경우에 조종석 안전띠를 갖추어야 하는가?

① 30km/h ② 40km/h
③ 50km/h ④ 60km/h

해설 지게차, 전복보호구조 또는 전도보호구조를 장착한 건설기계와 시간당 30킬로미터 이상의 속도를 낼 수 있는 타이어식 건설기계에는 좌석안전띠를 설치하여야 한다.

58 건설기계관리법에 따라 최고주행속도 15km/h 미만의 타이어식 건설기계가 필히 갖추어야 할 조명장치가 아닌 것은?

① 전조등
② 후부반사기
③ 비상점멸 표시등
④ 제동등

해설 **최고주행속도가 시간당 15킬로미터 미만인 타이어식 건설기계에 설치하여야 하는 조명장치**
- 전조등
- 제동등. 다만, 유량 제어로 속도를 감속하거나 가속하는 건설기계는 제외한다.
- 후부반사기
- 후부반사판 또는 후부반사지

59 도로교통법의 제정 목적을 바르게 나타낸 것은?

① 도로 운송사업의 발전과 운전자들의 권익 보호
② 도로상의 교통사고로 인한 신속한 피해회복과 편익증진
③ 건설기계의 제작, 등록, 판매, 관리 등의 안전 확보
④ 도로에서 일어나는 교통상의 모든 위험과 장해를 방지하고 제거하여 안전하고 원활한 교통을 확보

해설 **도로교통법의 제정 목적**
도로에서 일어나는 교통상의 모든 위험과 장해를 방지하고 제거하여 안전하고 원활한 교통을 확보함을 목적으로 한다.

60 도로교통법에서 안전지대의 정의에 관한 설명으로 옳은 것은?

① 버스정류장 표지가 있는 장소
② 자동차가 주차할 수 있도록 설치된 장소
③ 도로를 횡단하는 보행자나 통행하는 차마의 안전을 위하여 안전표지 등으로 표시된 도로의 부분
④ 사고가 잦은 장소에 보행자의 안전을 위하여 설치한 장소

해설 안전지대는 도로를 횡단하는 보행자나 통행하는 차마의 안전을 위하여 안전표지 등으로 표시된 도로의 부분이다.

61 도로교통법상 건설기계를 운전하여 도로를 주행할 때 서행에 대한 정의로 옳은 것은?

① 매시 60km 미만의 속도로 주행하는 것을 말한다.
② 운전자가 차를 즉시 정지시킬 수 있는 느린 속도로 진행하는 것을 말한다.
③ 정지거리 10m 이내에서 정지할 수 있는 경우를 말한다.
④ 매시 20km 이내로 주행하는 것을 말한다.

해설 서행이란 운전자가 위험을 느끼고 즉시 차를 정지할 수 있는 느린 속도로 진행하는 것이다.

62 정차라 함은 주차 외의 정지상태로서 몇 분을 초과하지 아니하고 차를 정지시키는 것을 말하는가?

① 3분 ② 5분
③ 7분 ④ 10분

해설 정차란 운전자가 5분을 초과하지 아니하고 차를 정지시키는 것으로서 주차 외의 정지상태를 말한다.

63 도로교통법상 앞차와의 안전거리에 대한 설명으로 가장 적합한 것은?

① 일반적으로 5m 이상이다.
② 5~10m 정도이다.
③ 평균 30m 이상이다.
④ 앞차가 갑자기 정지할 경우 충돌을 피할 수 있는 거리이다.

해설 안전거리란 앞차가 갑자기 정지할 경우 충돌을 피할 수 있는 거리이다.

64 도로교통법 상에서 교통안전표지의 구분이 맞는 것은?

① 주의표지, 통행표지, 규제표지, 지시표지, 차선표지
② 주의표지, 규제표지, 지시표지, 보조표지, 노면표시
③ 도로표지, 주의표지, 규제표지, 지시표지, 노면표시
④ 주의표지, 규제표지, 지시표지, 차선표지, 도로표지

해설 **교통안전표지의 종류**
주의표지, 규제표지, 지시표지, 보조표지, 노면표시

65 그림과 같은 교통안전표지의 뜻은?

① 좌합류도로가 있음을 알리는 것
② 좌로 굽은 도로가 있음을 알리는 것
③ 우합류도로가 있음을 알리는 것
④ 철길건널목이 있음을 알리는 것

66 그림과 같은 교통안전표지의 뜻은?

① 좌합류 도로가 있음을 알리는 것
② 철길건널목이 있음을 알리는 것
③ 회전형교차로가 있음을 알리는 것
④ 좌로 계속 굽은 도로가 있음을 알리는 것

67 그림과 같은 교통안전표지의 뜻은?

① 우로 이중 굽은 도로
② 좌우로 이중 굽은 도로
③ 좌로 굽은 도로
④ 회전형 교차로

68 그림의 교통안전표지는 무엇을 의미하는가?

① 차 중량 제한 표지
② 차 높이 제한 표지
③ 차 적재량 제한 표지
④ 차 폭 제한 표지

69 그림의 교통안전표지에 대한 설명으로 맞는 것은?

① 최고중량 제한 표지
② 차간거리 최저 30m 제한 표지
③ 최고시속 30킬로미터 속도제한 표지
④ 최저시속 30킬로미터 속도제한 표지

70 그림의 교통안전표지는?

① 좌·우회전 표지
② 좌·우회전 금지표지
③ 양측방 일방 통행표지
④ 양측방 통행 금지표지

71 도로교통 관련법상 차마의 통행을 구분하기 위한 중앙선에 대한 설명으로 옳은 것은?

① 백색실선 또는 황색점선으로 되어있다.
② 백색실선 또는 백색점선으로 되어있다.
③ 황색실선 또는 황색점선으로 되어있다.
④ 황색실선 또는 백색점선으로 되어있다.

해설 노면표시의 중앙선은 황색의 실선 및 점선으로 되어있다.

72 **도로교통법상 차로에 대한 설명으로 틀린 것은?**

① 차로는 횡단보도나 교차로에는 설치할 수 없다.
② 차로의 너비는 원칙적으로 3미터 이상으로 하여야 한다.
③ 일반적인 차로(일방통행도로 제외)의 순위는 도로의 중앙선 쪽에 있는 차로부터 1차로로 한다.
④ 차로의 너비보다 넓은 건설기계는 별도의 신청절차가 필요 없이 경찰청에 전화로 통보만 하면 운행할 수 있다.

해설 **차로**
- 지방경찰청장은 도로에 차로를 설치하고자 하는 때에는 노면표시로 표시하여야 한다.
- 차로의 너비는 3m 이상으로 하여야 한다. 다만, 좌회전전용차로의 설치 등 부득이하다고 인정되는 때에는 275cm 이상으로 할 수 있다.
- 차로는 횡단보도·교차로 및 철길건널목에는 설치할 수 없다.
- 보도와 차도의 구분이 없는 도로에 차로를 설치하는 때에는 보행자가 안전하게 통행할 수 있도록 그 도로의 양쪽에 길가장자리구역을 설치하여야 한다.

73 **차량의 통행우선순위로 맞는 것은?**

① 긴급자동차 → 일반 자동차 → 원동기장치자전거
② 긴급자동차 → 원동기장치자전거 → 승용자동차
③ 건설기계 → 원동기장치자전거 → 승합자동차
④ 승합자동차 → 원동기장치자전거 → 긴급자동차

해설 **통행의 우선순위**
긴급자동차 → 일반 자동차 → 원동기장치자전거

74 **편도 1차로인 도로에서 중앙선이 황색실선인 경우의 앞지르기 방법으로 맞는 것은?**

① 절대로 안 된다.
② 아무데서나 할 수 있다.
③ 앞차가 있을 때만 할 수 있다.
④ 반대 차로에 차량통행이 없을 때 할 수 있다.

75 **도로에서는 차로별 통행구분에 따라 통행하여야 한다. 위반이 아닌 경우는?**

① 왕복 4차선 도로에서 중앙선을 넘어 추월하는 행위
② 두 개의 차로를 걸쳐서 운행하는 행위
③ 일방통행도로에서 중앙이나 좌측부분을 통행하는 행위
④ 여러 차로를 연속적으로 가로지르는 행위

76 **편도 4차로의 일반도로에서 타이어형 굴착기는 어느 차로로 통행해야 하는가?**

① 1차로
② 2차로
③ 1차로 또는 2차로
④ 4차로

77 **차량이 고속도로가 아닌 도로에서 방향을 바꾸고자 할 때에는 반드시 진행방향을 바꾼다는 신호를 하여야 한다. 그 신호는 진행방향을 바꾸고자 하는 지점에 이르기 전 몇 m 지점에서 해야 하는가?**

① 10m 이상의 지점에 이르렀을 때
② 30m 이상의 지점에 이르렀을 때
③ 50m 이상의 지점에 이르렀을 때
④ 100m 이상의 지점에 이르렀을 때

해설 진행방향을 변경하려고 할 때 신호를 하여야 할 시기는 변경하려고 하는 지점의 30m 전이다.

78 정지선이나 횡단보도 및 교차로 직전에서 정지하여야 할 신호의 종류로 옳은 것은?

① 녹색 및 황색등화
② 황색등화의 점멸
③ 황색 및 적색등화
④ 녹색 및 적색등화

해설 정지선이나 횡단보도 및 교차로 직전에서 정지하여야 할 신호는 황색 및 적색등화이다.

79 신호등에서 황색등화 시 통행방법으로 적합하지 않은 것은?

① 차마는 우회전을 할 수 있으나 보행자의 횡단을 방해할 수 없다.
② 차마는 정지선이 있거나 횡단보도가 있을 때에는 그 직전이나 교차로 직전에 정지하여야 한다.
③ 차마는 다른 교통에 주의하면서 교차로를 직진할 수 있다.
④ 이미 교차로에 진입하고 있는 경우에는 신속히 교차로 밖으로 진행하여야 한다.

80 좌회전을 하기 위하여 교차로에 진입되어 있을 때 황색등화로 바뀌면 어떻게 하여야 하는가?

① 정지하여 정지선으로 후진한다.
② 그 자리에 정지하여야 한다.
③ 신속히 좌회전하여 교차로 밖으로 진행한다.
④ 좌회전을 중단하고 횡단보도 앞 정지선까지 후진하여야 한다.

해설 좌회전을 하기 위하여 교차로에 진입되어 있을 때 황색등화로 바뀌면 신속히 좌회전하여 교차로 밖으로 진행한다.

81 편도 4차로의 경우 교차로 30미터 전방에서 우회전을 하려면 몇 차로로 진입통행 해야 하는가?

① 2차로와 3차로로 통행한다.
② 1차로와 2차로로 통행한다.
③ 1차로로 통행한다.
④ 4차로로 통행한다.

82 교통정리가 행해지지 않는 교차로에서 통행의 우선권이 가장 큰 차량은?

① 우회전하려는 차량이다.
② 좌회전하려는 차량이다.
③ 이미 교차로에 진입하여 좌회전하고 있는 차량이다.
④ 직진하려는 차량이다.

83 노면표시 중 진로변경 제한선에 대한 설명으로 맞는 것은?

① 황색점선은 진로변경을 할 수 없다.
② 백색점선은 진로변경을 할 수 없다.
③ 황색실선은 진로변경을 할 수 있다.
④ 백색실선은 진로변경을 할 수 없다.

해설 노면표시의 진로변경 제한선은 백색실선이며, 진로변경을 할 수 없다.

84 **일방통행으로 된 도로가 아닌 교차로 또는 그 부근에서 긴급자동차가 접근하였을 때 운전자가 취해야 할 방법으로 옳은 것은?**

① 교차로의 우측 가장자리에 일시정지하여 진로를 양보한다.
② 교차로를 피하여 도로의 우측 가장자리에 일시정지한다.
③ 서행하면서 앞지르기 하라는 신호를 한다.
④ 그대로 진행방향으로 진행을 계속한다.

해설 교차로 또는 그 부근에서 긴급자동차가 접근하였을 때에는 교차로를 피하여 도로의 우측 가장자리에 일시정지한다.

85 **교통안전시설이 표시하고 있는 신호와 경찰공무원의 수신호가 다른 경우 통행방법으로 옳은 것은?**

① 경찰공무원의 수신호에 따른다.
② 신호기 신호를 우선적으로 따른다.
③ 자기가 판단하여 위험이 없다고 생각되면 아무 신호에 따라도 좋다.
④ 수신호는 보조신호이므로 따르지 않아도 좋다.

해설 가장 우선하는 신호는 경찰공무원의 수신호이다.

86 **도로교통법상 모든 차의 운전자가 반드시 서행하여야 하는 장소에 해당하지 않는 것은?**

① 도로가 구부러진 부분
② 비탈길 고갯마루 부근
③ 편도 2차로 이상의 다리 위
④ 가파른 비탈길의 내리막

해설 **서행하여야 할 장소**
- 교통정리를 하고 있지 아니하는 교차로
- 도로가 구부러진 부근
- 비탈길의 고갯마루 부근
- 가파른 비탈길의 내리막
- 지방경찰청장이 안전표지로 지정한 곳

87 **도로교통법에서 안전운행을 위해 주행속도를 제한하고 있는데, 악천후 시 최고속도의 100분의 50으로 감속 운행하여야 할 경우가 아닌 것은?**

① 노면이 얼어붙은 때
② 폭우, 폭설, 안개 등으로 가시거리가 100m 이내인 때
③ 비가 내려 노면이 젖어 있을 때
④ 눈이 20mm 이상 쌓인 때

해설 **최고속도의 50%로 감속 운행해야 할 경우**
- 노면이 얼어붙은 때
- 폭우·폭설·안개 등으로 가시거리가 100미터 이내일 때
- 눈이 20mm 이상 쌓인 때

88 **신호등이 없는 철길건널목 통과방법 중 옳은 것은?**

① 차단기가 올라가 있으면 그대로 통과해도 된다.
② 반드시 일지정지를 한 후 안전을 확인하고 통과한다.
③ 신호등이 진행신호일 경우에도 반드시 일시정지를 하여야 한다.
④ 일시정지를 하지 않아도 좌우를 살피면서 서행으로 통과하면 된다.

해설 신호등이 없는 철길건널목을 통과할 때에는 반드시 일지정지를 한 후 안전을 확인하고 통과한다.

89 **고속도로를 제외한 도로에서 위험을 방지하고 교통의 안전과 원활한 소통을 확보하기 위하여 필요 시 구역 또는 구간을 지정하여 자동차의 속도를 제한할 수 있는 자는?**

① 경찰서장
② 국토교통부장관
③ 지방경찰청장
④ 도로교통공단 이사장

해설 지방경찰청장은 도로에서 위험을 방지하고 교통의 안전과 원활한 소통을 확보하기 위하여 필요하다고 인정하는 때에 구역 또는 구간을 지정하여 자동차의 속도를 제한할 수 있다.

90 **승차 또는 적재의 방법과 제한에서 운행상의 안전기준을 넘어서 승차 및 적재가 가능한 경우는?**

① 도착지를 관할하는 경찰서장의 허가를 받은 때
② 출발지를 관할하는 경찰서장의 허가를 받은 때
③ 관할 시·군수의 허가를 받은 때
④ 동·읍·면장의 허가를 받은 때

해설 승차인원·적재중량에 관하여 안전기준을 넘어서 운행하고자 하는 경우 출발지를 관할하는 경찰서장의 허가를 받아야 한다.

91 **도로교통법에서는 교차로, 터널 안, 다리 위 등을 앞지르기 금지장소로 규정하고 있다. 그 외 앞지르기 금지장소를 다음 [보기]에서 모두 고른 것은?**

보기
A. 도로의 구부러진 곳
B. 비탈길의 고갯마루 부근
C. 가파른 비탈길의 내리막

① A ② A, B
③ B, C ④ A, B, C

해설 **앞지르기 금지장소**
교차로, 도로의 구부러진 곳, 터널 안, 다리 위, 경사로의 정상부근, 급경사로의 내리막, 앞지르기 금지표지 설치장소

92 **가장 안전한 앞지르기 방법은?**

① 좌·우측으로 앞지르기 하면 된다.
② 앞차의 속도와 관계없이 앞지르기를 한다.
③ 반드시 경음기를 울려야 한다.
④ 반대방향의 교통, 전방의 교통 및 후방에 주의를 하고 앞차의 속도에 따라 안전하게 한다.

93 **경찰청장이 최고속도를 따로 지정·고시하지 않은 편도 2차로 이상 고속도로에서 건설기계 법정 최고속도는 매시 몇 km인가?**

① 100km/h　② 110km/h
③ 80km/h　④ 60km/h

해설 **고속도로에서의 건설기계 속도**
- 모든 고속도로에서 건설기계의 최고속도는 80km/h, 최저속도는 50km/h이다.
- 지정·고시한 노선 또는 구간의 고속도로에서 건설기계의 최고속도는 90km/h 이내, 최저속도는 50km/h이다.

94 **도로교통법상 올바른 정차방법은?**

① 정차는 도로모퉁이에서도 할 수 있다.
② 일방통행로에서는 도로의 좌측에 정차할 수 있다.
③ 도로의 우측 가장자리에 다른 교통에 방해가 되지 않도록 정차해야 한다.
④ 정차는 교차로 가장자리에서 할 수 있다.

95 **주차·정차가 금지되어 있지 않은 장소는?**

① 교차로
② 건널목
③ 횡단보도
④ 경사로의 정상부근

96 **야간에 차가 서로 마주보고 진행하는 경우의 등화조작 방법 중 맞는 것은?**

① 전조등, 보호등, 실내 조명등을 조작한다.
② 전조등을 켜고 보조등을 끈다.
③ 전조등 불빛을 하향으로 한다.
④ 전조등 불빛을 상향으로 한다.

97 **도로교통법령상 정차 및 주차 금지장소에 해당되는 것은?**

① 교차로 가장자리로부터 10m 지점
② 정류장 표시판로부터 12m 지점
③ 건널목 가장자리로부터 15m 지점
④ 도로의 모퉁이로부터 3m 지점

해설 **주·정차 금지장소**
- 화재경보기로부터 3m 지점
- 교차로의 가장자리 또는 도로의 모퉁이로부터 5m 이내의 곳
- 횡단보도로부터 10m 이내의 곳
- 버스정류장 표지판으로 부터 10m 이내의 곳
- 건널목의 가장자리로부터 10m 이내의 곳
- 안전지대의 사방으로부터 각각 10m 이내의 곳

98 **밤에 도로에서 차를 운행하는 경우 등의 등화로 틀린 것은?**

① 견인되는 차 – 미등, 차폭등 및 번호등
② 원동기장치자전거 – 전조등 및 미등
③ 자동차 – 자동차안전기준에서 정하는 전조등, 차폭등, 미등
④ 자동차등 외의 모든 차 – 지방경찰청장이 정하여 고시하는 등화

해설 **자동차의 등화**
전조등, 차폭등, 미등, 번호등과 실내조명등(실내 조명등은 승합자동차와 여객자동차 운송 사업용 승용자동차만 해당)

99 **도로교통법상 운전이 금지되는 술에 취한 상태의 기준으로 옳은 것은?**

① 혈중 알코올 농도 0.03% 이상일 때
② 혈중 알코올 농도 0.02% 이상일 때
③ 혈중 알코올 농도 0.1% 이상일 때
④ 혈중 알코올 농도 0.2% 이상일 때

해설 도로교통법령상 술에 취한 상태의 기준은 혈중 알코올농도가 0.03% 이상인 경우이다.

100 **도로교통법에 의거, 야간에 자동차를 도로에서 정차하는 경우에 반드시 켜야 하는 등화는?**

① 방향지시등을 켜야 한다.
② 미등 및 차폭등을 켜야 한다.
③ 전조등을 켜야 한다.
④ 실내등을 켜야 한다.

해설 야간에 자동차를 도로에서 정차하는 경우에 반드시 미등 및 차폭등을 켜야 한다.

101 **도로교통법에 위반이 되는 것은?**

① 밤에 교통이 빈번한 도로에서 전조등을 계속 하향했다.
② 낮에 어두운 터널 속을 통과할 때 전조등을 켰다.
③ 소방용 방화 물통으로부터 10m 지점에 주차하였다.
④ 노면이 얼어붙은 곳에서 최고속도의 20/100을 줄인 속도로 운행하였다.

102 **도로교통법에 의한 통고처분의 수령을 거부하거나 범칙금을 기간 안에 납부하지 못한 자는 어떻게 처리되는가?**

① 면허증이 취소된다.
② 즉결심판에 회부된다.
③ 연기신청을 한다.
④ 면허의 효력이 정지된다.

해설 통고처분의 수령을 거부하거나 범칙금을 기간 안에 납부하지 못한 자는 즉결심판에 회부된다.

103 **교통사고로 인하여 사람을 사상하거나 물건을 손괴하는 사고가 발생하였을 때 우선 조치사항으로 가장 적합한 것은?**

① 사고 차를 견인 조치한 후 승무원을 구호하는 등 필요한 조치를 취해야 한다.
② 사고 차를 운전한 운전자는 물적 피해정도를 파악하여 즉시 경찰서로 가서 사고현황을 신고한다.
③ 그 차의 운전자는 즉시 경찰서로 가서 사고와 관련된 현황을 신고 조치한다.
④ 그 차의 운전자나 그 밖의 승무원은 즉시 정차하여 사상자를 구호하는 등 필요한 조치를 취해야 한다.

104 **자동차 운전 중 교통사고를 일으킨 때 사고결과에 따른 벌점기준으로 틀린 것은?**

① 부상신고 1명마다 2점
② 사망 1명마다 90점
③ 경상 1명마다 5점
④ 중상 1명마다 30점

해설 **교통사고 발생 후 벌점**
- 사망 1명마다 90점(사고발생으로부터 72시간 내에 사망한 때)
- 중상 1명마다 15점(3주 이상의 치료를 요하는 의사의 진단이 있는 사고)
- 경상 1명마다 5점(3주 미만 5일 이상의 치료를 요하는 의사의 진단이 있는 사고)
- 부상신고 1명마다 2점(5일 미만의 치료를 요하는 의사의 진단이 있는 사고)

105 **교통사고로서 "중상"의 기준에 해당하는 것은?**

① 1주 이상의 치료를 요하는 부상
② 2주 이상의 치료를 요하는 부상
③ 3주 이상의 치료를 요하는 부상
④ 4주 이상의 치료를 요하는 부상

해설 중상의 기준은 3주 이상의 치료를 요하는 부상이다.

106 **운전면허 취소·정지처분에 해당되는 것은?**

① 운전 중 중앙선 침범을 하였을 때
② 운전 중 신호위반을 하였을 때
③ 운전 중 과속운전을 하였을 때
④ 운전 중 고의로 교통사고를 일으킨 때

107 **제1종 보통면허로 운전할 수 없는 것은?**

① 승차정원 15인 이하의 승합자동차
② 적재중량 12톤 미만의 화물자동차
③ 총중량 20톤 미만의 특수자동차(트레일러 및 레커를 제외)
④ 원동기장치자전거

해설 **제1종 보통면허로 운전할 수 있는 범위**
- 승용자동차
- 승차정원 15인 이하의 승합자동차
- 승차정원 12인 이하의 긴급자동차(승용 및 승합자동차에 한정)
- 적재중량 12톤 미만의 화물자동차
- 건설기계(도로를 운행하는 3톤 미만의 지게차에 한정)
- 총중량 10톤 미만의 특수자동차(트레일러 및 레커는 제외)
- 원동기장치 자전거

Chapter  06 | 장비구조 빈출 예상문제

01 열기관이란 어떤 에너지를 어떤 에너지로 바꾸어 유효한 일을 할 수 있도록 한 장치인가?

① 위치 에너지를 기계적 에너지로 변환시킨다.
② 전기적 에너지를 기계적 에너지로 변환시킨다.
③ 기계적 에너지를 열에너지로 변환시킨다.
④ 열에너지를 기계적 에너지로 변환시킨다.

해설 열기관(엔진)이란 열에너지를 기계적 에너지로 변환시키는 장치이다.

02 고속 디젤기관의 장점에 속하지 않는 것은?

① 가솔린기관보다 최고 회전수가 빠르다.
② 연료소비량이 가솔린기관보다 적다.
③ 열효율이 가솔린기관보다 높다.
④ 인화점이 높은 경유를 사용하므로 취급이 용이하다.

해설 디젤기관은 가솔린기관보다 최고 회전수가 낮다.

03 4행정 사이클 기관에서 1사이클을 완료할 때 크랭크축은 몇 회전하는가?

① 4회전 ② 3회전
③ 2회전 ④ 1회전

해설 4행정 사이클 기관은 크랭크축이 2회전하고, 피스톤은 흡입 → 압축 → 폭발(동력) → 배기의 4행정을 하여 1사이클을 완성한다.

04 기관에서 피스톤의 행정이란?

① 상사점과 하사점과의 총면적이다.
② 상사점과 하사점과의 거리이다.
③ 피스톤의 길이이다.
④ 실린더 벽의 상하 길이이다.

해설 피스톤 행정이란 상사점과 하사점까지의 거리이다.

05 4행정 사이클 디젤기관에서 흡입행정 시 실린더 내에 흡입되는 것은?

① 연료 ② 스파크
③ 공기 ④ 혼합기

해설 4행정 사이클 디젤기관의 흡입행정은 흡입밸브가 열려 공기만 실린더로 흡입하며 이때 배기밸브는 닫혀 있다.

06 실린더의 압축압력이 저하하는 원인에 속하지 않는 것은?

① 실린더 벽의 마멸이 크다.
② 연소실 내부에 카본이 누적되었다.
③ 헤드 개스킷의 파손에 의해 압축가스가 누설되고 있다.
④ 피스톤 링의 탄력이 부족하다.

해설 압축압력이 저하되는 원인은 실린더 벽의 마모 또는 피스톤 링 파손 또는 과다 마모, 피스톤 링의 탄력부족, 헤드 개스킷에서 압축가스 누설, 밸브의 밀착불량 등이다.

07 4행정 사이클 기관에서 흡기밸브와 배기밸브가 모두 닫혀 있는 행정은?

① 흡입행정과 압축행정
② 압축행정과 동력행정
③ 배기행정과 흡입행정
④ 폭발행정과 배기행정

해설 4행정 사이클 기관에서 흡입과 배기밸브가 모두 닫혀있는 행정은 압축과 동력(폭발)행정이다.

08 배기행정 초기에 배기밸브가 열려 실린더 내의 연소가스가 스스로 배출되는 현상을 무엇이라고 하는가?

① 블로다운
② 블로바이
③ 피스톤 슬랩
④ 피스톤 행정

해설 블로다운(blow down)이란 폭발행정 끝 부분 즉 배기행정 초기에 배기밸브가 열려 실린더 내의 압력에 의해서 배기가스가 배기밸브를 통해 스스로 배출되는 현상이다.

09 디젤기관에서 실화할 때 일어나는 현상은?

① 연료소비가 감소한다.
② 기관이 과냉한다.
③ 기관회전이 불량해진다.
④ 냉각수가 유출된다.

해설 실화(miss fire)가 발생하면 기관의 회전이 불량해진다.

10 연소실의 구비조건에 속하지 않는 것은?

① 노크 발생이 적어야 한다.
② 고속회전에서 연소상태가 좋아야 한다.
③ 평균유효압력이 높아야 한다.
④ 분사된 연료를 가능한 한 긴 시간 동안 완전연소시켜야 한다.

해설 연소실은 분사된 연료를 가능한 한 짧은 시간 내에 완전연소시켜야 한다.

11 디젤기관의 연소실 중 연료소비율이 낮으며 연소압력이 가장 높은 연소실 형식은?

① 공기실식 ② 직접분사실식
③ 와류실식 ④ 예연소실식

해설 직접분사실식은 피스톤 헤드를 오목하게 하여 연소실을 형성시키며, 연료소비율이 낮고 연소압력이 가장 높다.

12 실린더 헤드와 블록 사이에 삽입하여 압축과 폭발가스의 기밀을 유지하고 냉각수와 엔진오일이 누출되는 것을 방지하는 기능을 하는 부품은?

① 헤드 오일통로 ② 헤드 개스킷
③ 헤드 워터재킷 ④ 헤드 볼트

해설 헤드 개스킷은 실린더 헤드와 블록 사이에 삽입하여 압축과 폭발가스의 기밀을 유지하고 냉각수와 엔진오일이 누출되는 것을 방지한다.

13 냉각수가 라이너 바깥둘레에 직접 접촉하고, 정비 시 라이너 교환이 쉬우며, 냉각효과가 좋으나, 크랭크 케이스에 냉각수가 들어갈 수 있는 단점을 가진 라이너 형식은?

① 습식라이너 ② 건식라이너
③ 유압라이너 ④ 진공라이너

해설 습식라이너는 냉각수가 라이너 바깥둘레에 직접 접촉하고, 정비할 때 라이너 교환이 쉬우며, 냉각효과가 좋으나, 크랭크 케이스에 냉각수가 들어갈 수 있는 단점이 있다.

14 기관에서 실린더 마모가 가장 큰 부분은?

① 실린더 윗부분
② 실린더 연소실 부분
③ 실린더 중간부분
④ 실린더 아랫부분

해설 실린더는 윗부분(상사점 부근)의 마멸이 가장 크다.

15 기관의 실린더 수가 많을 때의 장점에 속하지 않는 것은?

① 기관의 진동이 적다.
② 가속이 원활하고 신속하다.
③ 저속회전이 용이하고 큰 동력을 얻을 수 있다.
④ 연료소비가 적고 큰 동력을 얻을 수 있다.

해설 기관의 실린더 수가 많으면 기관의 진동이 적고, 가속이 원활하고 신속하며, 저속회전이 용이하고 큰 동력을 얻을 수 있다.

16 피스톤의 구비조건에 속하지 않는 것은?

① 고온·고압에 견딜 수 있을 것
② 피스톤 중량이 클 것
③ 열팽창률이 적을 것
④ 열전도가 잘될 것

해설 피스톤은 중량이 적어야 한다.

17 기관의 피스톤이 고착되는 원인에 속하지 않는 것은?

① 기관오일이 부족할 때
② 압축압력이 너무 높을 때
③ 기관이 과열되었을 때
④ 냉각수가 부족할 때

해설 피스톤 간극이 적을 때, 기관오일이 부족할 때, 기관이 과열되었을 때, 냉각수량이 부족할 때 피스톤이 고착된다.

18 피스톤 링의 구비조건에 속하지 않는 것은?

① 열팽창률이 적어야 한다.
② 고온에서도 탄성을 유지할 수 있어야 한다.
③ 링 이음부의 압력을 크게 하여야 한다.
④ 피스톤 링이나 실린더 마모가 적어야 한다.

해설 피스톤 링은 링 이음부의 파손을 방지하기 위하여 압력을 작게 하여야 한다.

19 디젤엔진에서 피스톤 링의 3대 작용에 속하지 않는 것은?

① 열전도작용 ② 기밀작용
③ 오일제어작용 ④ 응력분산작용

해설 피스톤링의 3대 작용은 기밀작용(밀봉작용), 오일제어 작용, 열전도 작용이다.

20 기관에서 사용하는 크랭크축의 역할은?

① 직선운동을 회전운동으로 변환시키는 장치이다.
② 기관의 진동을 줄이는 장치이다.
③ 원활한 직선운동을 하는 장치이다.
④ 상하운동을 좌우운동으로 변환시키는 장치이다.

해설 크랭크축은 피스톤의 직선운동을 회전운동으로 변환시키는 장치이다.

21 기관의 크랭크축 베어링의 구비조건에 속하지 않는 것은?

① 추종 유동성이 있을 것
② 내피로성이 클 것
③ 매입성이 있을 것
④ 마찰계수가 클 것

해설 크랭크축 베어링은 마찰계수가 작고, 내피로성이 커야 하며, 매입성과 추종유동성이 있어야 한다.

22 기관의 맥동적인 회전 관성력을 원활한 회전으로 바꾸어주는 부품은?

① 플라이 휠 ② 피스톤
③ 크랭크축 ④ 커넥팅 로드

해설 플라이 휠은 기관의 맥동적인 회전을 관성력을 이용하여 원활한 회전으로 바꾸어준다.

23 4행정 사이클 기관에서 크랭크축 기어와 캠축 기어와의 지름비율 및 회전비율은 각각 얼마인가?

① 2:1 및 1:2 ② 2:1 및 2:1
③ 1:2 및 1:2 ④ 1:2 및 2:1

해설 4행정 사이클 기관의 크랭크축 기어와 캠축 기어와의 지름비율은 1:2이고, 회전비율은 2:1이다.

24 유압식 밸브 리프터의 장점에 속하지 않는 것은?

① 밸브 구조가 간단하다.
② 밸브 개폐시기가 정확하다.
③ 밸브 기구의 내구성이 좋다.
④ 밸브 간극 조정은 자동으로 조절된다.

해설 유압식 밸브 리프터는 밸브 간극이 자동으로 조절되므로 밸브 개폐시기가 정확하며, 밸브 기구의 내구성이 좋으나 구조가 복잡하다.

25 흡·배기밸브의 구비조건으로 옳지 않은 것은?

① 열에 대한 저항력이 적을 것
② 열에 대한 팽창률이 적을 것
③ 열전도율이 좋을 것
④ 가스에 견디고 고온에 잘 견딜 것

해설 흡입과 배기밸브는 열에 대한 저항력이 커야 한다.

26 엔진의 밸브장치 중 밸브 가이드 내부를 상하 왕복운동하며 밸브 헤드가 받는 열을 가이드를 통해 방출하고, 밸브의 개폐를 돕는 부품은?

① 밸브 시트 ② 밸브 스프링
③ 밸브 페이스 ④ 밸브 스템

해설 밸브 스템은 밸브 가이드 내부를 상하 왕복운동하며 밸브 헤드가 받는 열을 가이드를 통해 방출하고, 밸브의 개폐를 돕는다.

27 기관의 밸브 간극이 너무 클 때 발생하는 현상은?

① 정상온도에서 밸브가 확실하게 닫히지 않는다.
② 정상온도에서 밸브가 완전히 개방되지 않는다.
③ 푸시로드가 변형된다.
④ 밸브 스프링의 장력이 약해진다.

해설 밸브 간극이 너무 크면 정상온도에서 밸브가 완전히 개방되지 않으며, 소음이 발생한다.

28 엔진오일의 작용에 속하지 않는 것은?

① 방청작용 ② 냉각작용
③ 오일제거작용 ④ 응력분산작용

해설 윤활유의 주요기능은 밀봉작용, 방청작용, 냉각작용, 마찰 및 마멸방지작용, 응력분산작용, 세척작용 등이 있다.

29 기관 윤활유의 구비조건에 속하지 않는 것은?

① 점도가 적당할 것
② 응고점이 높을 것
③ 비중이 적당할 것
④ 청정력이 클 것

해설 윤활유는 인화점 및 발화점이 높고 응고점은 낮아야 한다.

30 기관에 사용되는 윤활유의 성질 중 가장 중요한 사항은?

① 온도 ② 건도
③ 습도 ④ 점도

해설 윤활유의 성질 중 가장 중요한 것은 점도이다.

31 윤활유의 온도 변화에 따른 점도 변화 정도를 표시하는 것은?

① 점도분포 ② 점화
③ 점도지수 ④ 윤활성

해설 점도지수란 오일의 온도 변화에 따른 점도 변화 정도를 표시하는 것이다.

32 점도지수가 큰 오일의 온도 변화에 따른 점도 변화는?

① 온도 변화에 따른 점도 변화가 크다.
② 온도와는 관계 없다.
③ 온도 변화에 따른 점도 변화는 불변이다.
④ 온도 변화에 따른 점도 변화가 작다.

해설 점도지수가 큰 오일은 온도 변화에 따른 점도 변화가 적다.

33 **겨울철에 윤활유 점도가 기준보다 높은 것을 사용했을 때 일어나는 현상은?**

① 겨울철에 특히 사용하기 좋다.
② 좁은 공간에 잘 스며들어 충분한 윤활이 된다.
③ 점차 묽어지기 때문에 경제적이다.
④ 엔진 시동을 할 때 필요 이상의 동력이 소모된다.

해설 윤활유 점도가 기준보다 높은 것을 사용하면 점도가 높아져 윤활유 공급이 원활하지 못하게 되며, 기관을 시동할 때 동력이 많이 소모된다.

34 **기관의 윤활방식 중 4행정 사이클 기관에서 주로 사용하는 윤활방식은?**

① 혼합식, 압력식, 편심식
② 비산식, 압송식, 비산압송식
③ 편심식, 비산식, 비산압송식
④ 혼합식, 압력식, 중력식

해설 4행정 사이클 기관의 윤활방식에는 비산식, 압송식, 전압송식, 비산압송식 등이 있다.

35 **일반적으로 기관에서 주로 사용하는 윤활 방법은?**

① 비산압송급유식
② 분무급유식
③ 수급유식
④ 적하급유식

해설 기관에서 주로 사용하는 윤활방식은 비산압송식이다.

36 **엔진 윤활에 필요한 엔진오일을 저장하는 부품은?**

① 오일 팬 ② 섬프
③ 스트레이너 ④ 오일여과기

해설 오일 팬은 기관오일이 저장되어 있는 부품이다.

37 **오일 스트레이너(oil strainer)에 대한 설명이 옳지 않은 것은?**

① 불순물로 인하여 여과망이 막힐 때에는 오일이 통할 수 있도록 바이패스 밸브(by pass valve)가 설치된 것도 있다.
② 오일여과기에 있는 오일을 여과하여 각 윤활부로 보낸다.
③ 보통 철망으로 만들어져 있으며 비교적 큰 입자의 불순물을 여과한다.
④ 고정식과 부동식이 있으며 일반적으로 고정식을 주로 사용한다.

해설 오일 스트레이너는 펌프로 들어가는 오일을 여과하는 부품이며, 철망으로 제작하여 비교적 큰 입자의 불순물을 여과한다. 현재는 고정식을 주로 사용하며, 불순물로 인하여 여과망이 막힐 때에는 오일이 통할 수 있도록 바이패스 밸브가 설치된 것도 있다.

38 **윤활장치에 사용하고 있는 오일 펌프의 종류에 속하지 않는 것은?**

① 기어 펌프 ② 원심 펌프
③ 베인 펌프 ④ 로터리 펌프

해설 오일 펌프의 종류에는 기어 펌프, 베인 펌프, 로터리 펌프, 플런저 펌프가 있다.

39 기관의 윤활장치에서 사용하는 엔진오일의 여과방식에 속하지 않는 것은?

① 분류식 ② 샨트식
③ 전류식 ④ 합류식

해설 기관오일의 여과방식에는 분류식, 샨트식, 전류식이 있다.

40 윤활장치에서 바이패스 밸브가 작동하는 시기는?

① 오일이 오염되었을 때 작동한다.
② 오일여과기가 막혔을 때 작동한다.
③ 오일이 과냉되었을 때 작동한다.
④ 엔진시동 시 항상 작동한다.

해설 바이패스 밸브는 오일여과기가 막혔을 때 작동한다.

41 기관오일의 압력이 높아지는 원인에 속하지 않는 것은?

① 릴리프 스프링의 장력이 강하다.
② 기관오일의 점도가 낮다.
③ 기관오일의 점도가 높다.
④ 추운 겨울철에 기관을 가동하고 있다.

해설 오일의 점도가 낮으면 오일압력이 낮아진다.

42 기관의 윤활유 소모가 많아지는 주요 원인은?

① 비산과 압력 ② 연소와 누설
③ 비산과 희석 ④ 희석과 혼합

해설 윤활유의 소비가 증대되는 주요 원인은 연소와 누설이다.

43 엔진에서 오일의 온도가 상승하는 원인과 관계 없는 것은?

① 오일의 점도가 부적당하다.
② 오일냉각기가 불량하다.
③ 과부하 상태에서 연속으로 작업하고 있다.
④ 기관오일의 유량이 과다하다.

해설 오일의 온도가 상승하는 원인은 과부하 상태에서의 연속작업, 오일 냉각기의 불량, 오일의 점도가 부적당할 때, 기관 오일량의 부족 등이다.

44 기관에 작동 중인 엔진오일에 가장 많이 포함된 이물질은?

① 유입먼지 ② 카본(carbon)
③ 산화물 ④ 금속분말

45 엔진오일이 공급되는 장치에 속하지 않는 것은?

① 피스톤 ② 습식 공기청정기
③ 차동장치 ④ 크랭크축

해설 차동장치에는 기어오일을 주유한다.

46 디젤기관에서 사용하는 연료의 구비조건으로 옳은 것은?

① 발열량이 클 것
② 착화점이 높을 것
③ 점도가 높고 약간의 수분이 섞여 있을 것
④ 황(S)의 함유량이 클 것

해설 연료는 발열량이 크고 연소속도가 빠르고, 착화점이 낮고, 황(S) 함유량이 적어야 한다.

47 연료의 세탄가와 가장 밀접한 관련이 있는 것은?

① 착화성 ② 폭발압력
③ 열효율 ④ 인화성

해설 연료의 세탄가란 착화성을 표시하는 수치이다.

48 디젤엔진 연소과정 중 연소실 내에 분사된 연료가 착화될 때까지의 지연되는 기간으로 옳은 것은?

① 착화지연기간 ② 화염전파기간
③ 직접연소기간 ④ 후 연소시간

해설 착화지연기간은 연소실 내에 분사된 연료가 착화될 때까지의 지연되는 기간으로 약 1/1,000~4/1,000초 정도이다.

49 디젤기관에서 착화지연기간이 길어져 실린더 내에 연소 및 압력상승이 급격하게 일어나는 현상은?

① 정상연소 ② 가솔린 노크
③ 디젤 노크 ④ 조기점화

해설 디젤기관의 노크는 착화지연기간이 길어져 실린더 내의 연소 및 압력상승이 급격하게 일어나는 현상이다.

50 디젤기관의 노킹 발생원인에 속하지 않는 것은?

① 세탄가가 높은 연료를 사용하였을 때
② 분사노즐의 분무상태가 불량할 때
③ 착화기간 중 연료분사량이 많을 때
④ 기관이 과도하게 냉각되었을 때

해설 디젤기관의 노킹은 세탄가가 낮은 연료를 사용하였을 때 발생한다.

51 디젤기관의 노크 방지방법으로 옳지 않은 것은?

① 세탄가가 높은 연료를 사용할 것
② 실린더 벽의 온도를 낮출 것
③ 흡기압력을 높일 것
④ 압축비를 높일 것

해설 디젤기관의 노크 방지방법은 흡기압력과 온도, 압축비와 실린더(연소실) 벽의 온도를 높이는 것이다.

52 노킹이 발생하였을 때 기관에 미치는 영향에 속하지 않는 것은?

① 연소실 온도가 상승한다.
② 엔진에 손상이 발생할 수 있다.
③ 배기가스의 온도가 상승한다.
④ 출력이 저하된다.

해설 노킹이 발생되면 기관회전속도, 기관출력, 흡기효율이 저하하며, 기관이 과열하고, 실린더 벽과 피스톤에 손상이 발생할 수 있다.

53 디젤기관 연료장치의 구성부품에 속하지 않는 것은?

① 분사노즐 ② 예열플러그
③ 연료공급펌프 ④ 연료여과기

해설 예열플러그는 디젤기관의 시동보조장치이다.

54 디젤기관의 연료계통에서 응축수가 생기면 시동이 어렵게 되는데 이 응축수는 어느 계절에 주로 발생하는가?

① 겨울 ② 봄
③ 여름 ④ 가을

해설 연료계통의 응축수는 주로 겨울에 많이 발생한다.

55 굴착기 운전자가 연료탱크의 배출 콕을 열었다가 잠그는 작업을 하고 있다면, 무엇을 배출하기 위한 작업인가?

① 공기를 배출하기 위한 작업
② 수분과 오물을 배출하기 위한 작업
③ 엔진오일을 배출하기 위한 작업
④ 유압유를 배출하기 위한 작업

해설 연료탱크의 배출 콕(드레인 플러그)을 열었다가 잠그는 것은 수분과 오물을 배출하기 위함이다.

56 디젤기관 연료여과기에 설치된 오버플로 밸브(over flow valve)의 기능과 관계 없는 것은?

① 연료여과기 각 부분을 보호한다.
② 인젝터의 연료분사시기를 제어한다.
③ 운전 중 공기배출 작용을 한다.
④ 연료공급펌프 소음 발생을 억제한다.

해설 오버플로밸브는 운전 중 연료계통의 공기배출, 연료공급펌프의 소음 발생 억제, 연료여과기 각 부분 보호, 연료압력의 지나친 상승을 방지한다.

57 연료탱크의 연료를 분사펌프 저압부분까지 공급하는 장치는?

① 연료분사펌프 ② 연료공급펌프
③ 인젝션 펌프 ④ 로터리 펌프

해설 연료공급펌프는 연료탱크 내의 연료를 연료여과기를 거쳐 분사펌프의 저압부분으로 공급한다.

58 디젤기관 연료장치의 분사펌프에서 프라이밍 펌프를 사용하여야 하는 시기는?

① 기관의 출력을 증가시키고자 할 때
② 연료의 분사압력을 측정할 때
③ 연료의 분사량을 가감할 때
④ 연료계통의 공기배출을 할 때

해설 프라이밍 펌프는 연료공급펌프에 설치되어 있으며, 분사펌프로 연료를 보내거나 연료계통의 공기를 배출할 때 사용한다.

59 디젤기관의 연료장치에서 공기빼기를 하여야 하는 경우에 속하지 않는 것은?

① 연료탱크 내의 연료가 결핍되어 보충한 때
② 연료호스나 파이프 등을 교환한 때
③ 예열이 안 되어 예열플러그를 교환한 때
④ 연료여과기의 교환, 분사펌프를 탈·부착한 때

해설 연료라인의 공기빼기 작업은 연료탱크 내의 연료가 결핍되어 보충한 경우, 연료호스나 파이프 등을 교환한 경우, 연료여과기를 교환한 경우, 분사펌프를 탈·부착한 경우 등에 한다.

60 디젤기관의 연료장치 공기빼기 순서로 옳은 것은?

① 연료여과기 → 연료공급펌프 → 분사펌프
② 연료공급펌프 → 분사펌프 → 연료여과기
③ 연료여과기 → 분사펌프 → 연료공급펌프
④ 연료공급펌프 → 연료여과기 → 분사펌프

해설 연료장치 공기빼기 순서는 연료공급펌프 → 연료여과기 → 분사펌프이다.

61 디젤기관에 공급하는 연료의 압력을 높이는 것으로 조속기와 타이머가 설치되어 있는 장치는?

① 원심펌프 ② 연료분사펌프
③ 프라이밍 펌프 ④ 유압펌프

해설 분사펌프는 연료를 압축하여 분사순서에 맞추어 노즐로 압송시키는 장치이며, 조속기와 분사시기를 조절하는 장치가 설치되어 있다.

62 디젤기관 인젝션 펌프에서 딜리버리 밸브의 기능에 속하지 않는 것은?

① 잔압 유지 ② 후적 방지
③ 유량 조정 ④ 역류 방지

해설 딜리버리 밸브는 연료의 역류를 방지하고, 분사노즐의 후적을 방지하며, 잔압을 유지시킨다.

63 기관의 부하에 따라 자동적으로 연료분사량을 가감하여 최고회전속도를 제어하는 장치는?

① 조속기 ② 캠축
③ 플런저펌프 ④ 타이머

해설 조속기(거버너)는 기관의 부하에 따라 자동적으로 연료분사량을 가감하여 최고회전속도를 제어한다.

64 디젤기관에서 회전속도에 따라 연료의 분사시기를 제어하는 장치는?

① 타이머 ② 기화기
③ 과급기 ④ 조속기

해설 타이머(timer)는 기관의 회전속도에 따라 자동적으로 분사시기를 조정하여 운전을 안정시킨다.

65 디젤기관에서 연료분사펌프로부터 보내진 고압의 연료를 미세한 안개모양으로 연소실에 분사하는 장치는?

① 분사펌프 ② 연료공급펌프
③ 분사노즐 ④ 커먼레일

해설 분사노즐은 분사펌프에 보내준 고압의 연료를 연소실에 안개모양으로 분사하는 부품이다.

66 디젤기관 노즐(nozzle)의 연료분사 3대 요건에 속하지 않는 것은?

① 착화 ② 무화
③ 관통력 ④ 분포

해설 연료분사의 3대 요소는 무화(안개화), 분포(분산), 관통력이다.

67 커먼레일 디젤엔진의 연료장치 구성부품에 속하지 않는 것은?

① 커먼레일 ② 분사펌프
③ 고압연료펌프 ④ 인젝터

해설 커먼레일 디젤엔진의 연료장치는 연료탱크, 연료필터, 저압연료펌프, 고압연료펌프, 커먼레일, 인젝터 등이다.

68 커먼레일 디젤엔진 연료장치의 저압계통과 관계 없는 장치는?

① 연료여과기 ② 연료 스트레이너
③ 커먼레일 ④ 저압연료펌프

해설 커먼레일은 고압연료펌프로부터 이송된 고압연료가 저장되는 부품으로 인젝터가 설치되어 있어 모든 실린더에 공통으로 연료를 공급하는 데 사용된다.

69 커먼레일 디젤기관의 압력제한밸브에 대한 설명으로 옳지 않은 것은?

① 연료압력이 높으면 연료의 일부분이 연료탱크로 되돌아간다.
② 커먼레일과 같은 라인에 설치되어 있다.
③ 기계식 밸브가 많이 사용된다. (정답)
④ 운전조건에 따라 커먼레일의 압력을 제어한다.

해설 압력제한밸브는 커먼레일에 설치되어 있으며 커먼레일 내의 연료압력이 규정값보다 높아지면 열려 연료의 일부를 연료탱크로 복귀시킨다.

70 커먼레일 디젤기관의 연료압력센서(RPS)에 대한 설명으로 옳지 않은 것은?

① 반도체 피에조 소자방식이다.
② 이 센서가 고장이면 시동이 꺼진다. (정답)
③ RPS의 신호를 받아 연료분사량을 조정하는 신호로 사용한다.
④ RPS의 신호를 받아 연료분사시기를 조정하는 신호로 사용한다.

해설 연료압력센서(RPS)는 반도체 피에조 소자이며, 이 센서의 신호를 받아 ECU는 연료분사량 및 분사시기 조정신호로 사용한다. 고장이 발생하면 페일 세이프로 진입하여 연료압력을 400bar로 고정시킨다.

71 커먼레일 디젤기관의 공기유량센서(AFS)에 대한 설명으로 옳지 않은 것은?

① 열막 방식을 사용한다.
② 연료량 제어기능을 주로 한다. (정답)
③ EGR 피드백 제어기능을 주로 한다.
④ 스모그 제한 부스터 압력제어용으로 사용한다.

해설 공기유량센서의 기능은 EGR 피드백 제어와 스모그 제한 부스트 압력제어이다.

72 커먼레일 디젤기관의 흡기온도센서(ATS)에 대한 설명과 관계 없는 것은?

① 부특성 서미스터이다.
② 분사시기 제어보정 신호로 사용된다.
③ 연료량 제어보정 신호로 사용된다.
④ 주로 냉각팬 제어신호로 사용된다. (정답)

해설 흡기온도센서는 부특성 서미스터를 이용하며, 분사시기와 연료분사량 제어보정 신호로 사용된다.

73 전자제어 디젤엔진의 회전수를 검출하여 연료 분사순서와 분사시기를 결정하는 센서는?

① 냉각수 온도센서
② 가속페달 위치센서
③ 크랭크축 위치센서 (정답)
④ 엔진오일 온도센서

해설 크랭크축 위치센서(CPS, CKP)는 크랭크축의 각도 및 피스톤의 위치, 기관회전속도 등을 검출한다.

74 커먼레일 디젤기관의 가속페달 포지션 센서에 대한 설명과 관계 없는 것은?

① 가속페달 포지션 센서 1은 연료량과 분사시기를 결정한다.
② 가속페달 포지션 센서 2는 센서 1을 검사하는 센서이다.
③ 가속페달 포지션 센서 3은 연료온도에 따른 연료량 보정신호로 사용한다. (정답)
④ 가속페달 포지션 센서는 운전자의 의지를 전달하는 센서이다.

해설 가속페달 위치센서는 운전자의 의지를 ECU로 전달하는 센서이며, 센서 1에 의해 연료분사량과 분사시기가 결정된다. 센서 2는 센서 1을 검사하는 기능으로 차량의 급출발을 방지하기 위한 것이다.

75 **커먼레일 디젤기관의 연료장치에서 출력 요소에 속하는 것은?**

① 엔진 ECU
② 공기유량센서
③ 브레이크 스위치
④ 인젝터

해설 인젝터는 엔진-ECU의 신호에 의해 연료를 분사하는 출력요소이다.

76 **흡기장치의 구비조건으로 옳지 않은 것은?**

① 흡입부에 와류가 발생할 수 있는 돌출부를 설치해야 한다.
② 균일한 분배성을 가져야 한다.
③ 연소속도를 빠르게 해야 한다.
④ 전 회전영역에 걸쳐서 흡입효율이 좋아야 한다.

해설 공기흡입 부분에는 돌출부분이 없어야 한다.

77 **공기청정기가 막혔을 때 발생하는 현상은?**

① 배기색은 흰색이며, 기관의 출력은 저하된다.
② 배기색은 흰색이며, 기관의 출력은 증가한다.
③ 배기색은 무색이며, 기관의 출력은 정상이다.
④ 배기색은 검은색이며, 기관의 출력은 저하된다.

해설 공기청정기가 막히면 배기색은 검고, 기관의 출력은 저하된다.

78 **건식 공기청정기 세척방법은?**

① 압축오일로 안에서 밖으로 불어낸다.
② 압축공기로 밖에서 안으로 불어낸다.
③ 압축공기로 안에서 밖으로 불어낸다.
④ 압축오일로 밖에서 안으로 불어낸다.

해설 건식 공기청정기는 여과망(엘리먼트)을 정기적으로 압축공기로 안쪽에서 바깥쪽으로 불어내어 청소하여야 한다.

79 **흡입공기를 선회시켜 엘리먼트 이전에서 이물질을 제거하는 공기청정기의 방식은?**

① 비스키무수식 ② 습식
③ 원심분리식 ④ 건식

해설 원심분리식은 흡입공기를 선회시켜 엘리먼트 이전에서 이물질을 제거한다.

80 **공기청정기의 종류 중 특히 먼지가 많은 지역에 적합한 공기청정기는?**

① 건식 ② 습식
③ 복합식 ④ 유조식

해설 유조식 공기청정기는 여과효율이 낮으나 보수 관리비용이 싸고 엘리먼트의 파손이 적으며, 영구적으로 사용할 수 있어 먼지가 많은 지역에 적합하다.

81 **기관에서 배기상태가 불량하여 배압이 높을 때 발생하는 현상과 관계 없는 것은?**

① 기관의 출력이 감소된다.
② 피스톤의 운동을 방해한다.
③ 기관이 과열된다.
④ 냉각수 온도가 내려간다.

해설 배압이 높으면 기관이 과열하고, 피스톤의 운동을 방해하므로 기관의 출력이 감소된다.

82 굴착기가 작동할 때 머플러에서 검은 연기가 발생하는 원인은?

① 에어클리너가 막혔을 때
② 워터펌프 마모 또는 손상되었을 때
③ 엔진오일량이 너무 많을 때
④ 외부온도가 높을 때

해설 머플러에서 검은 연기가 배출되는 원인은 에어클리너가 막혔을 때, 연료분사량이 과다할 때, 분사시기가 빠를 때 등이다.

83 디젤엔진의 배기량이 일정한 상태에서 연소실에 강압적으로 많은 공기를 공급하여 흡입효율을 높이고 출력과 회전력을 증대시키기 위한 장치는?

① 연료압축기 ② 공기압축기
③ 과급기 ④ 냉각압축 펌프

해설 과급기는 배기량이 일정한 상태에서 연소실에 강압적으로 많은 공기를 공급하여 흡입효율(체적효율)을 높이고 기관의 출력과 토크(회전력)를 증대시키기 위한 장치이다.

84 디젤기관에 과급기를 설치하였을 때의 장점에 속하지 않는 것은?

① 고지대에서도 출력의 감소가 적다.
② 압축온도의 상승으로 착화지연기간이 길어진다.
③ 기관출력이 향상된다.
④ 회전력이 증가한다.

해설 과급기를 부착하면 압축온도 상승으로 착화지연기간이 짧아진다.

85 터보차저를 구동하는 것은?

① 엔진의 여유동력
② 엔진의 흡입가스
③ 엔진의 배기가스
④ 엔진의 열에너지

해설 터보차저는 엔진의 배기가스에 의해 구동된다.

86 디젤기관에서 급기온도를 낮추어 배출가스를 저감시키는 장치는?

① 유닛 인젝터(unit injector)
② 인터쿨러(inter cooler)
③ 냉각팬(cooling fan)
④ 라디에이터(radiator)

해설 인터쿨러는 터보차저에 나오는 흡입공기의 온도를 낮춰 배출가스를 저감시키는 장치이다.

87 엔진 내부의 연소를 통해 일어나는 열에너지가 기계적 에너지로 바뀌면서 뜨거워진 엔진을 물로 냉각하는 방식은?

① 유랭식 ② 공랭식
③ 수랭식 ④ 가스 순환식

해설 수랭식은 냉각수를 이용하여 기관 내부를 냉각하는 방식이다.

88 엔진 작동에 필요한 냉각수 온도의 최적 조건 범위는?

① 0~5℃ ② 10~45℃
③ 75~95℃ ④ 110~120℃

해설 수랭식 엔진의 정상작동 온도는 75~95℃ 정도이다.

89 엔진과열 시 일어나는 현상에 속하지 않는 것은?

① 금속이 빨리 산화되고 변형되기 쉽다.
✔② 연료소비율이 줄고, 효율이 향상된다.
③ 윤활유 점도 저하로 유막이 파괴될 수 있다.
④ 각 작동부분이 열팽창으로 고착될 수 있다.

해설 엔진이 과열하면 각 작동부분이 열팽창으로 고착될 우려가 있고, 윤활유의 점도저하로 유막이 파괴될 수 있으며, 금속이 빨리 산화되고 변형되기 쉽다.

90 물펌프에 대한 설명으로 옳지 않은 것은?

① 물펌프의 구동은 벨트를 통하여 크랭크축에 의해서 구동된다.
✔② 물펌프의 효율은 냉각수 온도에 비례한다.
③ 냉각수에 압력을 가하면 물펌프의 효율은 증대된다.
④ 물펌프는 주로 원심펌프를 사용한다.

해설 물펌프는 원심펌프를 사용하며, 효율은 냉각수 온도에 반비례하고 압력에 비례한다.

91 기관의 냉각 팬이 회전할 때 공기가 불어가는 방향은?

✔① 방열기 방향 ② 상부방향
③ 하부방향 ④ 회전방향

해설 냉각 팬이 회전할 때 공기가 불어가는 방향은 방열기 방향이다.

92 냉각장치에 사용되는 전동 팬에 대한 설명으로 옳지 않은 것은?

① 팬벨트가 필요 없다.
② 정상온도 이하에서는 작동하지 않고 과열일 때 작동한다.
✔③ 엔진이 시동되면 동시에 회전한다.
④ 냉각수 온도에 따라 작동한다.

해설 전동 팬은 전동기로 구동하므로 팬벨트가 필요 없으며, 엔진의 시동여부에 관계없이 냉각수 온도에 따라 작동한다. 즉, 정상온도 이하에서는 작동하지 않고 과열일 때 작동한다.

93 팬벨트와 연결되지 않는 부품은?

✔① 기관 오일펌프 풀리
② 발전기 풀리
③ 워터 펌프 풀리
④ 크랭크축 풀리

해설 팬벨트는 크랭크축 풀리, 발전기 풀리, 워터펌프 풀리와 연결된다.

94 냉각 팬의 벨트 유격이 너무 클 때 발생하는 현상은?

① 착화시기가 빨라진다.
✔② 기관 과열의 원인이 된다.
③ 강한 텐션으로 벨트가 절단된다.
④ 발전기의 과충전이 발생된다.

해설 냉각 팬의 벨트 유격이 너무 크면(장력이 약하면) 기관 과열의 원인이 되며, 발전기의 출력이 저하한다.

95 **기관에서 팬벨트 및 발전기 벨트의 장력이 너무 강할 경우에 발생할 수 있는 현상은?**

① 기관의 밸브장치가 손상될 수 있다.
② 기관이 과열된다.
③ 발전기 베어링이 손상될 수 있다.
④ 충전부족 현상이 생긴다.

해설 팬벨트의 장력이 너무 강하면(팽팽하면) 발전기 베어링이 손상되기 쉽다.

96 **라디에이터(radiator)에 대한 설명으로 옳지 않은 것은?**

① 냉각효율을 높이기 위해 방열 핀이 설치된다.
② 공기흐름 저항이 커야 냉각효율이 높다.
③ 라디에이터 재료 대부분은 알루미늄 합금이 사용된다.
④ 단위면적당 방열량이 커야 한다.

해설 라디에이터는 공기흐름 저항이 적어야 냉각효율이 높다.

97 **사용하던 라디에이터와 신품 라디에이터의 냉각수 주입량을 비교했을 때 신품으로 교환해야 할 시점은?**

① 40% 이상의 차이가 발생했을 때
② 30% 이상의 차이가 발생했을 때
③ 20% 이상의 차이가 발생했을 때
④ 10% 이상의 차이가 발생했을 때

해설 신품 라디에이터와 사용하던 라디에이터의 냉각수 주입량이 20% 이상의 차이가 발생하면 교환한다.

98 **기관의 냉각장치에서 냉각수의 비등점을 높여주기 위해 설치한 부품은?**

① 압력식 캡 ② 냉각핀
③ 보조탱크 ④ 코어

해설 냉각장치 내의 비등점(비점)을 높이고, 냉각범위를 넓히기 위하여 압력식 캡을 사용한다.

99 **압력식 라디에이터 캡에 대한 설명으로 옳은 것은?**

① 냉각장치 내부압력이 부압이 되면 진공밸브는 열린다.
② 냉각장치 내부압력이 규정보다 높을 때 진공밸브는 열린다.
③ 냉각장치 내부압력이 규정보다 낮을 때 공기밸브는 열린다.
④ 냉각장치 내부압력이 부압이 되면 공기밸브는 열린다.

해설 압력식 라디에이터 캡의 진공밸브는 냉각장치 내부압력이 부압(진공)이 되면 열리고, 압력밸브는 냉각장치 내부압력이 규정보다 높으면 열린다.

100 **엔진의 온도를 항상 일정하게 유지하기 위하여 냉각계통에 설치한 부품은?**

① 크랭크축 풀리 ② 수온조절기
③ 물펌프 풀리 ④ 벨트 장력조절기

해설 수온조절기(정온기)는 엔진의 온도를 항상 일정하게 유지하기 위하여 냉각계통에 설치한 부품이다.

101 **냉각장치에서 사용하는 수온조절기의 종류에 속하지 않는 것은?**

① 펠릿 형식 ② 마몬 형식
③ 바이메탈 형식 ④ 벨로즈 형식

해설 수온조절기의 종류에는 바이메탈 형식, 벨로즈 형식, 펠릿 형식이 있으며, 주로 펠릿형을 사용한다.

102 냉각장치에서 수온조절기의 열림 온도가 낮을 때 발생하는 현상은?

① 물펌프에 과부하가 발생한다.
② 엔진의 워밍업 시간이 길어진다.
③ 엔진이 과열되기 쉽다.
④ 방열기 내의 압력이 높아진다.

해설 수온조절기의 열림 온도가 낮으면 엔진의 워밍업 시간이 길어지기 쉽다.

103 굴착기 작업 시 계기판에서 냉각수 경고등이 점등되었을 때 조치방법으로 옳은 것은?

① 즉시 작업을 중지하고 점검 및 정비를 받는다.
② 라디에이터를 교환한다.
③ 작업을 마친 후 곧바로 냉각수를 보충한다.
④ 오일량을 점검한다.

해설 냉각수 경고등이 점등되면 작업을 중지하고 냉각수량 점검 및 냉각계통의 정비를 받는다.

104 굴착기 기관에서 사용하는 부동액의 종류에 속하지 않는 것은?

① 에틸렌글리콜 ② 알코올
③ 글리세린 ④ 메탄

해설 부동액의 종류에는 알코올(메탄올), 글리세린, 에틸렌글리콜이 있다.

105 냉각장치에서 냉각수가 줄어드는 원인과 정비방법으로 옳지 않은 것은?

① 서모스탯(수온조절기) 하우징 불량 – 개스킷 및 하우징을 교체한다.
② 히터 또는 라디에이터 호스 불량 – 수리 및 부품을 교환한다.
③ 워터펌프 불량 – 조정한다.
④ 라디에이터 캡 불량 – 부품을 교환한다.

해설 워터펌프가 불량하면 신품으로 교환한다.

106 냉각장치에서 소음이 발생하는 원인에 속하지 않는 것은?

① 팬벨트 장력이 헐겁다.
② 수온조절기의 작동이 불량하다.
③ 물펌프의 베어링이 마모되었다.
④ 냉각 팬의 조립이 불량하다.

해설 수온조절기가 열린 상태로 고장 나면 과냉하고, 닫힌 상태로 고장 나면 기관이 과열한다.

107 엔진 과열의 원인으로 옳지 못한 것은?

① 라디에이터 코어가 막혔다.
② 연료의 품질이 불량하다.
③ 냉각계통이 고장 났다.
④ 정온기가 닫힌 상태로 고장 났다.

108 전류의 3대 작용에 속하지 않는 것은?

① 자정작용 ② 자기작용
③ 발열작용 ④ 화학작용

해설 전류의 3대 작용은 발열작용, 화학작용, 자기작용이다.

109 전류의 자기작용을 응용한 장치는?

① 전구 ② 축전지
③ 예열플러그 ④ 발전기

해설 전류의 자기작용을 이용한 장치는 발전기, 전동기, 솔레노이드 기구 등이 있다.

110 전선의 저항에 대한 설명으로 옳은 것은?

① 전선의 지름이 커지면 저항이 감소한다.
② 전선이 길어지면 저항이 감소한다.
③ 전선의 저항은 전선의 단면적과 관계없다.
④ 모든 전선의 저항은 같다.

해설 전선의 저항은 지름이 커지면 감소하고, 길이가 길어지면 증가한다.

111 회로 중의 어느 한 점에 있어서 그 점에 흘러 들어오는 전류의 총합과 흘러 나가는 전류의 총합은 서로 같다는 법칙은?

① 플레밍의 왼손법칙
② 키르히호프 제1법칙
③ 줄의 법칙
④ 렌츠의 법칙

112 전기장치에서 접촉저항이 발생하는 부분과 관계 없는 것은?

① 축전지 터미널 ② 배선 중간지점
③ 스위치 접점 ④ 배선 커넥터

해설 접촉저항은 스위치 접점, 배선의 커넥터, 축전지 단자(터미널) 등에서 발생하기 쉽다.

113 굴착기의 전기장치에서 과전류에 의한 화재예방을 위해 사용하는 부품은?

① 전파방지기 ② 퓨즈
③ 저항기 ④ 콘덴서

해설 퓨즈는 전기장치에서 과전류에 의한 화재예방을 위해 사용하는 부품이다.

114 전기장치 회로에 사용하는 퓨즈의 재질은?

① 납과 주석합금 ② 구리합금
③ 스틸합금 ④ 알루미늄합금

해설 퓨즈의 재질은 납과 주석의 합금이다.

115 전기회로에서 퓨즈의 설치방법으로 옳은 것은?

① 직렬 ② 병렬
③ 직·병렬 ④ 상관없다.

해설 전기회로에서 퓨즈는 직렬로 설치한다.

116 굴착기의 전기회로의 보호장치는?

① 안전밸브 ② 턴 시그널 램프
③ 캠버 ④ 퓨저블 링크

해설 퓨저블 링크(fusible link)는 전기회로를 보호하는 도체 크기의 작은 전선으로 회로에 삽입되어 있다.

117 축전지 내부의 충·방전작용으로 옳은 것은?

① 물리작용 ② 탄성작용
③ 화학작용 ④ 자기작용

해설 축전지 내부의 충전과 방전작용은 화학작용을 이용한다.

118 축전지의 구비조건에 속하지 않는 것은?

① 축전지의 용량이 클 것
② 전기적 절연이 완전할 것
③ 가급적 크고, 다루기 쉬울 것
④ 전해액의 누출방지가 완전할 것

해설 축전지는 소형·경량이고, 수명이 길며, 다루기 쉬워야 한다.

119 굴착기에서 사용하는 축전지의 기능과 관계 없는 것은?

① 기관시동 시 전기적 에너지를 화학적 에너지로 바꾼다.
② 기동장치의 전기적 부하를 담당한다.
③ 발전기 고장 시 주행을 확보하기 위한 전원으로 작동한다.
④ 발전기 출력과 부하와의 언밸런스를 조정한다.

해설 축전지는 기관을 시동할 때 화학적 에너지를 전기적 에너지로 바꾸어 공급한다.

120 굴착기에 사용되는 12V 납산축전지의 구성은?

① 2.1V 셀(cell) 3개가 병렬로 접속되어 있다.
② 2.1V 셀(cell) 3개가 직렬로 접속되어 있다.
③ 2.1V 셀(cell) 6개가 병렬로 접속되어 있다.
④ 2.1V 셀(cell) 6개가 직렬로 접속되어 있다.

해설 12V 축전지는 2.1V의 셀(cell) 6개를 직렬로 접속한다.

121 납산축전지에서 격리판의 기능은?

① 과산화납으로 변화되는 것을 방지한다.
② 양극판과 음극판의 절연성을 높인다.
③ 전해액의 화학작용을 방지한다.
④ 전해액의 증발을 방지한다.

해설 격리판은 양극판과 음극판의 단락을 방지하여 절연성을 높인다.

122 납산축전지에 대한 설명과 관계 없는 것은?

① [+] 단자기둥은 [-] 단자기둥보다 가늘고 회색이다.
② 격리판은 비전도성이며 다공성이어야 한다.
③ 축전지 케이스 하단에 엘리먼트 레스트 공간을 두어 단락을 방지한다.
④ 음(-)극판이 양(+)극판보다 1장 더 많다.

해설 축전지의 [+] 단자기둥이 [-] 단자기둥보다 굵다.

123 전해액 충전 시 20°C일 때 비중으로 옳지 않은 것은?

① 25% 1.150~1.170
② 50% 1.190~1.210
③ 75% 1.220~1.260
④ 완전충전 1.260~1.280

해설 75% 충전일 경우 전해액 비중은1.220~1.240이다.

124 납산축전지를 오랫동안 방전상태로 두면 사용하지 못하게 되는 원인은?

① 극판에 수소가 형성되기 때문이다.
② 극판에 산화납이 형성되기 때문이다.
③ 극판이 영구 황산납이 되기 때문이다.
④ 극판에 녹이 슬기 때문이다.

해설 납산축전지를 오랫동안 방전상태로 두면 극판이 영구 황산납이 되어 사용하지 못하게 된다.

125 납산축전지의 양극과 음극단자를 구별하는 방법으로 옳지 않은 것은?

① 양극단자에 포지티브(positive), 음극단자에 네거티브(negative)라고 표기되어 있다.
② 양극은 적색, 음극은 흑색이다.
③ 양극단자의 직경이 음극단자의 직경보다 가늘다.
④ 양극단자에는 [+], 음극단자에는 [-]의 기호가 있다.

해설 양극단자의 직경이 음극단자의 직경보다 굵다.

126 납산축전지 단자에 녹이 발생했을 때의 조치방법은?

① 물걸레로 닦아내고 더 조인다.
② [+]와 [-] 단자를 서로 교환한다.
③ 녹을 닦은 후 고정시키고 소량의 그리스를 상부에 도포한다.
④ 녹슬지 않게 엔진오일을 도포하고 확실히 더 조인다.

해설 단자(터미널)에 녹이 발생하였으면 녹을 닦은 후 고정시키고 소량의 그리스를 상부에 바른다.

127 굴착기에서 납산축전지를 교환 및 장착할 때 연결 순서로 옳은 것은?

① 축전지의 [+], [-]선을 동시에 부착한다.
② 축전지의 [+]선을 먼저 부착하고, [-]선을 나중에 부착한다.
③ 축전지의 [-]선을 먼저 부착하고, [+]선을 나중에 부착한다.
④ [+]나 [-]선 중 편리한 것부터 연결하면 된다.

해설 축전지를 장착할 때에는 [+]선을 먼저 부착하고, [-]선을 나중에 부착한다.

128 납산축전지의 충·방전 상태의 설명으로 옳지 못한 것은?

① 축전지가 방전되면 양극판은 과산화납이 황산납으로 된다.
② 축전지가 충전되면 양극판에서 수소를, 음극판에서 산소를 발생시킨다.
③ 축전지가 충전되면 음극판은 황산납이 해면상납으로 된다.
④ 축전지가 방전되면 전해액은 묽은 황산이 물로 변하여 비중이 낮아진다.

해설 충전되면 양극판에서 산소를, 음극판에서 수소를 발생시킨다.

129 어느 한도 내에서 단자 전압이 급격히 저하하며 그 이후는 방전능력이 없어지는 전압을 무슨 전압이라고 하는가?

① 방전종지전압
② 절연전압
③ 충전전압
④ 누전전압

해설 방전종지전압이란 축전지의 방전은 어느 한도 내에서 단자 전압이 급격히 저하하며 그 이후는 방전능력이 없어지게 되는 전압이다.

130 12V용 납산축전지의 방전종지전압은 몇 V인가?

① 1.75V ② 7.5V
③ 10.5V ④ 12V

해설 축전지 1셀당 방전종지전압은 1.75V이며, 12V 축전지는 6셀이므로, 방전종지전압은 6×1.75V = 10.5V이다.

131 굴착기에 사용되는 납산축전지의 용량단위는?

① kW ② PS
③ Ah ④ kV

132 납산축전지의 용량을 결정하는 요소로 옳은 것은?

① 극판의 수와 발전기의 충전능력에 따라 결정된다.
② 극판의 크기, 극판의 수, 황산의 양에 의해 결정된다.
③ 극판의 수, 셀의 수, 발전기의 충전능력에 따라 결정된다.
④ 극판의 크기, 극판의 수, 단자의 수에 따라 결정된다.

해설 축전지의 용량은 셀당 극판 수, 극판의 크기, 전해액(황산)의 양으로 결정된다.

133 납산축전지의 용량 표시방법에 속하지 않는 것은?

① 25시간율 ② 25암페어율
③ 냉간율 ④ 20시간율

해설 축전지의 용량표시 방법에는 20시간율, 25암페어율, 냉간율이 있다.

134 아래 그림과 같이 12V용 축전지 2개를 사용하여 24V용 건설기계를 시동하고자 할 때 연결방법이 옳은 것은?

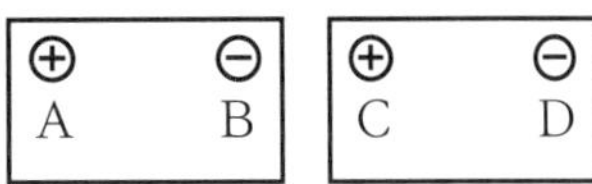

① A–B ② B–C
③ A–C ④ B–D

해설 직렬연결이란 전압과 용량이 동일한 축전지 2개 이상을 [+]단자와 연결대상 축전지의 [–]단자에 서로 연결하는 방식이며, 이때 전압은 축전지를 연결한 개수만큼 증가하나 용량은 1개일 때와 같다.

135 충전된 축전지라도 방치해두면 사용하지 않아도 조금씩 자연 방전하여 용량이 감소하는 현상은?

① 급속방전 ② 강제방전
③ 자기방전 ④ 화학방전

해설 자기방전이란 충전된 축전지라도 방치해두면 사용하지 않아도 조금씩 자연 방전하여 용량이 감소하는 현상이다.

136 충전된 축전지를 방치할 때 발생하는 자기방전의 원인과 관계 없는 것은?

① 음극판의 작용물질이 황산과 화학작용으로 방전된다.
② 전해액 내에 포함된 불순물에 의해 방전된다.
③ 격리판이 설치되어 방전된다.
④ 양극판 작용물질 입자가 축전지 내부에 단락으로 인해 방전된다.

해설 축전지의 자기방전 원인은 음극판의 작용물질이 황산과 화학작용으로 인한 방전, 전해액 내에 포함된 불순물에 의한 방전, 양극판 작용물질 입자가 축전지 내부에 단락으로 인한 방전, 축전지 커버와 케이스의 표면에서 전기 누설로 인한 방전 등이다.

137 납산축전지의 충전 중의 주의사항으로 옳지 않은 것은?

① 차상에서 충전할 때는 축전지 접지 [-]케이블을 분리한다.
② 전해액의 온도는 45℃ 이상을 유지시킨다.
③ 충전 중 축전지에 충격을 가해서는 안 된다.
④ 통풍이 잘되는 곳에서 충전한다.

해설 충전할 때 전해액의 온도가 최대 45℃를 넘지 않도록 하여야 한다.

138 납산축전지를 충전할 때 화기를 가까이 하면 위험한 이유는?

① 수소가스가 조연성 가스이기 때문에
② 수소가스가 폭발성 가스이기 때문에
③ 산소가스가 폭발성 가스이기 때문에
④ 산소가스가 인화성 가스이기 때문에

해설 축전지 충전 중에 화기를 가까이 하면 위험한 이유는 발생하는 수소가스가 폭발하기 때문이다.

139 MF(Maintenance Free) 축전지에 대한 설명으로 옳지 않은 것은?

① 증류수는 매 15일마다 보충한다.
② 무보수용 배터리다.
③ 격자의 재질은 납과 칼슘합금이다.
④ 밀봉 촉매마개를 사용한다.

해설 MF축전지는 증류수를 점검 및 보충하지 않아도 된다.

140 굴착기 전기장치 중 플레밍의 왼손법칙을 이용하는 장치는?

① 발전기 ② 기동전동기
③ 릴레이 ④ 점화코일

해설 기동전동기는 플레밍의 왼손법칙을 이용한다.

141 기동전동기의 기능에 대한 설명으로 옳지 않은 것은?

① 기관을 구동시킬 때 사용한다.
② 플라이휠의 링기어에 기동전동기 피니언을 맞물려 크랭크축을 회전시킨다.
③ 기관의 시동이 완료되면 피니언을 링기어로부터 분리시킨다.
④ 축전지와 각부 전장품에 전기를 공급한다.

해설 발전기로 축전지와 각부 전장품에 전기를 공급한다.

142 기동전동기 전기자 코일에 항상 일정한 방향으로 전류가 흐르도록 하기 위해 설치한 것은?

① 로터 ② 슬립링
③ 정류자 ④ 다이오드

해설 정류자는 전기자 코일에 항상 일정한 방향으로 전류가 흐르도록 하는 작용을 한다.

143 **엔진이 시동된 다음에는 피니언이 공회전하여 링기어에 의해 엔진의 회전력이 기동전동기에 전달되지 않도록 하는 장치는?**

① 오버러닝 클러치
② 전기자
③ 피니언
④ 정류자

해설 오버러닝 클러치(over running clutch)의 기능
- 엔진이 시동된 다음에는 기동전동기 피니언이 공회전하여 엔진 플라이휠 링기어에 의해 엔진의 회전력이 기동전동기에 전달되지 않도록 한다.
- 기동전동기의 전기자 축으로부터 피니언으로는 동력이 전달되나 피니언으로부터 전기자 축으로는 동력이 전달되지 않도록 한다.

144 **기동전동기 구성부품 중 자력선을 형성하는 부분은?**

① 브러시 ② 계자코일
③ 슬립링 ④ 전기자

해설 계자코일에 전기가 흐르면 계자철심은 전자석이 되며, 자력선을 형성한다.

145 **기동전동기에서 마그네틱 스위치는?**

① 저항조절기 ② 전류조절기
③ 전압조절기 ④ 전자석 스위치

해설 마그네틱 스위치는 솔레노이드 스위치라고도 부르며, 기동전동기의 전자석 스위치이다.

146 **기동전동기의 동력전달방식에 속하지 않는 것은?**

① 계자 섭동식 ② 전기자 섭동식
③ 벤딕스식 ④ 피니언 섭동식

해설 기동전동기의 동력전달방식에는 벤딕스 방식, 피니언 섭동방식, 전기자 섭동방식 등이 있다.

147 **굴착기의 시동장치 취급 시 주의사항으로 옳지 않은 것은?**

① 기동전동기의 연속사용시간은 3분 정도로 한다.
② 기동전동기의 회전속도가 규정 이하이면 오랜 시간 연속회전시켜도 시동이 되지 않으므로 회전속도에 유의해야 한다.
③ 기관이 시동된 상태에서 시동스위치를 켜서는 안 된다.
④ 전선 굵기는 규정 이하의 것을 사용하면 안 된다.

해설 기동전동기의 연속사용시간은 10~15초 정도로 한다.

148 **엔진이 시동되었는데도 시동스위치를 계속 ON 위치로 할 때 미치는 영향은?**

① 기동전동기의 수명이 단축된다.
② 클러치 디스크가 마멸된다.
③ 크랭크축 저널이 마멸된다.
④ 엔진의 수명이 단축된다.

해설 엔진이 기동되었을 때 시동스위치를 계속 ON 위치로 하면 기동전동기가 엔진에 의해 구동되어 수명이 단축된다.

149 **기동전동기가 회전이 안 되거나 회전력이 약한 원인으로 옳지 않은 것은?**

① 브러시가 정류자에 잘 밀착되어 있다.
② 축전지 전압이 낮다.
③ 시동스위치의 접촉이 불량하다.
④ 배터리 단자와 터미널의 접촉이 나쁘다.

해설 기동전동기가 회전이 안 되는 경우 기동전동기 브러시 스프링 장력이 약해 정류자의 밀착이 불량한 때이다.

150 겨울철에 디젤기관 기동전동기의 크랭킹 회전수가 저하되는 원인과 관계 없는 것은?

① 기온저하로 기동부하가 증가하였다.
② 시동스위치의 저항이 증가하였다.
③ 온도에 의한 축전지의 용량이 감소되었다.
④ 엔진오일의 점도가 상승하였다.

해설 겨울철에 기동전동기 크랭킹 회전수가 낮아지는 원인은 엔진오일의 점도 상승, 온도에 의한 축전지의 용량 감소, 기온저하로 기동부하 증가 등이다.

151 예열장치의 설치 목적으로 옳은 것은?

① 냉각수의 온도를 조절하기 위함이다.
② 냉간 시동 시 시동을 원활하게 하기 위함이다.
③ 연료분사량을 조절하기 위함이다.
④ 연료를 압축하여 분무성능을 향상시키기 위함이다.

해설 예열장치는 냉간 상태에서 디젤기관을 시동할 때 기관으로 흡입된 공기온도를 상승시켜 시동을 원활히 한다.

152 디젤엔진의 예열장치에서 연소실 내의 압축공기를 직접 예열하는 방식은?

① 예열플러그 방식
② 히트레인지 방식
③ 흡기히터 방식
④ 히트릴레이 방식

해설 예열플러그는 예열장치에서 연소실 내의 압축공기를 직접 예열한다.

153 디젤기관 예열장치에서 실드형 예열플러그의 설명으로 옳지 않은 것은?

① 기계적 강도 및 가스에 의한 부식에 약하다.
② 예열플러그들 사이의 회로는 병렬로 결선되어 있다.
③ 발열량이 크고 열용량도 크다.
④ 예열플러그 하나가 단선되어도 나머지는 작동된다.

해설 실드형 예열플러그는 히트코일이 보호금속 튜브 속에 들어 있어 연소열의 영향을 덜 받으므로 예열플러그 자체의 기계적 강도 및 가스에 의한 부식에 강하다.

154 6실린더 디젤기관의 병렬로 연결된 예열플러그 중 3번 실린더의 예열플러그가 단선되었을 때 나타나는 현상으로 옳은 것은?

① 2번과 4번 실린더의 예열플러그도 작동이 안 된다.
② 축전지 용량의 배가 방전된다.
③ 3번 실린더 예열플러그만 작동이 안 된다.
④ 예열플러그 전체가 작동이 안 된다.

해설 병렬로 연결된 예열플러그는 단선되면 단선된 것만 작동을 하지 못한다.

155 디젤기관에서 예열플러그가 단선되는 원인으로 옳지 않은 것은?

① 기관이 과열된 상태에서 빈번하게 예열시켰다.
② 규정 이상의 과대전류가 흐르고 있다.
③ 예열시간이 규정보다 너무 짧다.
④ 예열 플러그를 설치할 때 조임이 불량하다.

해설 예열플러그의 예열시간이 너무 길면 단선된다.

156 굴착기의 전기장치 중 플레밍의 오른손법칙을 사용하는 장치는?

① 히트코일 ② 기동전동기
③ 발전기 ④ 릴레이

해설 발전기의 원리는 플레밍의 오른손법칙을 사용한다.

157 충전장치의 기능에 속하지 않는 것은?

① 각종 램프에 전력을 공급한다.
② 기동장치에 전력을 공급한다.
③ 축전지에 전력을 공급한다.
④ 에어컨 장치에 전력을 공급한다.

해설 기동장치에 전력을 공급하는 것은 축전지이다.

158 굴착기의 충전장치에서 주로 사용하는 발전기의 형식은?

① 3상 교류발전기
② 단상 교류발전기
③ 와전류 발전기
④ 직류발전기

해설 건설기계에서는 주로 3상 교류발전기를 사용한다.

159 충전장치에서 발전기를 구동하는 장치는?

① 변속기 입력축 ② 크랭크축
③ 추진축 ④ 캠축

해설 발전기는 크랭크축에 의해 구동된다.

160 교류(AC)발전기의 특성에 속하지 않는 것은?

① 소형·경량이고 출력도 크다.
② 전압조정기, 전류조정기, 컷아웃릴레이로 구성된다.
③ 소모부품이 적고 내구성이 우수하며 고속회전에 견딘다.
④ 저속에서도 충전성능이 우수하다.

해설 교류발전기의 조정기는 전압조정기만 있으면 된다.

161 교류발전기의 구성부품에 속하지 않는 것은?

① 스테이터 코일 ② 슬립링
③ 다이오드 ④ 전류조정기

해설 교류발전기는 스테이터, 로터, 다이오드, 슬립링과 브러시, 엔드 프레임, 전압조정기 등으로 되어있다.

162 교류발전기에서 유도전류가 발생하는 부품은?

① 로터 ② 스테이터
③ 계자코일 ④ 전기자

해설 교류발전기에 유도전류를 발생하는 부품은 스테이터(stator)이다.

163 전류가 흐를 때 전자석이 되는 AC 발전기의 부품은?

① 로터 ② 아마추어
③ 스테이터 철심 ④ 계자철심

164 **교류발전기에서 마모성이 있는 부품은?**

① 슬립링 ② 다이오드
③ 스테이터 ④ 엔드프레임

해설 슬립링은 로터코일에 여자전류를 공급하며, 브러시와 접촉되어 회전하므로 마모성이 있다.

165 **교류발전기에서 발생한 교류를 직류로 변환하는 구성부품은?**

① 스테이터 ② 정류기
③ 콘덴서 ④ 로터

해설 정류기는 교류발전기의 스테이터 코일에 발생한 교류를 직류로 변환시키는 부품이다.

166 **교류발전기에서 다이오드의 역할은?**

① 교류를 정류하고, 역류를 방지한다.
② 전압을 조정하고, 교류를 정류한다.
③ 전류를 조정하고, 교류를 정류한다.
④ 여자전류를 조정하고, 역류를 방지한다.

해설 교류발전기 다이오드의 역할은 교류를 정류하고, 역류를 방지한다.

167 **교류발전기에서 높은 전압으로부터 다이오드를 보호하는 구성품은?**

① 정류기 ② 계자코일
③ 콘덴서 ④ 로터

해설 콘덴서는 교류발전기에서 높은 전압으로부터 다이오드를 보호한다.

168 **교류발전기에 사용되는 반도체인 다이오드를 냉각시키기 위한 부품은?**

① 냉각튜브
② 히트싱크
③ 엔드프레임에 설치된 오일장치
④ 유체클러치

해설 히트싱크는 다이오드가 정류작용을 할 때 다이오드를 냉각시키는 작용을 한다.

169 **교류발전기가 충전작용을 못하는 경우 점검하지 않아도 되는 부품은?**

① 충전회로
② 솔레노이드 스위치
③ 발전기 구동벨트
④ 레귤레이터

해설 솔레노이드 스위치는 기동전동기의 전자석 스위치이다.

170 **굴착기에 사용되는 계기의 구비조건에 속하지 않는 것은?**

① 소형이고 경량이어야 한다.
② 구조가 복잡해야 한다.
③ 지침을 읽기가 쉬워야 한다.
④ 가격이 싸야 한다.

해설 계기는 구조가 간단하고, 소형·경량이며, 지침을 읽기 쉽고, 가격이 싸야 한다.

171 실드 빔식 전조등에 대한 설명으로 옳지 않은 것은?

① 내부에 불활성가스가 들어있다.
② 필라멘트가 끊어졌을 때 전구를 교환할 수 있다.
③ 사용에 따른 광도의 변화가 적다.
④ 대기조건에 따라 반사경이 흐려지지 않는다.

해설 실드 빔형 전조등은 필라멘트가 끊어지면 렌즈나 반사경에 이상이 없어도 전조등 전체를 교환하여야 한다.

172 헤드라이트에서 세미 실드빔 형식에 대한 설명으로 옳은 것은?

① 렌즈와 반사경은 일체이고, 전구는 교환이 가능한 것이다.
② 렌즈·반사경 및 전구가 일체인 것이다.
③ 렌즈·반사경 및 전구를 분리하여 교환이 가능한 것이다.
④ 렌즈와 반사경을 분리하여 제작한 것이다.

해설 세미 실드빔 형식은 렌즈와 반사경은 녹여 붙였으나 전구는 별개로 설치한 것으로 필라멘트가 끊어지면 전구만 교환하면 된다.

173 헤드라이트의 구성부품으로 옳지 않은 것은?

① 전구 ② 렌즈
③ 반사경 ④ 플래셔 유닛

해설 전조등은 전구(필라멘트), 렌즈, 반사경으로 구성된다.

174 전조등의 좌우램프 간 회로에 대한 설명으로 옳은 것은?

① 병렬로 되어 있다.
② 병렬과 직렬로 되어 있다.
③ 직렬 또는 병렬로 되어 있다.
④ 직렬로 되어 있다.

해설 전조등 회로는 병렬로 연결되어 있다.

175 방향지시등 전구에 흐르는 전류를 일정한 주기로 단속·점멸하여 램프의 광도를 증감시키는 부품은?

① 파일럿 유닛
② 방향지시기 스위치
③ 디머 스위치
④ 플래셔 유닛

해설 플래셔 유닛(flasher unit)은 방향지시등 전구에 흐르는 전류를 일정한 주기로 단속·점멸하여 램프의 광도를 증감시키는 부품이다.

176 한쪽의 방향지시등만 점멸속도가 빠른 원인은?

① 한쪽 램프가 단선되었다.
② 플래셔 유닛이 고장 났다.
③ 전조등 배선의 접촉이 불량하다.
④ 비상등 스위치가 고장 났다.

해설 한쪽 램프가 단선되면 한쪽의 방향지시등만 점멸속도가 빨라진다.

177 **방향지시등 스위치를 작동할 때 한쪽은 정상이고, 다른 한쪽은 점멸작용이 정상과 다르게(빠르게, 느리게, 작동불량) 작용하는 경우 그 고장원인으로 옳지 않은 것은?**

① 전구 1개가 단선되었다.
② 플래셔 유닛이 고장 났다.
③ 전구를 교체하면서 규정용량의 전구를 사용하지 않았다.
④ 한쪽 전구소켓에 녹이 발생하여 전압강하가 있다.

해설 플래셔 유닛이 고장 나면 모든 방향지시등이 점멸되지 못한다.

178 **기관을 시동한 후 정상운전 가능상태를 확인하기 위해 점검해야 하는 것은?**

① 오일압력계 ② 엔진오일량
③ 냉각수 온도계 ④ 주행속도계

해설 기관을 시동한 후 가장 먼저 오일압력계(유압계)를 점검한다.

179 **다음 그림의 의미는?**

① 냉각수 온도 표시등
② 와셔액 부족 경고등
③ 엔진오일 압력 표시등
④ 브레이크액 누유 경고등

180 **엔진오일 압력 표시등이 점등되는 원인으로 옳지 않은 것은?**

① 오일회로가 막혔을 때
② 오일이 부족할 때
③ 오일여과기가 막혔을 때
④ 엔진을 급가속시켰을 때

해설 오일 압력 표시등이 점등되는 경우는 기관오일의 양이 부족할 때, 오일 여과기 등 윤활계통이 막혔을 때이다.

181 **굴착기로 작업할 때 계기판에서 오일경고등이 점등되었을 때 조치할 사항은?**

① 엔진오일을 교환한 후 작업한다.
② 냉각수를 보충하고 작업한다.
③ 엔진을 분해 조립을 한다.
④ 즉시 기관시동을 끄고 오일계통을 점검한다.

해설 오일경고등이 점등되면 즉시 기관의 시동을 끄고 오일계통을 점검한다.

182 **운전 중 운전석 계기판에 그림과 같은 등이 갑자기 점등되었다. 무슨 표시인가?**

① 배터리 완전충전 표시등
② 충전 경고등
③ 전기장치 작동 표시등
④ 전원차단 경고등

183 **운전 중 계기판에 충전 경고등이 점등되는 원인으로 옳은 것은?**

① 주기적으로 점등되었다가 소등되는 것이다.
② 정상적으로 충전이 되고 있음을 나타낸다.
③ 충전계통에 이상이 없음을 나타낸다.
④ 충전이 되지 않고 있음을 나타낸다.

해설 충전 경고등이 점등되면 충전이 되지 않고 있음을 나타낸다.

184 **건설기계 운전 중 운전석 계기판에 그림과 같은 등이 갑자기 점등되었다. 무슨 표시인가?**

① 배터리 충전 경고등
② 연료레벨 경고등
③ 냉각수 과열 경고등
④ 유압유 온도 경고등

185 **유압장치를 적절히 표현한 것은?**

① 기체를 액체로 전환시키기 위하여 압축하는 것
② 오일의 유체 에너지를 이용하여 기계적인 일을 하도록 하는 것
③ 오일의 연소에너지를 통해 동력을 생산하는 것
④ 오일을 이용하여 전기를 생산하는 것

해설 유압장치란 유압유의 유체 에너지를 이용하여 기계적인 일을 하는 것이다.

186 **파스칼의 원리에 대한 설명이 옳지 않은 것은?**

① 밀폐용기 내의 한 부분에 가해진 압력은 액체 내의 전부분에 같은 압력으로 전달된다.
② 정지 액체의 한 점에 있어서의 압력의 크기는 전 방향에 대하여 동일하다.
③ 정지 액체에 접하고 있는 면에 가해진 압력은 그 면에 수직으로 작용한다.
④ 점성이 없는 비압축성 유체에서 압력에너지, 위치에너지, 운동에너지의 합은 같다.

187 **유압장치의 장점과 관계 없는 것은?**

① 정확한 위치제어가 가능하다.
② 배관이 간단하다.
③ 소형으로 큰 힘을 낼 수 있다.
④ 원격제어가 가능하다.

해설 유압장치는 회로구성이 어렵고, 관로를 연결하는 곳에서 유압유가 누출될 우려가 있다.

188 **유압장치의 단점에 속하지 않는 것은?**

① 고압 사용으로 인한 위험성이 존재한다.
② 전기·전자의 조합으로 자동제어가 곤란하다.
③ 작동유 누유로 인해 환경오염을 유발할 수 있다.
④ 관로를 연결하는 곳에서 작동유가 누출될 수 있다.

해설 유압장치는 전기·전자의 조합으로 자동제어가 가능한 장점이 있다.

189 유압유의 점도가 지나치게 높을 때 발생하는 현상과 관계 없는 것은?

① 내부마찰이 증가하고, 압력이 상승한다.
② 유동저항이 커져 압력손실이 증가한다.
③ 동력손실이 증가하여 기계효율이 감소한다.
✔④ 오일누설이 증가한다.

해설 유압유의 점도가 높으면 유동저항이 커져 압력손실 및 동력손실의 증가로 기계효율이 감소하고, 내부마찰이 증가하여 압력이 상승하며 열 발생의 원인이 된다.

190 유압계통에 사용되는 오일의 점도가 너무 낮을 경우 일어나는 현상과 관계 없는 것은?

① 오일누설 증가
② 유압회로 내 압력저하
✔③ 시동저항 증가
④ 유압펌프의 효율저하

해설 유압유의 점도가 너무 낮으면 유압펌프의 효율저하, 유압유의 누설증가, 유압계통(회로)내의 압력저하, 액추에이터의 작동속도가 늦어진다.

191 작동유의 주요기능에 속하지 않는 것은?

✔① 압축작용 ② 냉각작용
③ 윤활작용 ④ 동력전달작용

해설 작동유는 냉각작용, 동력전달작용, 밀봉작용, 윤활작용 등을 한다.

192 [보기]에서 작동유의 구비조건이 맞게 짝지어진 것은?

보기
A. 압력에 대해 비압축성일 것
B. 밀도가 작을 것
C. 열팽창계수가 작을 것
D. 체적탄성계수가 작을 것
E. 점도지수가 낮을 것
F. 발화점이 높을 것

✔① A, B, C, F ② B, C, E, F
③ B, D, E, F ④ A, B, C, D

해설 **유압유의 구비조건**
비압축성일 것, 밀도와 열팽창계수가 작을 것, 체적탄성계수가 클 것, 점도지수가 높을 것, 인화점 및 발화점이 높을 것

193 유압유의 첨가제에 속하지 않는 것은?

① 마모방지제 ✔② 점도지수 방지제
③ 산화방지제 ④ 유동점 강하제

해설 유압유 첨가제에는 마모방지제, 점도지수 향상제, 산화방지제, 소포제(기포방지제), 유동점 강하제 등이 있다.

194 금속 간의 마찰을 방지하기 위한 방안으로 마찰계수를 저하시키기 위하여 사용되는 첨가제는?

① 점도지수 향상제
② 방청제
✔③ 유성향상제
④ 유동점 강하제

해설 유성향상제는 금속 간의 마찰을 방지하기 위한 방안으로 마찰계수를 저하시키기 위하여 사용되는 첨가제이다.

195 작동유에 수분이 미치는 영향과 관계 없는 것은?

✔ 작동유의 내마모성을 향상시킨다.
② 작동유의 방청성을 저하시킨다.
③ 작동유의 산화와 열화를 촉진시킨다.
④ 작동유의 윤활성을 저하시킨다.

해설 유압유에 수분이 혼입되면 윤활성, 방청성, 내마모성을 저하시키고, 산화와 열화를 촉진시킨다.

196 사용 중인 작동유의 수분함유 여부를 현장에서 판정하는 방법으로 옳은 것은?

① 여과지에 약간(3~4방울)의 오일을 떨어뜨려 본다.
② 오일을 시험관에 담아, 침전물을 확인한다.
✔ 오일을 가열한 철판 위에 떨어뜨려 본다.
④ 오일의 냄새를 맡아본다.

해설 작동유의 수분함유 여부를 판정하기 위해서는 가열한 철판 위에 오일을 떨어뜨려 본다.

197 작업현장에서 오일의 열화를 찾아내는 방법에 속하지 않는 것은?

① 색깔의 변화나 수분, 침전물의 유무를 확인한다.
✔ 오일을 가열하였을 때 냉각되는 시간을 확인한다.
③ 자극적인 악취 유무를 확인한다.
④ 흔들었을 때 생기는 거품이 없어지는 양상을 확인한다.

해설 열화를 판정하는 방법은 점도, 색깔의 변화나 수분유무, 침전물의 유무, 자극적인 악취(냄새) 유무, 흔들었을 때 생기는 거품이 없어지는 양상 등이 있다.

198 유압장치에서 작동유의 정상작동 온도는?

① 125~140℃ 정도
② 112~115℃ 정도
✔ 40~80℃ 정도
④ 5~10℃ 정도

해설 작동유의 정상작동 온도범위는 40~80℃ 정도이다.

199 유압유(작동유)의 온도상승 원인과 관계 없는 것은?

✔ 유압회로 내의 작동압력이 너무 낮을 때
② 유압회로 내에서 공동현상이 발생하였을 때
③ 작동유의 점도가 너무 높을 때
④ 유압모터 내에서 내부마찰이 발생할 때

해설 유압회로 내의 작동압력(유압)이 너무 높으면 유압장치의 열 발생 원인이 된다.

200 유압유 온도가 과열되었을 때 유압장치에 미치는 영향으로 옳지 않은 것은?

① 오일의 열화를 촉진한다.
② 오일의 점도 저하에 의해 누출되기 쉽다.
③ 온도 변화에 의해 유압기기가 열 변형되기 쉽다.
✔ 유압펌프의 효율이 높아진다.

201 유압유 관내에 공기가 혼입되었을 때 발생하는 현상으로 옳지 않은 것은?

✔ 기화현상 ② 공동현상
③ 열화현상 ④ 숨돌리기 현상

해설 관로에 공기가 침입하면 실린더 숨돌리기 현상, 열화촉진, 공동현상 등이 발생한다.

202 원동기(내연기관, 전동기 등)로부터의 기계적인 에너지를 이용하여 작동유에 유압 에너지를 부여해 주는 유압장치는?

① 유압탱크 ② 유압스위치
③ 유압밸브 ④ 유압펌프

해설 유압펌프는 원동기의 기계적 에너지를 유압 에너지로 변환한다.

203 유압펌프에 관한 설명으로 옳지 않은 것은?

① 벨트에 의해서만 구동된다.
② 엔진 또는 모터의 동력으로 구동된다.
③ 동력원이 회전하는 동안에는 항상 회전한다.
④ 오일을 흡입하여 컨트롤밸브(control valve)로 송유(토출)한다.

해설 유압펌프는 동력원과 커플링으로 직결되어 있다.

204 유압장치에 사용되는 펌프형식에 속하지 않는 것은?

① 제트 펌프 ② 플런저 펌프
③ 베인 펌프 ④ 기어 펌프

해설 유압펌프의 종류에는 기어 펌프, 베인 펌프, 피스톤(플런저) 펌프, 나사 펌프, 트로코이드 펌프 등이 있다.

205 기어 펌프의 장·단점으로 옳지 않은 것은?

① 소형이며 구조가 간단하다.
② 피스톤 펌프에 비해 수명이 짧고 진동 소음이 크다.
③ 피스톤 펌프에 비해 흡입력이 나쁘다.
④ 초고압에는 사용이 곤란하다.

해설 기어 펌프는 피스톤 펌프에 비해 흡입력이 우수하다.

206 외접형 기어 펌프에서 토출된 유량 일부가 입구 쪽으로 귀환하여 토출량 감소, 축동력 증가 및 케이싱 마모 등의 원인을 유발하는 현상을 무엇이라고 하는가?

① 열화촉진 현상 ② 캐비테이션 현상
③ 숨돌리기 현상 ④ 폐입 현상

해설 폐입 현상이란 외접기어펌프에서 토출된 유량의 일부가 입구 쪽으로 귀환하여 토출유량 감소, 축동력 증가 및 케이싱 마모, 기포발생 등의 원인을 유발하는 현상이다.

207 베인 펌프의 특징에 속하지 않는 것은?

① 구조가 간단하고 성능이 좋다.
② 맥동과 소음이 적다.
③ 대용량, 고속가변형에 적합하지만 수명이 짧다.
④ 소형이고, 경량이다.

해설 베인 펌프는 소형·경량이고, 구조가 간단하고 성능이 좋고, 맥동과 소음이 적으며, 수명이 길다.

208 플런저 펌프의 특징과 관계 없는 것은?

① 일반적으로 토출압력이 높다.
② 펌프효율이 높다.
③ 베어링에 부하가 크다.
④ 구조가 간단하고 값이 싸다.

해설 플런저 펌프는 구조가 복잡하고 값이 비싸다.

209 유압펌프에서 경사판의 각도를 조정하여 토출유량을 변환시키는 펌프는?

① 베인 펌프 ② 로터리 펌프
③ 플런저 펌프 ④ 기어 펌프

해설 액시얼형 플런저 펌프는 경사판의 각도를 조정하여 토출유량(펌프용량)을 변환시킨다.

210 **유압펌프 중에서 토출압력이 가장 높은 형식은?**

① 기어 펌프
② 액시얼 플런저 펌프
③ 베인 펌프
④ 레이디얼 플런저 펌프

해설 **유압펌프의 토출압력**
- 기어 펌프 : 10~250kgf/cm²
- 베인 펌프 : 35~140kgf/cm²
- 레이디얼 플런저 펌프 : 140~250kgf/cm²
- 액시얼 플런저 펌프 : 210~400kgf/cm²

211 **유압펌프의 용량을 표시하는 방법으로 옳은 것은?**

① 주어진 압력과 그때의 토출량으로 표시
② 주어진 속도와 그때의 토출압력으로 표시
③ 주어진 압력과 그때의 오일무게로 표시
④ 주어진 속도와 그때의 오일점도로 표시

해설 유압펌프의 용량은 주어진 압력과 그때의 토출량으로 표시한다.

212 **유압펌프의 토출량을 표시하는 단위는?**

① kW 또는 PS　② kgf·m
③ L/min　④ kgf/cm²

해설 유압펌프 토출량의 단위는 L/min(LPM)이나 GPM을 사용한다.

213 **유압펌프에서 흐름(flow, 유량)에 대해 저항(제한)이 발생하면?**

① 유압펌프 회전수의 증가 원인이 된다.
② 유압유 흐름의 증가 원인이 된다.
③ 밸브 작동속도의 증가 원인이 된다.
④ 압력 형성의 원인이 된다.

해설 유압펌프에서 흐름(유량)에 대해 저항(제한)이 생기면 압력 형성의 원인이 된다. 즉, 유압이 높아진다.

214 **유압펌프 내의 내부누설은 어느 것에 반비례하여 증가하는가?**

① 작동유의 오염　② 작동유의 압력
③ 작동유의 점도　④ 작동유의 온도

해설 유압펌프 내의 내부 누설은 작동유의 점도에 반비례하여 증가한다.

215 **유압펌프에서 진동과 소음이 발생하고 양정과 효율이 급격히 저하되며, 날개차 등에 부식을 일으키는 등 펌프의 수명을 단축시키는 현상은?**

① 유압펌프의 공동현상
② 유압펌프의 서징현상
③ 유압펌프의 비속도
④ 유압펌프의 채터링 현상

해설 캐비테이션은 공동현상이라고도 하며 유압이 진공에 가까워져 기포가 발생하고, 기포가 파괴되어 국부적인 고압이나 소음과 진동이 발생하며, 양정과 효율이 저하되는 현상이다.

216 **캐비테이션(cavitation) 현상이 발생하였을 때의 영향과 관계 없는 것은?**

① 유압장치 내부에 국부적인 고압이 발생하여 소음과 진동이 발생된다.
② 체적효율이 감소한다.
③ 최고압력이 발생하여 급격한 압력파가 일어난다.
④ 고압부분의 기포가 과포화 상태로 된다.

해설 캐비테이션(공동현상)이 발생하면 최고압력이 발생하여 급격한 압력파가 일어나고, 체적효율이 감소한다. 또 저압부분의 기포가 과포화 상태로 되며 유압장치 내부에 국부적인 고압이 발생하여 소음과 진동이 발생된다.

217 유압유의 유체에너지(압력·속도)를 기계적인 일로 변환시키는 유압장치는?

① 유압펌프
② 어큐뮬레이터
③ 유압 액추에이터
④ 유압제어밸브

해설 유압 액추에이터는 유압펌프에서 발생된 유압(유체)에너지를 기계적 에너지(직선운동이나 회전운동)로 바꾸는 장치이다.

218 유압모터와 유압실린더의 작동으로 옳은 것은?

① 유압모터는 직선운동, 유압실린더는 회전운동을 한다.
② 유압모터는 회전운동, 유압실린더는 직선운동을 한다.
③ 둘 다 회전운동을 한다.
④ 둘 다 왕복운동을 한다.

219 유압실린더의 주요 구성부품에 속하지 않는 것은?

① 커넥팅 로드 ② 피스톤
③ 실린더 ④ 피스톤 로드

해설 유압실린더는 실린더, 피스톤, 피스톤 로드로 구성된다.

220 유압실린더의 종류에 속하지 않는 것은?

① 복동실린더 싱글로드형
② 복동실린더 더블로드형
③ 단동실린더 램형
④ 단동실린더 배플형

해설 유압실린더의 종류에는 단동실린더, 복동실린더(싱글로드형과 더블로드형), 다단실린더, 램형 실린더 등이 있다.

221 유압실린더 중 피스톤의 양쪽에 유압유를 교대로 공급하여 양방향의 운동을 유압으로 작동시키는 형식은?

① 복동식 ② 단동식
③ 다동식 ④ 편동식

해설 복동식은 유압실린더 피스톤의 양쪽에 유압유를 교대로 공급하여 양방향의 운동을 유압으로 작동시킨다.

222 유압실린더에서 피스톤 행정이 끝날 때 발생하는 충격을 흡수하기 위해 설치하는 장치는?

① 스로틀 밸브 ② 쿠션기구
③ 서보밸브 ④ 압력보상장치

해설 쿠션기구는 유압실린더에서 피스톤 행정이 끝날 때 발생하는 충격을 흡수하기 위해 설치한다.

223 유압실린더를 교환하였을 때 조치해야 할 사항과 관계 없는 것은?

① 시운전하여 작동상태를 점검한다.
② 공기빼기 작업을 한다.
③ 누유를 점검한다.
④ 오일필터를 교환한다.

해설 유압장치를 교환하였을 경우에는 기관을 시동하여 공회전 시킨 후 작동상태 점검, 공기빼기 작업, 누유점검, 오일보충을 한다.

224 유압실린더에서 숨돌리기 현상이 생겼을 때 일어나는 현상과 관계 없는 것은?

① 유압유의 공급이 과대해진다.
② 피스톤 동작이 정지된다.
③ 작동지연 현상이 생긴다.
④ 작동이 불안정하게 된다.

해설 숨돌리기 현상은 유압유의 공급이 부족할 때 발생한다.

225 **유압에너지를 이용하여 외부에 기계적인 일을 하는 유압장치는?**

① 기동전동기 ② 유압모터
③ 유압탱크 ④ 유압스위치

해설 유압모터는 유압에너지에 의해 연속적으로 회전운동을 하는 장치이다.

226 **유압모터의 회전력 변화에 영향을 주는 요소는?**

① 유압유 점도 ② 유압유 유량
③ 유압유 압력 ④ 유압유 온도

해설 유압모터의 회전력에 영향을 주는 것은 유압유의 압력이다.

227 **유압모터를 선택할 때 고려할 사항과 관계 없는 것은?**

① 동력 ② 점도
③ 효율 ④ 부하

228 **유압모터의 종류에 속하지 않는 것은?**

① 기어형 ② 베인형
③ 터빈형 ④ 플런저형

해설 유압모터의 종류에는 기어 모터, 베인 모터, 플런저 모터 등이 있다.

229 **유압모터의 특징과 관계 없는 것은?**

① 정·역회전 변화가 불가능하다.
② 과부하에 대해 안전하다.
③ 소형으로 강력한 힘을 낼 수 있다.
④ 무단변속이 용이하다.

해설 유압모터는 정·역회전 변화가 원활하다.

230 **유압모터에서 소음과 진동이 발생하는 원인과 관계 없는 것은?**

① 유압모터의 내부부품이 파손되었을 때
② 유압펌프의 최고 회전속도가 저하되었을 때
③ 체결볼트가 이완되었을 때
④ 작동유 속에 공기가 혼입되었을 때

231 **유압모터와 연결된 감속기의 오일수준을 점검할 때의 주의사항으로 옳지 않은 것은?**

① 오일량이 너무 적으면 모터 유닛이 올바르게 작동하지 않거나 손상될 수 있으므로 오일량은 항상 정량유지가 필요하다.
② 오일수준을 점검하기 전에 항상 오일수준게이지 주변을 깨끗하게 청소한다.
③ 오일량은 영하(-)의 온도상태에서 가득 채워야 한다.
④ 오일이 정상온도일 때 오일수준을 점검해야 한다.

해설 유압모터의 감속기 오일량은 정상온도 상태에서 Full 가까이 있어야 한다.

232 **유압유의 압력·유량 또는 방향을 제어하는 밸브의 총칭은?**

① 제어밸브 ② 안전밸브
③ 감압밸브 ④ 축압기

233 **유압회로의 제어밸브 역할과 종류의 연결 사항으로 옳지 않은 것은?**

① 일의 방향제어 – 방향전환밸브
② 일의 속도제어 – 유량조절밸브
③ 일의 시간제어 – 속도제어밸브
④ 일의 크기제어 – 압력제어밸브

해설 압력제어밸브는 일의 크기, 유량제어밸브는 일의 속도, 방향제어밸브는 일의 방향을 결정한다.

234 **유압유의 압력을 제어하는 밸브의 종류에 속하지 않는 것은?**

① 체크밸브 ② 릴리프밸브
③ 리듀싱밸브 ④ 시퀀스밸브

해설 압력제어밸브의 종류에는 릴리프밸브, 리듀싱(감압)밸브, 시퀀스(순차)밸브, 언로드(무부하)밸브, 카운터밸런스밸브 등이 있다.

235 **유압회로 내의 압력이 설정압력에 도달하면 유압펌프에 토출된 유압유의 일부 또는 전량을 직접 탱크로 돌려보내 회로의 압력을 설정값으로 유지하는 밸브는?**

① 시퀀스밸브 ② 언로드밸브
③ 릴리프밸브 ④ 체크밸브

해설 릴리프밸브는 유압장치 내의 압력을 일정하게 유지하고, 최고압력을 제한하며 회로를 보호하며, 과부하 방지와 유압기기의 보호를 위하여 최고 압력을 규제한다.

236 **릴리프밸브에서 볼(ball)이 밸브의 시트(seat)를 때려 소음을 발생시키는 현상을 무엇이라고 하는가?**

① 노킹(knocking) 현상
② 베이퍼 록(vapor lock) 현상
③ 페이드(fade) 현상
④ 채터링(chattering) 현상

해설 릴리프밸브에서 스프링 장력이 약할 때 볼이 밸브의 시트를 때려 소음을 내는 진동현상을 채터링이라 한다.

237 **감압(리듀싱)밸브에 대한 설명으로 옳지 않은 것은?**

① 출구(2차 쪽)의 압력이 감압밸브의 설정압력보다 높아지면 밸브가 작용하여 유로를 닫는다.
② 입구(1차 쪽)의 주회로에서 출구(2차 쪽)의 감압회로로 유압유가 흐른다.
③ 유압장치에서 회로일부의 압력을 릴리프밸브의 설정압력 이하로 하고 싶을 때 사용한다.
④ 상시폐쇄 상태로 되어 있다.

해설 감압(리듀싱)밸브는 상시개방 상태로 있다가 출구(2차 쪽)의 압력이 감압밸브의 설정압력보다 높아지면 밸브가 작용하여 유로를 닫는다.

238 **유압원에서의 주회로부터 유압실린더 등이 2개 이상의 분기회로를 가질 때, 각 유압실린더를 일정한 순서로 순차작동시키는 밸브는?**

① 릴리프밸브 ② 감압밸브
③ 시퀀스밸브 ④ 체크밸브

해설 시퀀스밸브는 2개 이상의 분기회로에서 유압실린더나 모터의 작동순서를 결정한다.

239 유압회로 내의 압력이 설정압력에 도달하면 유압펌프에서 토출된 오일을 전부 오일탱크로 회송시켜 유압펌프를 무부하로 운전시키는 데 사용하는 밸브는?

① 카운터밸런스밸브
② 시퀀스밸브
③ 언로드밸브 ✔
④ 체크밸브

해설 언로드(무부하)밸브는 유압회로 내의 압력이 설정압력에 도달하면 유압펌프에서 토출된 작동유를 모두 오일탱크로 회송시켜 유압펌프를 무부하로 작동시킨다.

240 유압실린더 등의 중력에 의한 자유낙하를 방지하기 위해 배압을 유지하는 압력제어밸브는?

① 카운터밸런스밸브 ✔
② 시퀀스밸브
③ 언로드밸브
④ 감압밸브

해설 카운터밸런스밸브는 유압실린더 등이 중력 및 자체중량에 의한 자유낙하를 방지하기 위해 배압을 유지한다.

241 유압장치에서 액추에이터(작동체)의 속도를 변환시켜주는 밸브는?

① 유량제어밸브 ✔　② 압력제어밸브
③ 방향제어밸브　④ 유온제어밸브

해설 유량제어밸브는 액추에이터의 속도를 제어한다.

242 유압장치에서 사용하는 유량제어밸브의 종류에 속하지 않는 것은?

① 교축밸브　② 분류밸브
③ 유량조정밸브　④ 릴리프밸브 ✔

해설 유량제어밸브의 종류에는 속도제어밸브, 급속배기밸브, 분류밸브, 니들밸브, 오리피스밸브, 교축밸브(스로틀밸브), 스톱밸브, 스로틀 체크밸브 등이 있다.

243 유압장치에서 사용하는 방향제어밸브에 관한 설명으로 옳지 않은 것은?

① 유체의 흐름방향을 변환한다.
② 유압실린더나 유압모터의 작동방향을 바꾸는 데 사용된다.
③ 유체의 흐름방향을 한쪽으로만 허용한다.
④ 액추에이터의 속도를 제어한다. ✔

244 유압장치에서 사용하는 방향제어밸브에 해당하는 것은?

① 언로더밸브　② 릴리프밸브
③ 시퀀스밸브　④ 셔틀밸브 ✔

해설 방향제어밸브의 종류에는 스풀밸브, 체크밸브, 셔틀밸브 등이 있다.

245 유압작동기의 방향을 전환시키는 밸브에 사용되는 형식 중 원통형 슬리브 면에 내접하여 축 방향으로 이동하면서 유로를 개폐하는 밸브는?

① 스풀밸브 ✔
② 포핏밸브
③ 시퀀스밸브
④ 카운터밸런스밸브

해설 스풀밸브(spool valve)는 원통형 슬리브 면에 내접하여 축 방향으로 이동하여 유로를 개폐하여 오일의 흐름방향을 바꾸는 기능을 한다.

246 유압유를 한쪽 방향으로는 흐르게 하고 반대 방향으로는 흐르지 않도록 하기 위해 사용하는 밸브는?

① 체크밸브 ✔　② 무부하밸브
③ 릴리프밸브　④ 감압밸브

해설 체크밸브는 역류를 방지하고, 회로 내의 잔류압력을 유지시킨다.

247 유압회로 내에 잔압을 설정해두는 목적은?

① 제동해제 방지 ② 작동지연 방지
③ 오일산화 방지 ④ 유로파손 방지

해설 유압회로 내에 잔압을 설정해두는 이유는 작동지연 방지를 위함이다.

248 방향제어밸브를 동작시키는 방식이 아닌 것은?

① 유압 파일럿방식
② 수동방식
③ 전자방식
④ 스프링방식

해설 방향제어밸브를 동작시키는 방식에는 수동방식, 전자방식, 유압 파일럿방식 등이 있다.

249 방향전환밸브 포트의 구성요소에 속하지 않는 것은?

① 감압위치 수
② 작동방향 수
③ 작동위치 수
④ 유로의 연결포트 수

해설 방향전환밸브 포트(port)의 구성요소는 유로의 연결포트 수, 작동방향 수, 작동위치 수이다.

250 유압회로 내의 밸브를 갑자기 닫았을 때, 유압유의 속도에너지가 압력에너지로 변하면서 일시적으로 큰 압력 증가가 생기는 현상은?

① 캐비테이션(cavitation) 현상
② 채터링(chattering) 현상
③ 서지(surge) 현상
④ 에어레이션(aeration) 현상

해설 서지 현상이란 유압회로 내의 밸브를 갑자기 닫았을 때, 유압유의 속도에너지가 압력에너지로 변하면서 일시적으로 큰 압력 증가가 생기는 것이다.

251 유압장치에 사용되는 밸브부품의 세척유로 가장 적절한 것은?

① 경유 ② 물
③ 엔진오일 ④ 합성세제

해설 밸브부품은 솔벤트나 경유로 세척한다.

252 유량제어를 통하여 작업속도를 조절하는 방식에 속하지 않는 것은?

① 미터-인(meter-in) 방식
② 미터-아웃(meter-out) 방식
③ 블리드오프(bleed off) 방식
④ 블리드온(bleed on) 방식

해설 속도제어회로에는 미터-인 방식, 미터-아웃 방식, 블리드오프 방식이 있다.

253 액추에이터의 입구 쪽 관로에 유량제어밸브를 직렬로 설치하여 작동유의 유량을 제어함으로서 액추에이터의 속도를 제어하는 회로는?

① 미터-인 회로(meter-in circuit)
② 미터-아웃 회로(meter-out circuit)
③ 블리드오프 회로 (bleed-off circuit)
④ 시스템 회로(system circuit)

해설 미터-인 회로는 유압 액추에이터의 입력 쪽에 유량제어밸브를 직렬로 연결하여 액추에이터로 유입되는 유량을 제어하여 액추에이터의 속도를 제어한다.

254 **유압실린더의 속도를 제어하는 블리드오프(bleed off) 회로에 대한 설명과 관계없는 것은?**

① 유압펌프 토출량 중 일정한 양을 탱크로 되돌린다.
② 유량제어밸브를 유압실린더와 직렬로 설치한다.
③ 릴리프밸브에서 과잉압력을 줄일 필요가 없다.
④ 부하변동이 급격한 경우에는 정확한 유량제어가 곤란하다.

해설 블리드오프 회로는 유량제어밸브를 실린더와 병렬로 연결하여 실린더의 속도를 제어한다.

255 **유압장치의 기호 회로도에 사용되는 유압기호의 표시방법으로 틀린 것은?**

① 기호에는 흐름의 방향을 표시한다.
② 각 기기의 기호는 정상상태 또는 중립상태를 표시한다.
③ 기호에는 각 기기의 구조나 작용압력을 표시하지 않는다.
④ 기호는 어떠한 경우에도 회전하여서는 안 된다.

해설 기호는 오해의 위험이 없는 경우에는 기호를 회전하거나 뒤집어도 된다.

256 **유압장치에서 가장 많이 사용되는 유압 회로도는?**

① 기호 회로도 ② 그림 회로도
③ 단면 회로도 ④ 조합 회로도

해설 일반적으로 많이 사용하는 유압 회로도는 기호 회로도이다.

257 **아래 그림의 유압 기호는 무엇을 나타내는가?**

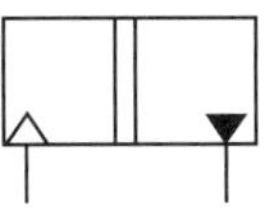

① 어큐뮬레이터 ② 증압기구
③ 촉매컨버터 ④ 공기·유압변환기

258 **다음의 유압 도면기호의 명칭은?**

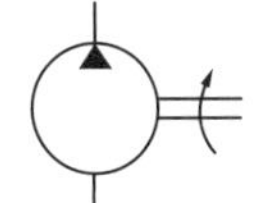

① 유압펌프 ② 스트레이너
③ 유압모터 ④ 압력계

259 **정용량형 유압펌프의 기호는?**

① 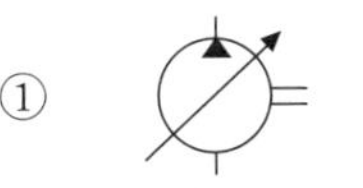  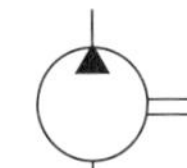

③ ④ M

260 **유압장치에서 가변용량형 유압펌프의 기호는?**

① 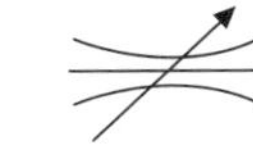 ② 

   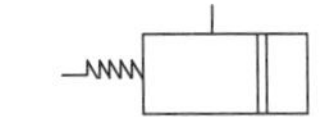

261 공유압 기호 중 그림이 나타내는 것은?

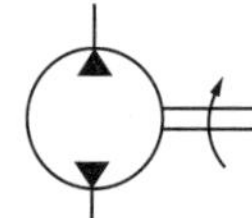

① 요동형 액추에이터
② 가변형 액추에이터
③ 정용량형 펌프·모터
④ 가변용량형 펌프·모터

262 그림의 유압 기호는 무엇을 표시하는가?

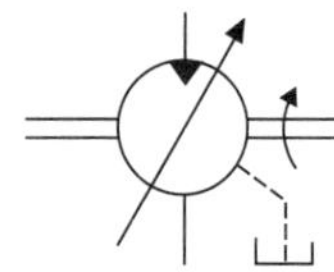

① 가변 흡입밸브 ② 유압펌프
③ 가변 토출밸브 ④ 가변 유압모터

263 그림과 같은 유압 기호에 해당하는 밸브는?

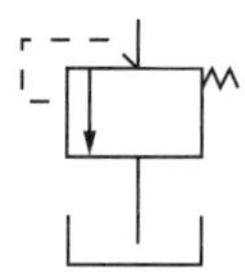

① 릴리프밸브
② 카운터밸런스밸브
③ 체크밸브
④ 감압밸브

264 그림의 유압기호가 나타내는 것은?

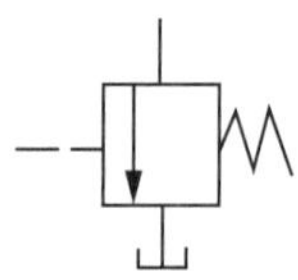

① 릴리프밸브 ② 감압밸브
③ 무부하밸브 ④ 순차밸브

265 단동실린더의 기호 표시로 옳은 것은?

③ ④

266 아래 그림과 같은 실린더의 명칭은?

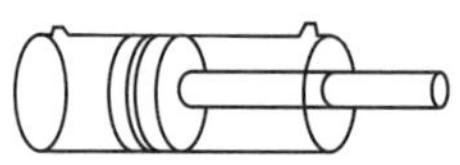

① 복동실린더 ② 단동다단실린더
③ 단동실린더 ④ 복동다단실린더

267 복동실린더 양 로드형을 나타내는 유압 기호는?

① ②
③ ④

268 아래 그림에서 체크밸브를 나타낸 것은?

① ②
③ ④

269 그림의 유압 기호는 무엇을 표시하는가?

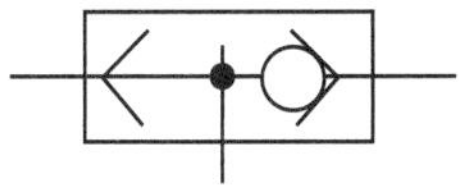

① 고압우선형 셔틀밸브
② 무부하 밸브
③ 스톱밸브
④ 저압우선형 셔틀밸브

270 그림의 유압 기호는 무엇을 표시하는가?

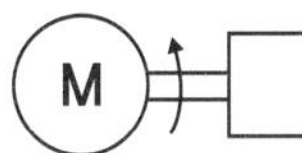

① 복동 가변식 전자 액추에이터
② 직접 파일럿 조작 액추에이터
③ 단동 가변식 전자 액추에이터
④ 회전형 전기 액추에이터

271 그림의 공·유압 기호는 무엇을 표시하는가?

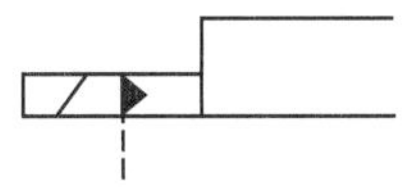

① 전자·공기압 파일럿
② 유압 2단 파일럿
③ 전자·유압 파일럿
④ 유압가변 파일럿

272 유압·공기압 도면기호 중 그림이 나타내는 것은?

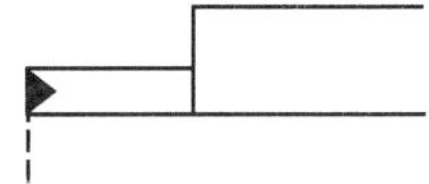

① 유압 파일럿(외부)
② 유압 파일럿(내부)
③ 공기압 파일럿(외부)
④ 공기압 파일럿(내부)

273 방향전환밸브의 조작방식에서 단동 솔레노이드 기호는?

해설 ①은 솔레노이드 조작방식, ②는 간접조작방식, ③은 레버조작방식, ④는 기계조작방식이다.

274 그림의 유압 기호에서 "A" 부분이 나타내는 것은?

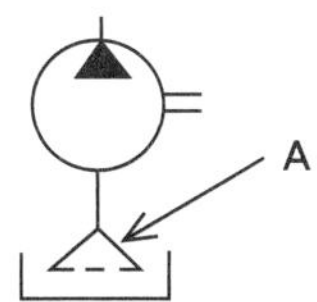

① 오일냉각기
② 가변용량 유압모터
③ 가변용량 유압펌프
④ 스트레이너

275 그림의 유압기호가 나타내는 것은?

① 오일탱크 ② 차단밸브
③ 유압밸브 ④ 유압실린더

276 유압장치에서 오일탱크(밀폐형)의 기호 표시로 옳은 것은?

 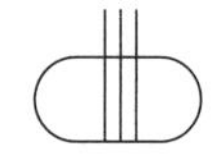 ② 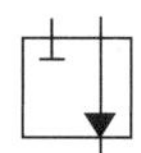

③ 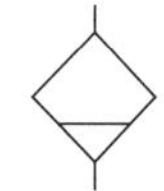 ④ 

277 아래 그림의 유압 기호는 무엇을 표시하는가?

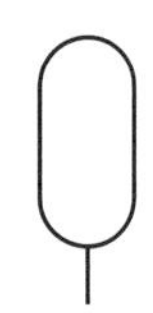

① 유압 실린더 로드
② 축압기
③ 오일탱크
④ 유압 실린더

278 공·유압 기호 중 그림이 의미하는 것은?

① 원동기 ② 공기압 동력원
③ 전동기 ④ 유압동력원

279 유압 압력계의 기호는?

①  ② 

③ 

④ 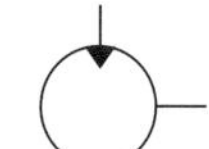

280 그림에서 드레인 배출기의 기호 표시로 맞는 것은?

① 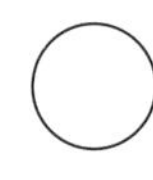 ② 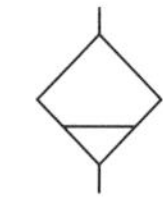

③ 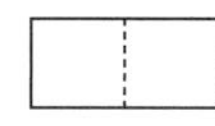 ④ 

281 유압 도면기호에서 압력스위치를 나타내는 것은?

①  ② 

③  ④ 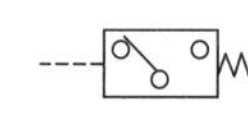

282 유압탱크의 구성부품에 속하지 않는 것은?

① 유압계
② 주입구
③ 유면계
④ 격판(배플)

해설 유압탱크는 주입구, 흡입 및 복귀 파이프, 유면계, 격판(배플), 스트레이너, 드레인 플러그 등으로 구성된다.

283 유압장치의 오일탱크에서 펌프 흡입구의 설치에 관한 설명으로 옳지 못한 것은?

① 펌프 흡입구는 탱크로의 귀환구(복귀구)로부터 될 수 있는 한 멀리 떨어진 위치에 설치한다.
② 펌프 흡입구에는 스트레이너(오일여과기)를 설치한다.
③ 펌프 흡입구와 탱크로의 귀환구(복귀구) 사이에는 격리판(baffle plate)을 설치한다.
④ 펌프 흡입구는 반드시 탱크 가장 밑면에 설치한다.

해설 펌프 흡입구는 탱크 밑면과 어느 정도 공간을 두고 설치한다.

284 오일탱크에 대한 설명으로 옳지 않은 것은?

① 흡입 스트레이너가 설치되어 있다.
② 탱크 내부에는 격판(배플 플레이트)을 설치한다.
③ 흡입구와 리턴구는 최대한 가까이 설치한다.
④ 유압유를 저장한다.

해설 오일탱크 내의 흡입구와 리턴구(복귀구)는 최대한 멀리 떨어져 설치한다.

285 축압기(어큐뮬레이터)의 기능과 관계 없는 것은?

① 충격압력을 흡수한다.
② 유압에너지를 축적한다.
③ 유압펌프의 맥동을 흡수한다.
④ 릴리프밸브를 제어한다.

해설 축압기의 기능은 압력보상, 체적변화 보상, 유압에너지 축적, 유압회로 보호, 맥동감쇠, 충격압력 흡수, 일정압력 유지, 보조동력원으로 사용 등이다.

286 축압기의 종류 중 가스-오일방식에 속하지 않는 것은?

① 블래더 방식(bladder type)
② 피스톤 방식(piston type)
③ 다이어프램 방식(diaphragm type)
④ 스프링 하중방식(spring loaded type)

해설 가스-오일방식의 어큐뮬레이터에는 피스톤 방식, 다이어프램 방식, 블래더 방식이 있다.

287 기체-오일형식 어큐뮬레이터에서 주로 사용하는 가스는?

① 이산화탄소 ② 질소가스
③ 아세틸렌가스 ④ 산소

해설 가스형 축압기에는 질소가스를 주입한다.

288 유압장치에서 금속가루 또는 불순물을 제거하기 위해 사용되는 부품은?

① 필터와 스트레이너이다.
② 스크레이퍼와 필터이다.
③ 필터와 어큐뮬레이터이다.
④ 어큐뮬레이터와 스트레이너이다.

289 유압유에 포함된 불순물을 제거하기 위해 유압펌프 흡입관에 설치하는 것은?

① 부스터
② 공기청정기
③ 스트레이너
④ 어큐뮬레이터

해설 스트레이너(strainer)는 유압펌프의 흡입관에 설치하는 여과기이다.

290 유압장치에서 사용하는 오일냉각기(oil cooler)의 구비조건과 관계 없는 것은?

① 촉매작용이 없을 것
② 온도조정이 잘될 것
③ 오일 흐름에 저항이 클 것
④ 정비 및 청소하기가 편리할 것

해설 오일냉각기는 촉매작용이 없고, 온도조정이 쉽고, 정비 및 청소하기가 편리하며, 오일 흐름의 저항이 적어야 한다.

291 유압회로에서 사용하는 호스의 노화현상과 관계 없는 것은?

① 액추에이터의 작동이 원활하지 않을 경우
② 호스의 표면에 갈라짐이 발생한 경우
③ 코킹부분에서 오일이 누유되는 경우
④ 정상적인 압력상태에서 호스가 파손될 경우

해설 호스의 노화는 호스의 표면에 갈라짐이 발생한 때, 호스의 탄성이 거의 없는 상태로 굳어 있는 때, 정상적인 압력상태에서 호스가 파손될 때, 코킹부분에서 오일이 누출되는 때이다.

292 유압장치 작동 중 갑자기 유압배관에서 유압유가 분출되기 시작할 때 운전자가 취해야 할 조치는?

① 유압회로 내의 잔압을 제거한다.
② 작업을 멈추고 배터리 선을 분리한다.
③ 오일이 분출되는 호스를 분리하고 플러그를 막는다.
④ 작업장치를 지면에 내리고 기관시동을 정지한다.

해설 유압배관에서 오일이 분출되기 시작하면 가장 먼저 작업장치를 지면에 내리고 기관 시동을 정지한다.

293 유압 작동부에서 오일이 새고 있을 때 가장 먼저 점검해야 하는 부품은?

① 밸브(valve) ② 기어(gear)
③ 실(seal) ④ 플런저(plunger)

해설 유압 작동부분에서 오일이 누유되면 가장 먼저 실(seal)을 점검한다.

294 유압장치에서 피스톤 로드에 있는 먼지 또는 오염물질 등이 실린더 내로 혼입되는 것을 방지하는 부품은?

① 필터(filter)
② 실린더 커버(cylinder cover)
③ 밸브(valve)
④ 더스트 실(dust seal)

해설 더스트 실(dust seal)은 피스톤 로드에 있는 먼지 또는 오염물질 등이 실린더 내로 혼입되는 것을 방지한다.

295 유압장치에서 오일누설 시 점검사항과 관계 없는 것은?

① 유압펌프의 고정 볼트 이완 여부
② 실(seal)의 마모 여부
③ 실(seal)의 파손 여부
④ 유압유의 윤활성능

296 유압장치를 수리할 때마다 반드시 교환해야 하는 부품은?

① 터미널 피팅(terminal fitting)
② 샤프트 실(shaft seals)
③ 밸브스풀(valve spools)
④ 커플링(couplings)

Part 2

실전 모의고사

1회 실전 모의고사

01 사용 중인 작동유의 수분함유 여부를 현장에서 판정하는 것으로 가장 적합한 방법은?

① 작동유를 가열한 철판 위에 떨어뜨려 본다.
② 작동유의 냄새를 맡아본다.
③ 작동유를 시험관에 담아서 침전물을 확인한다.
④ 여과지에 약간(3~4방울)의 작동유를 떨어뜨려 본다.

02 유압계통에서 오일누설 시의 점검사항이 아닌 것은?

① 오일의 윤활성 ② 실(seal)의 파손
③ 실(seal)의 마모 ④ 볼트의 이완

03 고속도로 통행이 허용되지 않는 건설기계는?

① 콘크리트믹서트럭
② 덤프트럭
③ 지게차
④ 기중기(트럭적재식)

04 건설기계의 출장검사가 허용되는 경우가 아닌 것은?

① 너비가 2.0m 미만 건설기계
② 최고속도가 35km/h 미만인 건설기계
③ 도서지역에 있는 건설기계
④ 자체중량이 40톤을 초과하거나 축중이 10톤을 초과하는 건설기계

05 정기검사신청을 받은 검사대행자는 며칠 이내에 검사일시 및 장소를 신청인에게 통지하여야 하는가?

① 3일 ② 20일
③ 15일 ④ 5일

06 클러치의 구비조건으로 틀린 것은?

① 단속 작용이 확실하며 조작이 쉬울 것
② 회전부분의 평형이 좋을 것
③ 방열이 잘되고 과열되지 않을 것
④ 회전부분의 관성력이 클 것

07 굴착기 운전 및 작업 시 안전사항으로 옳은 것은?

① 작업의 속도를 높이기 위해 레버조작을 빨리 한다.
② 굴착기에 승·하차 시에는 굴착기에 장착된 손잡이 및 발판을 사용한다.
③ 굴착기의 무게는 무시해도 된다.
④ 작업도구나 적재물이 장애물에 걸려도 동력에 무리가 없으므로 그냥 작업한다.

08 유압회로에서 어떤 부분회로의 압력을 주회로의 압력보다 저압으로 해서 사용하고자 할 때 사용하는 밸브는?

① 릴리프밸브
② 리듀싱밸브
③ 카운터밸런스밸브
④ 체크밸브

09 베인펌프의 일반적인 특징이 아닌 것은?

① 대용량, 고속가변형에 적합하지만 수명이 짧다.
② 맥동과 소음이 적다.
③ 간단하고 성능이 좋다.
④ 소형, 경량이다.

10 기계의 회전부분(기어, 벨트, 체인)에 덮개를 설치하는 이유는?

① 좋은 품질의 제품을 얻기 위하여
② 회전부분과 신체의 접촉을 방지하기 위하여
③ 회전부분의 속도를 높이기 위하여
④ 제품의 제작과정을 숨기기 위하여

11 굴착기의 작업장치 중 콘크리트 등을 깰 때 사용되는 것으로 가장 적합한 것은?

① 파일 드라이버
② 드롭해머
③ 마그넷
④ 브레이커

12 작동유가 넓은 온도범위에서 사용되기 위한 조건으로 가장 알맞은 것은?

① 산화작용이 양호할 것
② 소포성이 좋을 것
③ 점도지수가 높을 것
④ 유성이 클 것

13 도시가스가 공급되는 지역에서 도로공사 중 그림과 같은 것이 일렬로 설치되어 있는 것이 발견되었다. 이것을 무엇이라 하는가?

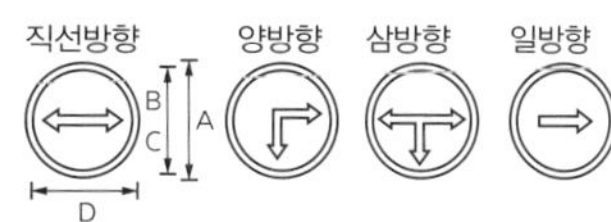

① 가스누출 검지 구멍
② 라인마크
③ 가스배관매몰 표지판
④ 보호판

14 유압식 굴착기의 주행동력으로 이용되는 것은?

① 차동장치
② 전기모터
③ 유압모터
④ 변속기 동력

15 가스 용접기에서 아세틸렌 용접장치의 방호장치는?

① 자동전격 방지기
② 안전기
③ 제동장치
④ 덮개

16 공구 사용 시 주의해야 할 사항으로 틀린 것은?

① 강한 충격을 가하지 않을 것
② 손이나 공구에 기름을 바른 다음에 작업할 것
③ 주위환경에 주의해서 작업할 것
④ 해머작업 시 보호안경을 쓸 것

17 무한궤도형 굴착기에서 캐리어 롤러에 대한 내용으로 옳은 것은?

① 캐리어 롤러는 좌우 10개로 구성되어 있다.
② 트랙의 장력을 조정한다.
③ 굴착기의 전체중량을 지지한다.
④ 트랙을 지지한다.

18 건설기계관리법령상 건설기계조종사 면허의 취소처분 기준에 해당하지 않는 것은?

① 건설기계조종사면허증을 다른 사람에게 빌려 준 경우
② 술에 취한 상태(혈중 알코올농도 0.03% 이상 0.08% 미만)에서 건설기계를 조종하다가 사고로 사람을 죽게 하거나 다치게 한 경우
③ 건설기계 조종 중에 고의 또는 과실로 가스공급시설의 기능에 장애를 입혀 가스공급을 방해한 자
④ 술에 만취한 상태(혈중 알코올농도 0.08%)에서 건설기계를 조종한 경우

19 굴착기의 상부선회체 작동유를 하부주행체로 전달하는 역할을 하고 상부선회체가 선회 중에 배관이 꼬이지 않게 하는 것은?

① 주행모터
② 선회감속장치
③ 센터조인트
④ 선회모터

20 타이어형 굴착기에서 추진축의 각도변화를 가능하게 하는 이음은?

① 등속이음
② 자재이음
③ 플랜지이음
④ 슬립이음

21 굴착기의 일상점검 정비작업 내용에 속하지 않는 것은?

① 라디에이터 냉각수량
② 분사노즐 압력
③ 엔진오일량
④ 브레이크액 수준

22 건설기계관리법상의 건설기계사업에 해당하지 않는 것은?

① 건설기계매매업
② 건설기계해체재활용업
③ 건설기계정비업
④ 건설기계제작업

23 그림과 같은 교통안전표지의 뜻은?

① 좌합류 도로가 있음을 알리는 것
② 좌로 굽은 도로가 있음을 알리는 것
③ 우합류 도로가 있음을 알리는 것
④ 철길건널목이 있음을 알리는 것

24 **무한궤도식 굴착기에서 하부주행체 동력 전달 순서로 맞는 것은?**

① 유압펌프 → 제어밸브 → 센터조인트 → 주행모터
② 유압펌프 → 제어밸브 → 주행모터 → 자재이음
③ 유압펌프 → 센터조인트 → 제어밸브 → 주행모터
④ 유압펌프 → 센터조인트 → 주행모터 → 자재이음

25 **건설기계소유자가 건설기계의 정비를 요청하여 그 정비가 완료된 후 장기간 해당 건설기계를 찾아가지 아니하는 경우, 정비사업자가 할 수 있는 조치사항은?**

① 건설기계를 말소시킬 수 있다.
② 건설기계의 보관·관리에 드는 비용을 받을 수 있다.
③ 건설기계의 폐기인수증을 발부할 수 있다.
④ 과태료를 부과할 수 있다.

26 **무한궤도형 굴착기의 주행장치에 브레이크 장치가 없는 이유는?**

① 저속으로 주행하기 때문이다.
② 트랙과 지면의 마찰이 크기 때문이다.
③ 주행제어 레버를 반대로 작용시키면 정지하기 때문이다.
④ 주행제어 레버를 중립으로 하면 주행모터의 유압유 공급 쪽과 복귀 쪽 회로가 차단되기 때문이다.

27 **도로교통법에서 정하는 주차금지 장소가 아닌 곳은?**

① 소방용 방화 물통으로부터 5m 이내인 곳
② 전신주로부터 20m 이내인 곳
③ 화재경보기로부터 3m 이내인 곳
④ 터널 안 및 다리 위

28 **자연적 재해가 아닌 것은?**

① 방화　② 홍수
③ 태풍　④ 지진

29 **굴착기 작업 시 작업 안전사항으로 틀린 것은?**

① 기중작업은 가능한 한 피하는 것이 좋다.
② 경사지 작업 시 측면절삭을 행하는 것이 좋다.
③ 타이어형 굴착기로 작업 시 안전을 위하여 아웃트리거를 받치고 작업한다.
④ 한쪽 트랙을 들 때에는 암과 붐 사이의 각도는 90~110° 범위로 해서 들어주는 것이 좋다.

30 **벨트를 풀리(pulley)에 장착 시 작업방법에 대한 설명으로 옳은 것은?**

① 중속으로 회전시키면서 건다.
② 회전을 중지시킨 후 건다.
③ 저속으로 회전시키면서 건다.
④ 고속으로 회전시키면서 건다.

31 전부장치가 부착된 무한궤도형 굴착기를 트레일러로 수송할 때 붐이 향하는 방향으로 가장 적합한 것은?

① 앞 방향
② 뒤 방향
③ 좌측 방향
④ 우측 방향

32 엔진의 부하에 따라 연료분사량을 가감하여 최고 회전속도를 제어하는 장치는?

① 분사노즐
② 토크컨버터
③ 래크와 피니언
④ 거버너

33 4행정 사이클 기관에서 주로 사용하고 있는 오일펌프는?

① 로터리펌프와 기어펌프
② 로터리펌프와 나사펌프
③ 기어펌프와 플런저펌프
④ 원심펌프와 플런저펌프

34 굴착기의 효과적인 굴착작업이 아닌 것은?

① 붐과 암의 각도를 80~110° 정도로 선정한다.
② 버킷 투스의 끝이 암(디퍼스틱)보다 안쪽으로 향해야 한다.
③ 버킷은 의도한 대로 위치하고 붐과 암을 계속 변화시키면서 굴착한다.
④ 굴착한 후 암(디퍼스틱)을 오므리면서 붐은 상승위치로 변화시켜 하역위치로 스윙한다.

35 분사펌프로부터 보내진 고압의 연료를 미세한 안개모양으로 연소실에 분사하는 부품은?

① 커먼레일
② 분사펌프
③ 공급펌프
④ 분사노즐

36 깎기 작업 시 안전준수사항으로 잘못된 것은?

① 상부에서 붕괴낙하 위험이 있는 장소에서 작업은 금지한다.
② 상·하부 동시작업으로 작업능률을 높인다.
③ 굴착 면이 높은 경우에는 계단식으로 굴착한다.
④ 부석이나 붕괴되기 쉬운 지반은 적절한 보강을 한다.

37 연료장치에서 희박한 혼합비가 기관에 미치는 영향으로 옳은 것은?

① 저속 및 공전이 원활하다.
② 연소속도가 빠르다.
③ 출력(동력)의 감소를 가져온다.
④ 시동이 쉬워진다.

38 디젤기관의 배출물로 규제 대상은?

① 일산화탄소
② 매연
③ 탄화수소
④ 공기과잉율(λ)

39 굴착기로 작업할 때 안전한 작업방법에 관한 사항들이다. 가장 적절하지 않는 것은?

① 작업 후에는 암과 버킷 실린더 로드를 최대로 줄이고 버킷을 지면에 내려놓을 것
② 토사를 굴착하면서 스윙하지 말 것
③ 암석을 옮길 때는 버킷으로 밀어내지 말 것
④ 버킷을 들어 올린 채로 브레이크를 걸어두지 말 것

40 굴착기에 사용되는 12볼트(V) 80암페어(A) 축전지 2개를 직렬연결하면 전압과 전류는?

① 24볼트(V) 160암페어(A)가 된다.
② 12볼트(V) 160암페어(A)가 된다.
③ 24볼트(V) 80암페어(A)가 된다.
④ 12볼트(V) 80암페어(A)가 된다.

41 디젤기관의 연소실 중 연료소비율이 낮으며 연소압력이 가장 높은 연소실 형식은?

① 예연소실식
② 공기실식
③ 직접분사실식
④ 와류실식

42 예열장치의 설치 목적으로 옳은 것은?

① 연료를 압축하여 분무성능을 향상시키기 위함이다.
② 냉간시동 시 시동을 원활히 하기 위함이다.
③ 연료분사량을 조절하기 위함이다.
④ 냉각수의 온도를 조절하기 위함이다.

43 축전지의 자기방전 원인에 대한 설명으로 틀린 것은?

① 전해액 중에 불순물이 혼입되었다.
② 축전지 케이스의 표면에서는 전기누설이 없다.
③ 이탈된 작용물질이 극판의 아랫부분에 퇴적되었다.
④ 축전지의 구조상 부득이하다.

44 안전·보건표지에서 안내표지의 바탕색은?

① 백색　② 적색
③ 흑색　④ 녹색

45 굴착공사 시 도시가스배관의 안전조치와 관련된 사항 중 다음 (　　)에 적합한 것은?

> **보기**
> 도시가스사업자는 굴착예정 지역의 매설배관 위치를 굴착공사자에게 알려주어야 하며, 굴착공사자는 매설배관 위치를 매설배관 (ⓐ)의 지면에 (ⓑ) 페인트로 표시할 것

① ⓐ 우측부 ⓑ 황색
② ⓐ 직하부 ⓑ 황색
③ ⓐ 좌측부 ⓑ 적색
④ ⓐ 직상부 ⓑ 황색

46 유압기기 속에 혼입되어 있는 불순물을 제거하기 위해 사용되는 것은?

① 패킹
② 릴리프밸브
③ 배수기
④ 스트레이너

47 유압모터의 일반적인 특징으로 가장 적합한 것은?

① 넓은 범위의 무단변속이 용이하다.
② 직선운동 시 속도조절이 용이하다.
③ 각도에 제한 없이 왕복 각운동을 한다.
④ 운동량을 자동으로 직선 조작할 수 있다.

48 건설기계의 범위에 속하지 않는 것은?

① 공기토출량이 매분당 2.83세제곱미터 이상의 이동식인 공기압축기
② 노상안정장치를 가진 자주식인 노상안정기
③ 정지장치를 가진 자주식인 모터그레이더
④ 전동식 솔리드 타이어를 부착한 것 중 도로가 아닌 장소에서만 운행하는 지게차

49 도로교통법에 의한 통고처분의 수령을 거부하거나 범칙금을 기간 안에 납부하지 못한 자는 어떻게 처리되는가?

① 면허증이 취소된다.
② 즉결심판에 회부된다.
③ 연기신청을 한다.
④ 면허의 효력이 정지된다.

50 작업 시 일반적인 안전에 대한 설명으로 틀린 것은?

① 회전되는 물체에 손을 대지 않는다.
② 건설기계는 취급자가 아니어도 사용한다.
③ 건설기계는 사용 전에 점검한다.
④ 건설기계의 사용법은 사전에 숙지한다.

51 무한궤도식 굴착기에서 주행 불량 현상의 원인이 아닌 것은?

① 트랙에 오일이 묻었을 때
② 스프로킷이 손상되었을 때
③ 한쪽 주행모터의 브레이크 작동이 불량할 때
④ 유압펌프의 토출유량이 부족할 때

52 유압실린더의 종류에 해당하지 않는 것은?

① 복동실린더 더블로드형
② 복동실린더 싱글로드형
③ 단동실린더 램형
④ 단동실린더 배플형

53 타이어식 굴착기로 길고 급한 경사 길을 운전할 때 반 브레이크를 오래 사용하면 어떤 현상이 생기는가?

① 라이닝은 페이드, 파이프는 스팀록
② 파이프는 증기폐쇄, 라이닝은 스팀록
③ 라이닝은 페이드, 파이프는 베이퍼록
④ 파이프는 스팀록, 라이닝은 베이퍼록

54 그림에서 체크밸브를 나타낸 것은?

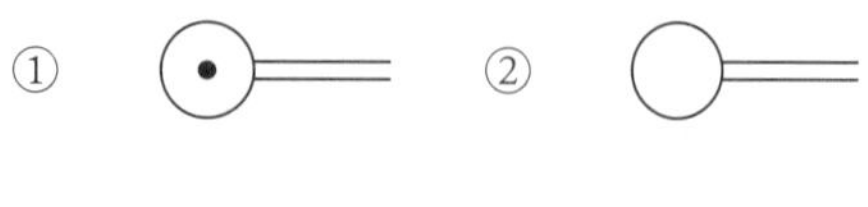

55 굴착기로 작업할 때 주의사항으로 틀린 것은?

① 땅을 깊이 팔 때는 붐의 호스나 버킷 실린더의 호스가 지면에 닿지 않도록 한다.
② 암석, 토사 등을 평탄하게 고를 때는 선회관성을 이용하면 능률적이다.
③ 암 레버의 조작 시 잠깐 멈췄다가 움직이는 것은 유압펌프의 토출유량이 부족하기 때문이다.
④ 작업 시는 실린더의 행정 끝에서 약간 여유를 남기도록 운전한다.

56 유압회로에서 속도제어회로에 속하지 않는 것은?

① 시퀀스 회로
② 미터-인 회로
③ 블리드 오프 회로
④ 미터-아웃 회로

57 현재 한국전력에서 운용하고 있는 송전선로 종류가 아닌 것은?

① 345kV 선로
② 765kV 선로
③ 154kV 선로
④ 22.9kV 선로

58 무한궤도식 굴착기의 상부회전체가 하부주행체에 대한 역위치에 있을 때 좌측 주행레버를 당기면 차체가 어떻게 회전되는가?

① 좌향 스핀회전
② 우향 스핀회전
③ 좌향 피벗회전
④ 우향 피벗회전

59 굴착기 운전 시 작업안전사항으로 적합하지 않은 것은?

① 스윙하면서 버킷으로 암석을 부딪쳐 파쇄하는 작업을 하지 않는다.
② 안전한 작업 반경을 초과해서 하중을 이동시킨다.
③ 굴삭하면서 주행하지 않는다.
④ 작업을 중지할 때는 파낸 모서리로부터 굴착기를 이동시킨다.

60 방향지시등 스위치 작동 시 한쪽은 정상이고, 다른 한쪽은 점멸작용이 정상과 다르게(빠르게, 느리게, 작동불량) 작용할 때, 고장 원인으로 가장 거리가 먼 것은?

① 플래셔 유닛이 고장 났을 때
② 한쪽 전구소켓에 녹이 발생하여 전압강하가 있을 때
③ 전구 1개가 단선되었을 때
④ 한쪽 램프 교체 시 규정용량의 전구를 사용하지 않았을 때

2회 실전 모의고사

01 유압모터의 속도를 감속하는 데 사용하는 밸브는?

① 체크밸브
② 디셀러레이션 밸브
③ 변환밸브
④ 압력스위치

02 유압장치 내에 국부적인 높은 압력과 소음, 진동이 발생하는 현상은?

① 필터링
② 오버 랩
③ 캐비테이션
④ 하이드로 로킹

03 연삭 칩의 비산을 막기 위하여 연삭기에 부착하여야 하는 안전방호 장치는?

① 안전덮개
② 광전식 안전 방호장치
③ 급정지 장치
④ 양수조작식 방호장치

04 사고를 많이 발생시키는 원인 순서로 나열한 것은?

① 불안전행위 → 불가항력 → 불안전조건
② 불안전조건 → 불안전행위 → 불가항력
③ 불안전행위 → 불안전조건 → 불가항력
④ 불가항력 → 불안전조건 → 불안전행위

05 굴착기로 작업할 때 주의사항으로 틀린 것은?

① 땅을 깊이 팔 때는 붐의 호스나 버킷 실린더의 호스가 지면에 닿지 않도록 한다.
② 암석, 토사 등을 평탄하게 고를 때는 선회관성을 이용하면 능률적이다.
③ 암 레버의 조작 시 잠깐 멈췄다가 움직이는 것은 유압펌프의 토출유량이 부족하기 때문이다.
④ 작업 시는 유압 실린더의 행정 끝에서 약간 여유를 남기도록 운전한다.

06 기계 및 기계장치 취급 시 사고 발생 원인이 아닌 것은?

① 불량한 공구를 사용할 때
② 안전장치 및 보호 장치가 잘되어 있지 않을 때
③ 정리 정돈 및 조명장치가 잘되어 있지 않을 때
④ 기계 및 기계장치가 넓은 장소에 설치되어 있을 때

07 굴착기 운전 시 작업안전사항으로 적합하지 않은 것은?

① 스윙하면서 버킷으로 암석을 부딪쳐 파쇄하는 작업을 하지 않는다.
② 안전한 작업 반경을 초과해서 하중을 이동시킨다.
③ 굴착하면서 주행하지 않는다.
④ 작업을 중지할 때는 파낸 모서리로부터 굴착기를 이동시킨다.

08 화재를 분류하는 표시 중 유류화재를 나타내는 것은?

① A급 ② B급
③ C급 ④ D급

09 작업장에서 작업복을 착용하는 주된 이유는?

① 작업속도를 높이기 위해서
② 작업자의 복장 통일을 위해서
③ 작업장의 질서를 확립시키기 위해서
④ 재해로부터 작업자의 몸을 보호하기 위해서

10 굴착기로 작업할 때 안전한 작업방법에 관한 사항들이다. 가장 적절하지 않은 것은?

① 작업 후에는 암과 버킷실린더 로드를 최대로 줄이고 버킷을 지면에 내려놓을 것
② 토사를 굴착하면서 스윙하지 말 것
③ 암석을 옮길 때는 버킷으로 밀어내지 말 것
④ 버킷을 들어 올린 채로 브레이크를 걸어두지 말 것

11 정비공장의 정리·정돈 시 안전수칙으로 틀린 것은?

① 소화기구 부근에 장비를 세워두지 말 것
② 바닥에 먼지가 나지 않도록 물을 뿌릴 것
③ 잭 사용 시 반드시 안전작동으로 2중 안전장치를 할 것
④ 사용이 끝난 공구는 즉시 정리하여 공구상자 등에 보관할 것

12 굴착을 깊게 하여야 하는 작업 시 안전준수사항으로 가장 거리가 먼 것은?

① 여러 단계로 나누지 않고, 한 번에 굴착한다.
② 작업은 가능한 숙련자가 하고, 작업안전책임자가 있어야 한다.
③ 작업장소의 조명 및 위험요소의 유무 등에 대하여 점검하여야 한다.
④ 산소결핍의 위험이 있는 경우는 안전담당자에게 산소농도 측정 및 기록을 하게 한다.

13 도로굴착자는 되메움 공사완료 후 도시가스배관 손상방지를 위하여 최소한 몇 개월 이상 지반침하 유무를 확인하여야 하는가?

① 1개월 ② 2개월
③ 3개월 ④ 4개월

14 타이어식 굴착기의 휠 얼라인먼트에서 토인의 필요성이 아닌 것은?

① 조향바퀴의 방향성을 준다.
② 타이어 이상마멸을 방지한다.
③ 조향바퀴를 평행하게 회전시킨다.
④ 바퀴가 옆 방향으로 미끄러지는 것을 방지한다.

15 브레이크에 페이드 현상이 일어났을 때의 조치방법으로 적절한 것은?

① 브레이크 페달을 자주 밟아 열을 발생시킨다.
② 속도를 조금 올려준다.
③ 작동을 멈추고 열이 식도록 한다.
④ 주차 브레이크를 대신 사용한다.

16 트랙형 굴착기에 설치된 롤러에 대한 설명으로 틀린 것은?

① 상부롤러는 일반적으로 1~2개가 설치되어 있다.
② 하부롤러는 트랙프레임의 한쪽 아래에 3~7개가 설치되어 있다.
③ 상부롤러는 스프로켓과 프런트 아이들러 사이에 트랙이 처지는 것을 방지한다.
④ 하부롤러는 트랙의 마모를 방지해 준다.

17 굴착기 작업 시 작업안전사항으로 틀린 것은?

① 기중작업은 가능한 한 피하는 것이 좋다.
② 경사지 작업 시 측면절삭을 행하는 것이 좋다.
③ 타이어형 굴착기로 작업 시 안전을 위하여 아웃트리거를 받치고 작업한다.
④ 한쪽 트랙을 들 때에는 암과 붐 사이의 각도는 90~110° 범위로 해서 들어주는 것이 좋다.

18 크롤러형 굴착기가 진흙에 빠져서, 자력으로는 탈출이 거의 불가능하게 된 상태의 경우 견인방법으로 가장 적당한 것은?

① 버킷으로 지면을 걸고 나온다.
② 두 대의 굴착기 버킷을 서로 걸고 견인한다.
③ 전부장치로 잭업 시킨 후, 후진으로 밀면서 나온다.
④ 하부기구 본체에 와이어로프를 걸고 크레인으로 당길 때 굴착기는 주행레버를 견인방향으로 밀면서 나온다.

19 유압 굴착기의 시동 전에 이뤄져야 하는 외관 점검사항이 아닌 것은?

① 고압호스 및 파이프 연결부 손상 여부
② 각종 오일의 누유 여부
③ 각종 볼트, 너트의 체결 상태
④ 유압유 탱크의 필터의 오염 상태

20 전부장치가 부착된 굴착기를 트레일러로 수송할 때 붐이 향하는 방향으로 가장 적합한 것은?

① 앞 방향 ② 뒤 방향
③ 좌측 방향 ④ 우측 방향

21 굴착기의 효과적인 굴착작업이 아닌 것은?

① 붐과 암의 각도를 80~110° 정도로 선정한다.
② 버킷 투스의 끝이 암(디퍼스틱)보다 안쪽으로 향해야 한다.
③ 버킷은 의도한 대로 위치하고 붐과 암을 계속 변화시키면서 굴착한다.
④ 굴착한 후 암(디퍼스틱)을 오므리면서 붐은 상승위치로 변화시켜 하역위치로 스윙한다.

22 유압 오일실의 종류 중 O-링이 갖추어야 할 조건은?

① 작동 시 마모가 클 것
② 체결력(죄는 힘)이 작을 것
③ 탄성이 양호하고 압축변형이 적을 것
④ 오일누설이 클 것

23 굴착기에서 그리스를 주입하지 않아도 되는 곳은?

① 버킷 핀　② 링키지
③ 트랙 슈　④ 선회 베어링

24 건설기계 등록신청은 관련법상 건설기계를 취득한 날로부터 얼마의 기간 이내에 하여야 하는가?

① 7일　② 15일
③ 1월　④ 2월

25 그림의 유압기호는 무엇을 표시하는가?

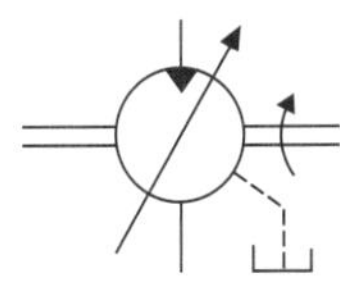

① 가변유압모터
② 유압펌프
③ 가변 토출밸브
④ 가변 흡입밸브

26 전력케이블의 매설깊이로 적정한 것은?

① 차도 및 중량물의 영향을 받을 우려가 없는 경우 0.3m 이상
② 차도 및 중량물의 영향을 받을 우려가 없는 경우 0.6m 이상
③ 차도 및 중량물의 영향을 받을 우려가 있는 경우 0.3m 이상
④ 차도 및 중량물의 영향을 받을 우려가 있는 경우 0.6m 이상

27 방향전환밸브 중 4포트 3위치 밸브에 대한 설명으로 틀린 것은?

① 직선형 스풀밸브이다.
② 스풀의 전환위치가 3개이다.
③ 밸브와 주배관이 접속하는 접속구는 3개이다.
④ 중립위치를 제외한 양끝 위치에서 4포트 2위치 밸브와 같은 기능을 한다.

28 볼트나 너트를 조이고 풀 때의 사항으로 틀린 것은?

① 볼트와 너트는 규정토크로 조인다.
② 토크렌치는 볼트를 풀 때만 사용한다.
③ 한 번에 조이지 말고 2~3회 나누어 조인다.
④ 규정된 공구를 사용하여 풀고 조이도록 한다.

29 무한궤도식 굴착기의 환향은 무엇에 의하여 작동되는가?

① 주행펌프　② 스티어링 휠
③ 스로틀 레버　④ 주행모터

30 굴착기에서 사용되는 전기장치에서 과전류에 의한 화재예방을 위해 사용하는 부품은?

① 콘덴서　② 저항기
③ 퓨즈　④ 전파방지기

31 작업별 안전보호구의 착용이 잘못 연결된 것은?

① 그라인딩 작업 - 보안경
② 10m 높이에서의 작업 - 안전벨트
③ 산소 결핍장소에서의 작업 - 공기마스크
④ 아크용접 작업 - 도수가 있는 렌즈안경

32 굴착기에 아워미터(시간계) 설치 목적이 아닌 것은?

① 가동시간에 맞추어 예방정비를 한다.
② 가동시간에 맞추어 오일을 교환한다.
③ 각 부위 주유를 정기적으로 하기 위해 설치되어 있다.
④ 하차만료 시간을 체크하기 위하여 설치되어 있다.

33 교통정리가 행하여지고 있지 않은 교차로에서 차량이 동시에 교차로에 진입한 때의 우선순위로 옳은 것은?

① 소형 차량이 우선한다.
② 우측도로의 차가 우선한다.
③ 좌측도로의 차가 우선한다.
④ 중량이 큰 차량이 우선한다.

34 자동변속기가 장착된 굴착기의 주차 시 관련사항으로 틀린 것은?

① 평탄한 장소에 주차시킨다.
② 시동스위치의 키를 "ON"에 놓는다.
③ 전·후진레버를 중립위치로 한다.
④ 주차 브레이크를 작동하여 굴착기가 움직이지 않게 한다.

35 디젤기관에서 노킹을 일으키는 원인으로 옳은 것은?

① 흡입공기의 온도가 높을 때
② 착화지연기간이 짧을 때
③ 연료에 공기가 혼입되었을 때
④ 연소실에 누적된 연료가 많아 일시에 연소할 때

36 무한궤도식 굴착기의 유압식 하부추진체 동력전달 순서로 맞는 것은?

① 엔진 → 제어밸브 → 센터조인트 → 유압펌프 → 주행모터 → 트랙
② 엔진 → 제어밸브 → 센터조인트 → 주행모터 → 유압펌프 → 트랙
③ 엔진 → 센터조인트 → 유압펌프 → 제어밸브 → 주행모터 → 트랙
④ 엔진 → 유압펌프 → 제어밸브 → 센터조인트 → 주행모터 → 트랙

37 납산축전지의 용량에 영향을 미치는 것이 아닌 것은?

① 방전율과 극판의 크기
② 셀 기둥단자의 [+], [-] 표시
③ 전해액의 비중
④ 극판의 크기, 극판의 수

38 굴착기의 조종레버 중 굴착작업과 직접 관계가 없는 것은?

① 버킷 제어레버
② 붐 제어레버
③ 암(스틱) 제어레버
④ 스윙 제어레버

39 굴착기 작업 중 엔진 온도가 급상승 하였을 때 가장 먼저 점검하여야 할 것은?

① 윤활유 점도지수 점검
② 고부하 작업
③ 장기간 작업
④ 냉각수 양 점검

40 기어펌프(gear pump)에 대한 설명으로 모두 옳은 것은?

> 보기
> A. 정용량형이다.
> B. 가변용량형이다.
> C. 제작이 용이하다.
> D. 다른 펌프에 비해 소음이 크다.

① A, B, C ② A, B, D
③ B, C, D ④ A, C, D

41 기관의 실린더 수가 많은 경우 장점이 아닌 것은?

① 회전력의 변동이 적다.
② 흡입공기의 분배가 간단하고 쉽다.
③ 회전의 응답성이 양호하다.
④ 소음이 감소된다.

42 그림의 교통안전표지로 옳은 것은?

① 우로 이중 굽은 도로
② 좌우로 이중 굽은 도로
③ 좌로 굽은 도로
④ 회전형 교차로

43 기관의 냉각장치에 해당하지 않는 부품은?

① 수온조절기
② 릴리프밸브
③ 방열기
④ 냉각팬 및 벨트

44 도로교통법상에서 교통안전표지의 구분이 옳은 것은?

① 주의표지, 통행표지, 규제표지, 지시표지, 차선표지
② 주의표지, 규제표지, 지시표지, 보조표지, 노면표시
③ 도로표지, 주의표지, 규제표지, 지시표지, 노면표시
④ 주의표지, 규제표지, 지시표지, 차선표지, 도로표지

45 타이어식 굴착기의 액슬 허브에 오일을 교환하고자 한다. 오일을 배출시킬 때와 주입할 때의 플러그 위치로 옳은 것은?

① 배출시킬 때 1시 방향, 주입할 때 9시 방향
② 배출시킬 때 6시 방향, 주입할 때 9시 방향
③ 배출시킬 때 3시 방향, 주입할 때 9시 방향
④ 배출시킬 때 2시 방향, 주입할 때 12시 방향

46 디젤기관 연료라인에 공기빼기를 하여야 하는 경우가 아닌 것은?

① 예열이 안 되어 예열플러그를 교환한 경우
② 연료호스나 파이프 등을 교환한 경우
③ 연료탱크 내의 연료가 결핍되어 보충한 경우
④ 연료필터의 교환, 분사펌프를 탈·부착한 경우

47 굴착기 하부추진체와 트랙의 점검항목 및 조치사항을 열거한 것 중 틀린 것은?

① 구동 스프로킷의 마멸한계를 초과하면 교환한다.
② 각부 롤러의 이상상태 및 리닝장치의 기능을 점검한다.
③ 트랙 링크의 장력을 규정값으로 조정한다.
④ 리코일 스프링의 손상 등 상·하부롤러 균열 및 마멸 등이 있으면 교환한다.

48 실린더 헤드와 블록 사이에 삽입하여 압축과 폭발가스의 기밀을 유지하고 냉각수와 엔진오일이 누출되는 것을 방지하는 역할을 하는 것은?

① 헤드 워터재킷
② 헤드 오일 통로
③ 헤드 개스킷
④ 헤드 볼트

49 크롤러형 굴착기(유압식)의 센터조인트에 관한 설명으로 적합하지 않은 것은?

① 상부회전체의 회전중심부에 설치되어 있다.
② 상부회전체의 오일을 주행모터에 전달한다.
③ 상부회전체가 롤링작용을 할 수 있도록 설치되어 있다.
④ 상부회전체가 회전하더라도 호스, 파이프 등이 꼬이지 않고 원활히 송유하는 기능을 한다.

50 교류발전기의 다이오드 역할로 옳은 것은?

① 전압조정 ② 자장형성
③ 전류생성 ④ 정류작용

51 건설기계의 범위에 속하지 않는 것은?

① 노상안정장치를 가진 자주식인 노상안정기
② 정지장치를 갖고 자주식인 모터그레이더
③ 공기토출량이 매분당 2.83세제곱미터 이상의 이동식인 공기압축기(매제곱 센티미터당 7킬로그램 기준)
④ 펌프식, 포크식, 디퍼식 또는 그래브식으로 자항식인 준설선

52 굴착기에서 사용하는 기동전동기의 주요 부품으로 틀린 것은?

① 전기자(아마추어)
② 계자코일 및 계자철심
③ 방열판(히트싱크)
④ 브러시 및 브러시 홀더

53 성능이 불량하거나 사고가 자주 발생하는 건설기계의 안전성 등을 점검하기 위해 실시하는 검사와 건설기계 소유자의 신청을 받아 실시하는 검사는?

① 예비검사　② 구조변경검사
③ 수시검사　④ 정기검사

54 주행 중 앞지르기 금지장소가 아닌 것은?

① 교차로
② 터널 안
③ 버스정류장 부근
④ 다리 위

55 2개 이상의 분기회로에서 유압실린더나 모터의 작동순서를 결정하는 밸브는?

① 리듀싱밸브
② 릴리프밸브
③ 시퀀스 밸브
④ 파일럿 체크밸브

56 도로교통법상 주차금지 장소가 아닌 곳은?

① 화재경보기로부터 5m 지점
② 터널 안
③ 다리 위
④ 소방용 방화 물통으로부터 5m 지점

57 어큐뮬레이터(축압기)의 용도에 해당하지 않는 것은?

① 오일누설 억제
② 회로 내의 압력보상
③ 충격압력의 흡수
④ 유압펌프의 맥동감소

58 건설기계 등록신청 시 첨부하지 않아도 되는 서류는?

① 호적등본
② 건설기계 소유자임을 증명하는 서류
③ 건설기계 제작증
④ 건설기계 제원표

59 압력의 단위가 아닌 것은?

① bar　② kgf/cm^2
③ N·m　④ KPa

60 대형건설기계의 경고표지판 부착위치는?

① 작업인부가 쉽게 볼 수 있는 곳
② 조종실 내부의 조종사가 보기 쉬운 곳
③ 교통경찰이 쉽게 볼 수 있는 곳
④ 특별 번호판 옆

3회 실전 모의고사

01 전기용접 작업 시 보안경을 사용하는 이유로 가장 적절한 것은?

① 유해광선으로부터 눈을 보호하기 위하여
② 유해약물로부터 눈을 보호하기 위하여
③ 중량물의 추락 시 머리를 보호하기 위하여
④ 분진으로부터 눈을 보호하기 위하여

02 보기에서 유압유의 구비조건으로 모두 옳은 것은?

보기
A. 압축성이 작을 것 B. 밀도가 작을 것 C. 열팽창 계수가 작을 것 D. 체적탄성계수가 작을 것 E. 점도지수가 낮을 것 F. 발화점이 높을 것

① A, B, C, D　　② B, C, E, F
③ B, C, D, F　　④ A, B, C, F

03 타이어식 굴착기의 액슬 허브에 오일을 교환하고자 한다. 오일을 배출시킬 때와 주입할 때의 플러그 위치로 옳은 것은?

① 배출시킬 때 1시 방향, 주입할 때 9시 방향
② 배출시킬 때 6시 방향, 주입할 때 9시 방향
③ 배출시킬 때 3시 방향, 주입할 때 9시 방향
④ 배출시킬 때 2시 방향, 주입할 때 12시 방향

04 하인리히의 사고예방원리 5단계를 순서대로 나열한 것은?

① 시정책의 적용 → 조직 → 사실의 발견 → 평가분석 → 시정책의 선정
② 시정책의 선정 → 시정책의 적용 → 조직 → 사실의 발견 → 평가분석
③ 조직 → 사실의 발견 → 평가분석 → 시정책의 선정 → 시정책의 적용
④ 사실의 발견 → 평가분석 → 시정책의 선정 → 시정책의 적용 → 조직

05 굴착기에 연결할 수 없는 작업장치는 무엇인가?

① 어스오거　　② 셔블
③ 드래그라인　　④ 파일 드라이브

06 유류화재 시 소화기 이외의 소화재료로 가장 적당한 것은?

① 모래　　② 시멘트
③ 진흙　　④ 물

07 굴착기의 주행 형식별 분류에서 접지면적이 크고 접지압력이 작아 사지나 습지와 같이 위험한 지역에서 작업이 가능한 형식으로 적당한 것은?

① 트럭 탑재식　　② 무한궤도식
③ 반 정치식　　④ 타이어식

8 지하에 매설된 도시가스 배관의 최고 사용압력이 저압인 경우 배관의 표면색은?

① 적색 ② 갈색
③ 황색 ④ 회색

9 크롤러형 굴착기에서 하부추진체의 동력 전달순서로 옳은 것은?

① 기관 → 트랙 → 유압모터 → 변속기 → 토크컨버터
② 기관 → 토크컨버터 → 변속기 → 트랙 → 클러치
③ 기관 → 유압펌프 → 컨트롤밸브 → 주행모터 → 트랙
④ 기관 → 트랙 → 스프로킷 → 변속기 → 클러치

10 그림과 같이 시가지에 있는 배전선로 "A"에는 일반적으로 몇 [V]의 전압이 인가되고 있는가?

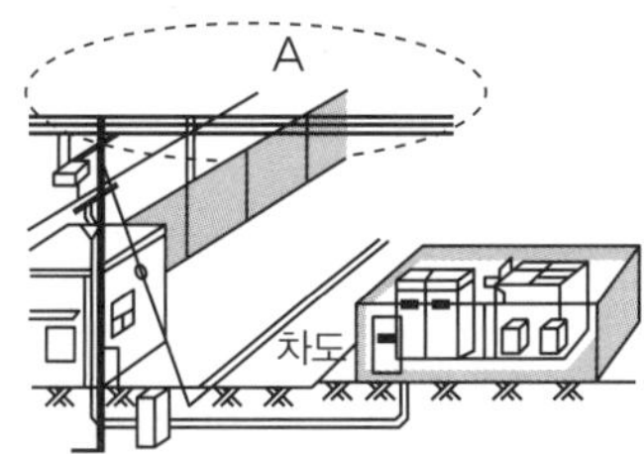

① 110V ② 220V
③ 440V ④ 22,900V

11 타이어형 굴착기의 조향장치의 특성에 관한 설명 중 틀린 것은?

① 조향 조작이 경쾌하고 자유로울 것
② 회전반경이 되도록 클 것
③ 타이어 및 조향장치의 내구성이 클 것
④ 노면으로부터의 충격이나 원심력 등의 영향을 받지 않을 것

12 무한궤도식 굴착기의 부품이 아닌 것은?

① 유압펌프 ② 오일 쿨러
③ 자재이음 ④ 주행모터

13 중량물 운반에 대한 설명으로 틀린 것은?

① 무거운 물건을 운반할 경우 주위사람에게 인지하게 한다.
② 무거운 물건을 상승시킨 채 오랫동안 방치하지 않는다.
③ 규정 용량을 초과해서 운반하지 않는다.
④ 흔들리는 중량물은 사람이 붙잡아서 이동한다.

14 무한궤도식 굴착기에서 주행 충격이 클 때 트랙의 조정방법 중 틀린 것은?

① 브레이크가 있는 경우에는 브레이크를 사용해서는 안 된다.
② 장력은 일반적으로 25~40cm이다.
③ 2~3회 반복 조정하여 양쪽 트랙의 유격을 똑같이 조정하여야 한다.
④ 전진하다가 정지시켜야 한다.

15 동력전달장치에서 토크컨버터에 대한 설명으로 틀린 것은?

① 기계적인 충격을 흡수하여 엔진의 수명을 연장한다.
② 조작이 용이하고 엔진에 무리가 없다.
③ 부하에 따라 자동적으로 변속한다.
④ 일정 이상의 과부하가 걸리면 엔진이 정지한다.

16 굴착기 버킷 투스(포인트)의 사용 및 정비 방법으로 옳은 것은?

① 샤프형은 암석, 자갈 등의 굴착 및 적재작업에 사용한다.
② 로크형은 점토, 석탄 등을 잘라낼 때 사용한다.
③ 핀과 고무 등은 가능한 한 그대로 사용한다.
④ 마모상태에 따라 안쪽과 바깥쪽의 포인트를 바꿔 끼워가며 사용한다.

17 스패너를 사용할 때 올바른 것은?

① 스패너 입이 너트의 치수보다 큰 것을 사용해야 한다.
② 스패너를 해머로 사용한다.
③ 너트를 스패너에 깊이 물리고 조금씩 앞으로 당기는 방식으로 풀고 조인다.
④ 너트에 스패너를 깊이 물리고 조금씩 밀면서 풀고 조인다.

18 내리막길에서 제동장치를 자주 사용 시 브레이크 오일이 비등하여 송유압력의 전달 작용이 불가능하게 되는 현상은?

① 페이드 현상
② 베이퍼 록 현상
③ 사이클링 현상
④ 브레이크 록 현상

19 굴착기로 넓은 홈의 굴착작업 시 알맞은 굴착순서는?

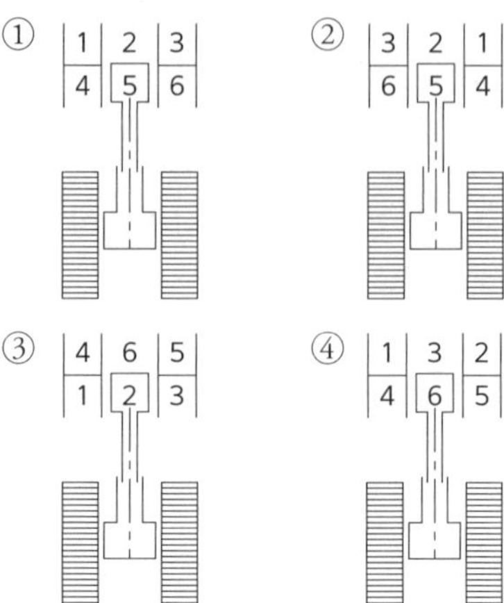

20 굴착기의 붐의 작동이 느린 이유가 아닌 것은?

① 작동유에 이물질 혼입
② 작동유의 압력 저하
③ 작동유의 압력 과다
④ 작동유의 압력 부족

21 산업재해의 분류에서 사람이 평면상으로 넘어졌을 때(미끄러짐 포함)를 말하는 것은?

① 낙하 ② 충돌
③ 전도 ④ 추락

22 굴착기의 작업장치 연결부(작동부) 니플에 주유하는 것은?

① 그리스 ② 엔진오일
③ 기어오일 ④ 유압유

23 차마 서로 간의 통행 우선순위로 바르게 연결된 것은?

① 긴급자동차 → 긴급자동차 외의 자동차 → 자동차 및 원동기장치자전거 외의 차마 → 원동기장치자전거
② 긴급자동차 외의 자동차 → 긴급자동차 → 자동차 및 원동기장치자전거 외의 차마 → 원동기장치자전거
③ 긴급자동차 외의 자동차 → 긴급자동차 → 원동기장치자전거 → 자동차 및 원동기장치자전거 외의 차마
④ 긴급자동차 → 긴급자동차 외의 자동차 → 원동기장치자전거 → 자동차 및 원동기장치자전거 외의 차마

24 굴착기를 트레일러에 상차하는 방법에 대한 것으로 가장 적합하지 않은 것은?

① 가급적 경사대를 사용한다.
② 트레일러로 운반 시 작업장치를 반드시 앞쪽으로 한다.
③ 경사대는 10~15° 정도 경사시키는 것이 좋다.
④ 붐을 이용하여 버킷으로 차체를 들어 올려 탑재하는 방법도 이용되지만 전복의 위험이 있어 특히 주의를 요하는 방법이다.

25 왕복형 엔진에서 상사점과 하사점까지의 거리는?

① 사이클 ② 과급
③ 행정 ④ 소기

26 굴착기로 작업할 때 안전한 작업방법에 관한 사항들이다. 가장 적절하지 않은 것은?

① 암석을 옮길 때는 버킷으로 밀어내지 말 것
② 버킷을 들어 올린 채로 브레이크를 걸어두지 말 것
③ 작업 후에는 암과 버킷실린더 로드를 최대로 줄이고 버킷을 지면에 내려놓을 것
④ 토사를 굴착하면서 스윙하지 말 것

27 굴착기를 작업한 후 탱크에 연료를 가득 채워주는 이유가 아닌 것은?

① 연료의 기포 방지를 위해서
② 내일의 작업을 위해서
③ 연료탱크에 수분이 생기는 것을 방지하기 위해서
④ 연료의 압력을 높이기 위해서

28 축전지의 용량만을 크게 하는 방법으로 옳은 것은?

① 직렬연결법
② 병렬연결법
③ 직·병렬 연결법
④ 논리회로 연결법

29 굴착기의 조종레버 중 굴삭작업과 직접 관계가 없는 것은?

① 버킷 제어레버
② 붐 제어레버
③ 암(스틱) 제어레버
④ 스윙 제어레버

30 라이너식 실린더에 비교한 일체식 실린더의 특징 중 옳지 않은 것은?

① 냉각수 누출우려가 적다.
② 라이너 형식보다 내마모성이 높다.
③ 부품수가 적고 중량이 가볍다.
④ 강성 및 강도가 크다.

31 굴착기 버킷용량 표시로 옳은 것은?

① in^2 ② yd^2
③ m^2 ④ m^3

32 건설기계관리법령상 자동차손해배상보장법에 따른 자동차보험에 반드시 가입하여야 하는 건설기계가 아닌 것은?

① 타이어식 지게차
② 타이어식 굴착기
③ 타이어식 기중기
④ 덤프트럭

33 기관을 시동하여 공전 시에 점검할 사항이 아닌 것은?

① 기관의 팬벨트 장력 점검
② 오일의 누출여부 점검
③ 냉각수의 누출여부 점검
④ 배기가스의 색깔 점검

34 유압모터를 이용한 스크루로 구멍을 뚫고 전신주 등을 박는 작업에 사용되는 굴착기 작업장치는?

① 그래플(grapple)
② 브레이커(breaker)
③ 오거(auger)
④ 리퍼(ripper)

35 엔진오일에 대한 설명으로 옳은 것은?

① 엔진을 시동한 상태에서 점검한다.
② 겨울보다 여름에 점도가 높은 오일을 사용한다.
③ 엔진오일에는 거품이 많이 들어있는 것이 좋다.
④ 엔진오일 순환상태는 오일레벨게이지로 확인한다.

36 기동전동기가 저속으로 회전할 때의 고장 원인으로 틀린 것은?

① 전기자 또는 정류자에서의 단락
② 경음기의 단선
③ 전기자 코일의 단선
④ 배터리의 방전

37 디젤기관에서 노킹의 원인이 아닌 것은?

① 연료의 세탄가가 높을 때
② 연료의 분사압력이 낮을 때
③ 연소실의 온도가 낮을 때
④ 착화지연시간이 길 때

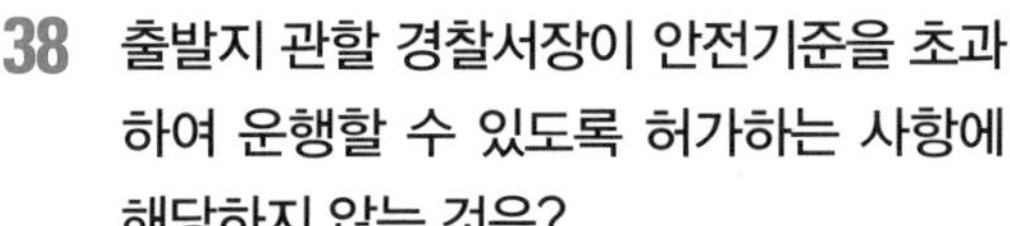

38 출발지 관할 경찰서장이 안전기준을 초과하여 운행할 수 있도록 허가하는 사항에 해당하지 않는 것은?

① 적재중량 ② 운행속도
③ 승차인원 ④ 적재용량

39 교류발전기에서 스테이터 코일에 발생한 교류는?

① 실리콘에 의해 교류로 정류되어 내부로 나온다.
② 실리콘에 의해 교류로 정류되어 외부로 나온다.
③ 실리콘 다이오드에 의해 교류로 정류시킨 뒤 내부로 들어간다.
④ 실리콘 다이오드에 의해 직류로 정류시킨 뒤에 외부로 끌어낸다.

40 방향지시등 전구에 흐르는 전류를 일정한 주기로 단속·점멸하여 램프의 광도를 증감시키는 것은?

① 디머 스위치
② 플래셔 유닛
③ 파일럿 유닛
④ 방향지시기 스위치

41 최고속도의 100분의 20을 줄인 속도로 운행하여야 할 경우는?

① 노면이 얼어붙은 때
② 폭우, 폭설, 안개 등으로 가시거리가 100미터 이내일 때
③ 눈이 20밀리미터 이상 쌓인 때
④ 비가 내려 노면이 젖어 있을 때

42 액추에이터의 입구 쪽 관로에 설치한 유량제어밸브로 흐름을 제어하여 속도를 제어하는 회로는?

① 시스템 회로(system circuit)
② 블리드 오프 회로(bleed-off circuit)
③ 미터-인 회로(meter-in circuit)
④ 미터-아웃 회로(meter-out circuit)

43 가스가 새는 것을 검사할 때 가장 적합한 것은?

① 비눗물을 발라본다.
② 순수한 물을 발라본다.
③ 기름을 발라본다.
④ 촛불을 대어본다.

44 노면표지 중 진로변경 제한선에 대한 설명으로 옳은 것은?

① 황색점선은 진로변경을 할 수 없다.
② 백색점선은 진로변경을 할 수 없다.
③ 황색실선은 진로변경을 할 수 있다.
④ 백색실선은 진로변경을 할 수 없다.

45 정기검사를 받지 아니한 자의 과태료는?

① 20만 원 이하 ② 100만 원 이하
③ 50만 원 이하 ④ 300만 원 이하

46 **통고처분의 수령을 거부하거나 범칙금을 기간 안에 납부하지 못한 자는 어떻게 처리되는가?**

① 면허의 효력이 정지된다.
② 면허증이 취소된다.
③ 연기신청을 한다.
④ 즉결심판에 회부된다.

47 **건설기계소유자는 건설기계를 도난당한 날로부터 얼마 이내에 등록말소를 신청해야 하는가?**

① 30일 이내　② 2개월 이내
③ 3개월 이내　④ 6개월 이내

48 **그림의 유압기호는 무엇을 표시하는가?**

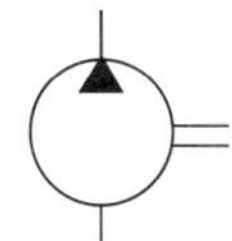

① 오일 냉각기
② 유압탱크
③ 유압펌프
④ 유압모터

49 **유압유에 포함된 불순물을 제거하기 위해 유압펌프 흡입관에 설치하는 것은?**

① 부스터
② 스트레이너
③ 공기청정기
④ 어큐뮬레이터

50 **건설기계를 등록 전에 일시적으로 운행할 수 있는 경우가 아닌 것은?**

① 등록신청을 위하여 건설기계를 등록지로 운행하는 경우
② 신규등록검사 및 확인검사를 받기 위하여 건설기계를 검사장소로 운행하는 경우
③ 건설기계를 대여하고자 하는 경우
④ 수출을 하기 위하여 건설기계를 선적지로 운행하는 경우

51 **유압모터와 유압실린더의 설명으로 옳은 것은?**

① 둘 다 회전운동을 한다.
② 유압모터는 직선운동, 유압실린더는 회전운동을 한다.
③ 둘 다 왕복운동을 한다.
④ 유압모터는 회전운동, 유압실린더는 직선운동을 한다.

52 **공동현상이라고도 하며 이 현상이 발생하면 소음과 진동이 발생하고 양정과 효율이 저하되는 현상은?**

① 캐비테이션 현상　② 스트로크
③ 제로 랩　④ 오버 랩

53 **관련법상 건설기계의 정의를 가장 올바르게 한 것은?**

① 건설공사에 사용할 수 있는 기계로서 대통령령이 정하는 것을 말한다.
② 건설현장에서 운행하는 장비로서 대통령령이 정하는 것을 말한다.
③ 건설공사에 사용할 수 있는 기계로서 국토교통부령이 정하는 것을 말한다.
④ 건설현장에서 운행하는 장비로서 국토교통부령이 정하는 것을 말한다.

54 유압장치에서 고압소용량, 저압대용량 펌프를 조합운전 할 때 작동압력이 규정압력 이상으로 상승 시 동력절감을 하기 위해 사용하는 밸브는?

① 감압밸브 ② 릴리프밸브
③ 시퀀스밸브 ④ 무부하밸브

55 다음 설명에서 올바르지 않은 것은?

① 건설기계의 그리스 주입은 정기적으로 하는 것이 좋다.
② 엔진오일 교환 시 여과기도 같이 교환한다.
③ 최근의 부동액은 4계절 모두 사용하여도 무방하다.
④ 건설기계를 운전 또는 작업 시 기관 회전수를 낮춘다.

56 맥동적 토출을 하지만 다른 펌프에 비해 일반적으로 최고 압력토출이 가능하고 펌프 효율에서도 전체압력 범위가 높은 펌프는?

① 피스톤펌프
② 베인펌프
③ 나사펌프
④ 기어펌프

57 유압실린더에서 실린더의 과도한 자연낙하 현상이 발생할 수 있는 원인이 아닌 것은?

① 작동압력이 높을 때
② 실린더 내의 피스톤 실링의 마모
③ 컨트롤 밸브 스풀의 마모
④ 릴리프밸브의 조정 불량

58 굴착기의 일상 점검사항이 아닌 것은?

① 엔진 오일량
② 냉각수 누출 여부
③ 오일쿨러 세척
④ 유압 오일량

59 유압회로에서 역류를 방지하고 회로 내의 잔류압력을 유지하는 밸브는?

① 체크밸브
② 셔틀밸브
③ 매뉴얼밸브
④ 스로틀밸브

60 굴착기를 이용하여 수중작업을 하거나 하천을 건널 때의 안전사항으로 맞지 않는 것은?

① 타이어식 굴착기는 액슬 중심점 이상이 물에 잠기지 않도록 주의하면서 도하한다.
② 무한궤도식 굴착기는 주행모터의 중심선 이상이 물에 잠기지 않도록 주의하면서 도하한다.
③ 타이어식 굴착기는 블레이드를 앞쪽으로 하고 도하한다.
④ 수중작업 후에는 물에 잠겼던 부위에 새로운 그리스를 주입한다.

4회 실전 모의고사

1 굴착기의 3대 주요 구성요소로 옳은 것은?

① 상부회전체, 하부회전체, 중간회전체
② 작업장치, 하부추진체, 중간선회체
③ 작업장치, 상부회전체, 하부추진체
④ 상부조정장치, 하부회전장치, 중간동력장치

2 커먼 레일 연료분사장치의 저압계통이 아닌 것은?

① 연료 여과기
② 커먼 레일
③ 1차 연료공급펌프
④ 스트레이너

3 무한궤도식 굴착기에서 트랙이 벗겨지는 주원인은?

① 트랙의 서행 회전
② 트랙이 너무 이완되었을 때
③ 파이널 드라이브의 마모
④ 보조 스프링이 파손되었을 때

4 교류발전기에서 회전체에 해당하는 것은?

① 스테이터
② 엔드 프레임
③ 브러시
④ 로터

5 건설기계 조종사 면허가 취소되거나 효력정지 처분을 받은 후에도 건설기계를 계속하여 조종한 자에 대한 벌칙은?

① 과태료 50만 원
② 1년 이하의 징역 또는 1,000만 원 이하의 벌금
③ 취소기간 연장조치
④ 조종사 면허 취득 절대 불가

6 타이어식 굴착기에서 유압식 동력전달장치 중 변속기를 직접 구동시키는 것은?

① 선회 모터
② 주행 모터
③ 토크 컨버터
④ 엔진

7 실린더 압축압력 시험 시 틀린 것은?

① 기관을 시동하여 난기운전한 후 정지한다.
② 분사노즐을 모두 빼낸다.
③ 연료가 공급되지 않도록 차단한다.
④ 습식시험을 먼저 실시한 후 건식시험을 한다.

8 공·유압 기호 중 다음 그림이 나타내는 것은?

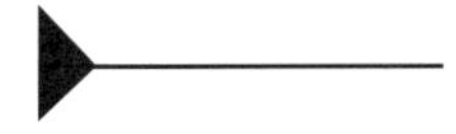

① 유압 동력원
② 공기압 동력원
③ 전동기
④ 원동기

9 도로교통법상 안전거리 확보의 정의로 옳은 것은?

① 주행 중 앞차가 급제동할 수 있는 거리
② 우측 가장자리로 피하여 진로를 양보할 수 있는 거리
③ 주행 중 앞차가 급정지하였을 때 앞차와 충돌을 피할 수 있는 거리
④ 주행 중 급정지하여 진로를 양보할 수 있는 거리

10 굴착기 작업장치의 종류가 아닌 것은?

① 파워 셔블
② 백호 버킷
③ 우드 그래플
④ 힌지드 버킷

11 체크 밸브가 내장되는 밸브로서 유압회로의 한 방향의 흐름에 대해서는 설정된 배압을 생기게 하고, 다른 방향의 흐름은 자유롭게 흐르도록 한 밸브는?

① 셔틀 밸브
② 언로더 밸브
③ 슬로리턴 밸브
④ 카운터 밸런스 밸브

12 굴착기 작업장치에서 전신주나 기둥 또는 파이프 등을 세우기 위하여 구덩이를 뚫을 때 사용하는 작업장치는?

① 어스 오거
② 브레이커
③ 크램쉘
④ 리퍼

13 4행정 사이클 기관에서 크랭크축 기어와 캠축 기어와의 지름비 및 회전비는 각각 얼마인가?

① 2:1 및 1:2
② 2:1 및 2:1
③ 1:2 및 2:1
④ 1:2 및 1:2

14 굴착기 작업장치에서 배수로, 농수로 등 도랑파기 작업을 할 때 가장 알맞은 버킷은?

① V형 버킷
② 리퍼 버킷
③ 폴립 버킷
④ 힌지드 버킷

15 과급기(turbo charge)에 대한 설명 중 옳은 것은?

① 피스톤의 흡입력에 의해 임펠러가 회전한다.
② 연료 분사량을 증대시킨다.
③ 가솔린 기관에만 설치된다.
④ 실린더 내의 흡입효율을 증대시킨다.

16 굴착기의 기본 작업 사이클 과정으로 옳은 것은?

① 선회 → 굴착 → 적재 → 선회 → 굴착 → 붐 상승
② 선회 → 적재 → 굴착 → 적재 → 붐 상승 → 선회
③ 굴착 → 적재 → 붐 상승 → 선회 → 굴착 → 선회
④ 굴착 → 붐 상승 → 스윙 → 적재 → 스윙 → 굴착

17 디젤기관의 흡입 및 배기 밸브의 구비조건이 아닌 것은?

① 열전도율이 좋을 것
② 열에 대한 팽창률이 적을 것
③ 열에 대한 저항력이 낮을 것
④ 가스와 고온에 잘 견딜 것

18 무한궤도형 굴착기에는 유압 모터가 몇 개 설치되어 있는가?

① 1개 ② 2개
③ 3개 ④ 5개

19 냉각장치에서 밀봉압력식 라디에이터 캡을 사용하는 목적은?

① 엔진온도를 높일 때
② 엔진온도를 낮출 때
③ 압력밸브가 고장일 때
④ 냉각수의 비등점을 높일 때

20 납산 축전지가 내부 방전하여 못쓰게 되는 이유는?

① 축전지 전해액이 규정보다 약간 높은 상태로 계속 사용했다.
② 발전기 출력이 저하되었다.
③ 축전지 비중을 1.280으로 하여 계속 사용했다.
④ 전해액이 거의 없는 상태로 장시간 사용했다.

21 굴착기 붐(boom)은 무엇에 의하여 상부 회전체에 연결되어 있는가?

① 테이퍼 핀(taper pin)
② 풋 핀(foot pin)
③ 킹 핀(king pin)
④ 코터 핀(cotter pin)

22 굴착기 전기회로의 보호장치로 맞는 것은?

① 안전 밸브
② 퓨저블 링크
③ 캠버
④ 턴 시그널 램프

23 철길 건널목 통과방법으로 틀린 것은?

① 경보기가 울리고 있는 동안에는 통과하여서는 안 된다.
② 철길 건널목에서 앞차가 서행하면서 통과할 때에는 그 차를 따라 서행한다.
③ 차단기가 내려지려고 할 때에는 통과하여서는 안 된다.
④ 철길 건널목 앞에서 일시정지하여 안전한지 여부를 확인한 후 통과한다.

24 전조등 회로의 구성으로 옳은 것은?

① 전조등 회로는 직렬로 연결되어 있다.
② 전조등 회로는 병렬로 연결되어 있다.
③ 전조등 회로는 직렬과 단식 배선으로 연결되어 있다.
④ 전조등 회로는 단식 배선이다.

25 건설기계해체재활용업 등록은 누구에게 하는가?

① 국토교통부장관
② 시·도지사
③ 행정안전부장관
④ 읍·면·동장

26 유압 오일 실의 종류 중 O-링이 갖추어야 할 조건은?

① 탄성이 양호하고, 압축변형이 적을 것
② 작동 시 마모가 클 것
③ 체결력(죄는 힘)이 작을 것
④ 오일의 누설이 클 것

27 지중 전선로 중에 직접 매설식에 의하여 시설할 경우에는 토관의 깊이를 최소 몇 m 이상으로 하여야 하는가? (단, 차량 및 기타 중량물의 압력을 받을 우려가 없는 장소)

① 0.6m　　② 0.9m
③ 1.0m　　④ 1.2m

28 도로교통법상 주차 금지 장소를 나타낸 것으로 틀린 것은?

① 전신주로부터 12m 이내의 지점
② 주차 금지 표지가 설치된 곳
③ 소방용 방화물통으로부터 5m 이내의 지점
④ 화재경보기로부터 3m 이내의 지점

29 교차로에서 적색등화에서 진행할 수 있는 경우는?

① 교통이 한산한 야간 운행할 때
② 경찰공무원의 진행신호에 따를 때
③ 앞차를 따라 진행할 때
④ 보행자가 없을 때

30 자동차에서 팔을 차체 밖으로 내어 45° 밑으로 펴서 상하로 흔들고 있을 때의 신호는?

① 서행신호
② 정지신호
③ 주의신호
④ 앞지르기 신호

31 제1종 자동차 대형 면허 소지자가 조종할 수 없는 건설기계는?

① 지게차
② 콘크리트 펌프
③ 아스팔트 살포기
④ 노상안정기

32 건설기계관리법에서 정의한 건설기계 형식을 가장 잘 나타낸 것은?

① 엔진구조 및 성능을 말한다.
② 형식 및 규격을 말한다.
③ 성능 및 용량을 말한다.
④ 구조·규격 및 성능 등에 관하여 일정하게 정한 것을 말한다.

33 무한궤도식 굴착기에 대한 정기검사 유효기간으로 옳은 것은? (단, 연식이 20년 이하인 경우)

① 4년 ② 1년
③ 3년 ④ 2년

34 목재, 섬유 등 일반화재에도 사용되며, 가솔린과 같은 유류나 화학약품 의 화재에도 적당하나, 전기화재에는 부적당한 소화기는?

① ABC 소화기 ② 모래
③ 포말소화기 ④ 분말소화기

35 금속 사이의 마찰을 방지하기 위한 방안으로 마찰계수를 저하시키기 위하여 사용하는 첨가제는?

① 방청제
② 유성 향상제
③ 점도지수 향상제
④ 유동점 강하제

36 일반적인 오일 탱크의 구성부품이 아닌 것은?

① 스트레이너
② 배플
③ 드레인 플러그
④ 압력조절기

37 해머 작업의 안전수칙으로 틀린 것은?

① 해머를 사용할 때 자루 부분을 확인할 것
② 장갑을 끼고 해머 작업을 하지 말 것
③ 열처리된 장비의 부품은 강하므로 힘껏 때릴 것
④ 공동으로 해머 작업 시는 호흡을 맞출 것

38 일반적으로 많이 사용되는 유압 회로도는?

① 스케치 회로도
② 기호 회로도
③ 단면 회로도
④ 조합 회로도

39 유압 회로의 속도 제어 회로에 속하지 않는 것은?

① 카운터 밸런스 회로
② 미터 아웃 회로
③ 미터 인 회로
④ 시퀀스 회로

40 안전수칙을 지킴으로써 발생될 수 있는 효과가 아닌 것은?

① 상하 동료 간의 인간관계가 개선된다.
② 기업의 신뢰도를 높여준다.
③ 기업의 이직률이 감소된다.
④ 기업의 투자경비가 늘어난다.

41 현장에서 오일의 오염도 판정방법 중 가열한 철판 위에 오일을 떨어뜨리는 방법은 오일의 무엇을 판정하기 위한 것인가?

① 산성도
② 수분함유
③ 오일의 열화
④ 먼지나 이물질의 함유

42 유압장치의 고장 원인과 거리가 먼 것은?

① 작동유의 과도한 온도 상승
② 작동유에 공기·물 등의 이물질 혼입
③ 조립 및 접속 불량
④ 윤활성이 좋은 작동유 사용

43 유압 회로 내의 밸브를 갑자기 닫았을 때, 오일의 속도에너지가 압력 에너지로 변하면서 일시적으로 큰 압력 증가가 생기는 현상을 무엇이라 하는가?

① 캐비테이션(cavitation) 현상
② 서지(surge) 현상
③ 채터링(chattering) 현상
④ 에어레이션(aeration) 현상

44 화재 발생 시 연소조건이 아닌 것은?

① 점화원
② 산소(공기)
③ 발화시기
④ 가연성 물질

45 무한궤도식 굴착기의 유압식 하부추진체 동력전달 순서로 옳은 것은?

① 기관 → 제어 밸브 → 센터 조인트 → 유압 펌프 → 주행 모터 → 트랙
② 기관 → 제어 밸브 → 센터 조인트 → 주행 모터 → 유압 펌프 → 트랙
③ 기관 → 센터 조인트 → 유압 펌프 → 제어 밸브 → 주행 모터 → 트랙
④ 기관 → 유압 펌프 → 제어 밸브 → 센터 조인트 → 주행 모터 → 트랙

46 벨트를 풀리에 걸 때 가장 올바른 방법은?

① 회전을 정지시킨 후
② 저속으로 회전할 때
③ 중속으로 회전할 때
④ 고속으로 회전할 때

47 정상 작동되었던 변속기에서 심한 소음이 나는 원인과 가장 거리가 먼 것은?

① 변속기 베어링의 마모
② 변속기 기어의 마모
③ 변속기 오일의 부족
④ 점도지수가 높은 오일 사용

48 굴착기의 붐 제어 레버를 계속하여 상승위치로 당기고 있으면 어느 곳에 가장 큰 손상이 발생하는가?

① 엔진
② 유압 펌프
③ 릴리프 밸브 및 시트
④ 유압 모터

49 기계에 사용되는 방호덮개장치의 구비조건으로 틀린 것은?

① 마모나 외부로부터 충격에 쉽게 손상되지 않을 것
② 작업자가 임의로 제거 후 사용할 수 있을 것
③ 검사나 급유·조정 등 정비가 용이할 것
④ 최소의 손질로 장시간 사용할 수 있을 것

50 무한궤도식 굴착기의 부품이 아닌 것은?

① 유압 펌프
② 오일 냉각기
③ 자재 이음
④ 주행 모터

51 클러치 용량은 기관 최대출력의 몇 배로 설계하는 것이 적당한가?

① 0.5~1.5배
② 1.5~2.5배
③ 3.0~4.0배
④ 5.0~6.0배

52 굴착기의 스윙(선회) 동작이 원활하게 안 되는 원인으로 틀린 것은?

① 컨트롤 밸브 스풀 불량
② 릴리프 밸브 설정압력 부족
③ 터닝 조인트(turning joint) 불량
④ 스윙(선회)모터 내부 손상

53 안전·보건표지의 종류별 용도·사용 장소·형태 및 색채에서 바탕은 흰색, 기본모형은 빨간색, 관련부호 및 그림은 검정색으로 된 표지는?

① 보조표지
② 지시표지
③ 주의표지
④ 금지표지

54 굴삭 작업 시 작업능력이 떨어지는 원인으로 옳은 것은?

① 트랙 슈에 주유가 안 됨
② 아워 미터 고장
③ 조향핸들 유격 과다
④ 릴리프 밸브 조정 불량

55 안전관리상 인력운반으로 중량물을 운반하거나 들어 올릴 때 발생할 수 있는 재해와 가장 거리가 먼 것은?

① 낙하
② 협착(압상)
③ 단전(정전)
④ 충돌

56 굴착기의 조종 레버 중 굴삭 작업과 직접 관계가 없는 것은?

① 버킷 제어 레버
② 붐 제어 레버
③ 암(스틱) 제어 레버
④ 스윙 제어 레버

57 관련법상 도로 굴착자가 가스배관 매설위치 확인 시 인력굴착을 실시하여야 하는 범위는?

① 가스배관의 보호판이 육안으로 확인되었을 때
② 가스배관의 주위 0.5m 이내
③ 가스배관의 주위 1m 이내
④ 가스배관이 육안으로 확인될 때

58 굴착기의 작업장치 연결부(작동부) 니플에 주유하는 것은?

① 그리스
② 엔진 오일
③ 기어 오일
④ 유압유

59 액슬축과 액슬 하우징의 조합방법에서 액슬축의 지지방식이 아닌 것은?

① 전부동식
② 반부동식
③ 3/4부동식
④ 1/4부동식

60 굴착기 버킷 용량 표시로 옳은 것은?

① in^2　② yd^2
③ m^2　④ m^3

5회 실전 모의고사

01 크롤러형의 굴착기 주행운전에서 적합하지 않은 것은?

① 암반을 통과할 때 엔진의 회전속도는 고속이어야 한다.
② 주행할 때 버킷의 높이는 30~50cm가 좋다.
③ 가능하면 평탄지면을 택하고, 엔진의 회전속도는 중속이 적합하다.
④ 주행할 때 전부(작업)장치는 전방을 향해야 좋다.

02 클러치 부품 중에서 세척유로 세척해서는 안 되는 부품은?

① 릴리스 베어링
② 압력판
③ 릴리스 레버
④ 클러치 커버

03 무한궤도식 굴착기에서 주행 불량 현상의 원인이 아닌 것은?

① 한쪽 주행 모터의 브레이크 작동이 불량할 때
② 유압 펌프의 토출유량이 부족할 때
③ 트랙에 오일이 묻었을 때
④ 스프로킷이 손상되었을 때

04 기관의 냉각 팬이 회전할 때 공기가 향하는 방향은?

① 방열기 방향
② 엔진 방향
③ 상부 방향
④ 하부 방향

05 유압 브레이크에서 잔압을 유지시키는 역할을 하는 것과 관계있는 것은?

① 부스터
② 피스톤 핀
③ 체크 밸브
④ 실린더

06 시·도지사가 저당권이 등록된 건설기계를 말소할 때 미리 그 뜻을 건설기계의 소유자 및 이해관계인에게 통보한 후 몇 개월이 지나지 않으면 등록을 말소할 수 없는가?

① 3개월　　② 1개월
③ 12개월　　④ 6개월

07 타이어식 굴착기에서 조향바퀴의 토 인을 조정하는 곳은?

① 조향 핸들
② 타이 로드
③ 웜 기어
④ 드래그 링크

08 건식 공기청정기의 효율 저하를 방지하기 위한 방법으로 가장 적합한 것은?

① 기름으로 닦는다.
② 마른 걸레로 닦아야 한다.
③ 압축공기로 먼지 등을 털어 낸다.
④ 물로 깨끗이 세척한다.

09 기동전동기는 회전되나 엔진은 크랭킹이 되지 않는 원인으로 옳은 것은?

① 축전지 방전
② 기동전동기 전기자 코일 단선
③ 플라이 휠 링 기어의 소손
④ 발전기 브러시 장력 과다

10 디젤기관의 시동보조장치가 아닌 것은?

① 터보 차저
② 예열플러그
③ 감압장치
④ 히트 레인지

11 전선에 0.85RW라고 표시되어 있을 경우 R의 의미는?

① 재질　② 바탕색
③ 줄무늬 색　④ 단면적

12 교차로 가장자리 또는 도로의 모퉁이로부터 관련법상 몇 m 이내의 장소에 정차 및 주차를 해서는 안 되는가?

① 4m　② 5m
③ 6m　④ 7m

13 건설기계 소유자에게 등록번호 제작명령을 할 수 있는 기관의 장은?

① 국토교통부장관
② 행정안전부장관
③ 경찰청장
④ 시·도지사

14 디젤기관에서 연료가 공급되지 않아 시동이 꺼지는 현상이 발생하였을 때의 원인으로 적합하지 않은 것은?

① 연료 파이프 손상
② 프라이밍 펌프 고장
③ 연료 여과기 막힘
④ 연료 탱크 내의 오물 과다

15 교차로 직전 정지선에 정지하여야 할 신호로 옳은 것은?

① 녹색 및 황색등화
② 황색등화의 점멸
③ 녹색 및 적색등화
④ 황색 및 적색등화

16 유압 펌프를 통하여 송출된 에너지를 직선운동이나 회전운동을 통하여 기계적 일을 하는 기기를 무엇이라고 하는가?

① 오일 냉각기
② 제어 밸브
③ 액추에이터(작업장치)
④ 어큐뮬레이터(축압기)

17 **건설기계 등록의 말소 사유에 해당하지 않는 것은?**

① 건설기계가 도난당한 때
② 건설기계를 변경할 목적으로 해체한 때
③ 건설기계를 교육·연구목적으로 사용한 때
④ 건설기계의 차대가 등록 시의 차대와 다를 때

18 **유량 제어 밸브에 속하는 것은?**

① 셔틀 밸브
② 리듀싱 밸브
③ 무부하 밸브
④ 교축 밸브

19 **건설기계관리법에서 정의한 건설기계 형식을 가장 잘 나타낸 것은?**

① 엔진 구조 및 성능을 말한다.
② 형식 및 규격을 말한다.
③ 성능 및 용량을 말한다.
④ 구조·규격 및 성능 등에 관하여 일정하게 정한 것을 말한다.

20 **도로교통법상 술에 취한 상태의 기준으로 옳은 것은?**

① 혈중 알코올 농도 0.02% 이상일 때
② 혈중 알코올 농도 0.1% 이상일 때
③ 혈중 알코올 농도 0.03% 이상일 때
④ 혈중 알코올 농도 0.2% 이상일 때

21 **유압유 탱크에서 유량을 체크하는 것은?**

① 유압계
② 유면계
③ 압력계
④ 온도계

22 **경고표지에 속하지 않는 것은?**

① 낙하물 경고
② 인화성물질 경고
③ 방진마스크 경고
④ 급성독성물질 경고

23 **유압 실린더가 중력으로 인하여 제어속도 이상으로 낙하하는 것을 방지하는 밸브는?**

① 방향 제어 밸브
② 리듀싱 밸브
③ 시퀀스 밸브
④ 카운터 밸런스 밸브

24 **편도 4차로 도로에서 4차로가 버스 전용차로일 경우 굴착기는 몇 차로로 운행하여야 하는가?**

① 1차로 ② 2차로
③ 3차로 ④ 4차로

25 철길 건널목 통과 방법에 대한 설명으로 틀린 것은?

① 철길 건널목에서는 앞지르기를 하여서는 안 된다.
② 철길 건널목 부근에서는 주정차를 하여서는 안 된다.
③ 철길 건널목에 정지신호가 없을 때에는 서행하면서 운행한다.
④ 철길 건널목에서 반드시 일시정지 후 안전함을 확인하고 통과

26 굴착기의 작업용도로 가장 적합한 것은?

① 화물의 기중, 적재 및 적차 작업에 사용된다.
② 토목공사에서 터파기, 쌓기, 깎기, 되메우기 작업에 사용된다.
③ 도로포장공사에서 지면의 평탄, 다짐 작업에 사용된다.
④ 터널공사에서 발파를 위한 천공 작업에 사용된다.

27 플런저형 유압 펌프의 특징이 아닌 것은?

① 축은 회전 또는 왕복운동을 한다.
② 가변용량이 가능하다.
③ 기어 펌프에 비해 최고 압력이 높다.
④ 피스톤이 회전운동을 한다.

28 수공구 사용 방법으로 옳지 않은 것은?

① 사용한 공구는 지정된 장소에 보관한다.
② 사용 후에는 손잡이 부분에 오일을 발라둔다.
③ 공구는 올바른 방법으로 사용한다.
④ 공구는 크기별로 구별하여 보관한다.

29 건설기계 조종사의 적성검사 기준으로 옳지 않은 것은?

① 두 눈을 동시에 뜨고 잰 시력이 0.7 이상이고, 두 눈의 시력이 각각 0.3 이상일 것
② 시각은 150° 이상일 것
③ 언어분별력이 80% 이상일 것
④ 교정시력의 경우는 시력이 1.5 이상일 것

30 난연성 작동유의 종류에 해당하지 않는 것은?

① 석유계 작동유
② 유중수형 작동유
③ 물-글리콜형 작동유
④ 인산에스텔형 작동유

31 해머 작업에 대한 내용으로 잘못된 것은?

① 녹슨 재료 사용 시 보안경을 착용한다.
② 보안경 헤드 밴드 불량 시 교체하여 사용한다.
③ 작업자가 서로 마주보고 타격한다.
④ 처음에는 작게 휘두르고 차차 크게 휘두른다.

32 굴착기의 작업장치 중 아스팔트, 콘크리트 등을 깰 때 사용되는 것으로 가장 적합한 것은?

① 브레이커
② 파일 드라이브
③ 마그넷
④ 드롭 해머

33 유압 실린더의 작동속도가 정상보다 느릴 경우 예상되는 원인으로 가장 적합한 것은?

① 작동유의 점도가 낮아짐을 알 수 있다.
② 작동유의 점도지수가 높다.
③ 계통 내의 흐름 용량이 부족하다.
④ 릴리프 밸브의 조정압력이 너무 높다.

34 그림은 안전표지의 어떠한 내용을 나타내는가?

① 지시표지 ② 금지표지
③ 경고표지 ④ 안내표지

35 굴착기 붐(boom)은 무엇에 의하여 상부 회전체에 연결되어 있는가?

① 테이퍼 핀(taper pin)
② 풋 핀(foot pin)
③ 킹 핀(king pin)
④ 코터 핀(cotter pin)

36 유압의 압력을 올바르게 나타낸 것은?

① 압력=단면적×힘
② 압력=힘÷단면적
③ 압력=단면적÷힘
④ 압력=힘-단면적

37 굴착기 붐의 자연 하강량이 많을 때의 원인이 아닌 것은?

① 유압 실린더의 내부 누출이 있다.
② 컨트롤 밸브의 스풀에서 누출이 많다.
③ 유압 실린더 배관이 파손되었다.
④ 유압 작동 압력이 과도하게 높다.

38 소화하기 힘든 화재현장에서 올바른 행동은?

① 화재신고
② 소화기 사용
③ 인명구조
④ 현장에서 대피

39 굴착기에서 작업장치의 동력전달 순서로 옳은 것은?

① 엔진 → 제어 밸브 → 유압 펌프 → 실린더
② 유압 펌프 → 엔진 → 제어 밸브 → 실린더
③ 유압 펌프 → 엔진 → 실린더 → 제어 밸브
④ 엔진 → 유압 펌프 → 제어 밸브 → 실린더

40 안전제일에서 가장 먼저 선행되어야 하는 이념으로 옳은 것은?

① 재산 보호
② 생산성 향상
③ 신뢰성 향상
④ 인명 보호

41 유압유의 첨가제가 아닌 것은?

① 마모 방지제
② 유동점 강하제
③ 산화 방지제
④ 점도지수 방지제

42 굴착기 작업장치에서 굳은 땅, 언 땅, 콘크리트 및 아스팔트 파괴 또는 나무뿌리 뽑기, 발파한 암석 파기 등에 가장 적합한 것은?

① 폴립 버킷 ② 크램쉘
③ 셔블 ④ 리퍼

43 공동주택 부지 내에서 굴착작업 시 황색의 가스 보호포가 나왔다. 도시가스 배관은 그 보호포가 설치된 위치로부터 최소한 몇 m 이상 깊이에 매설되어 있는가? (단, 배관의 심도는 0.6m이다)

① 0.2m ② 0.3m
③ 0.4m ④ 0.5m

44 굴착기의 상부회전체는 무엇에 의해 하부 주행체와 연결되어 있는가?

① 풋 핀
② 스윙 볼 레이스
③ 스윙 모터
④ 주행 모터

45 굴착기를 이용하여 도로 굴착 작업 중 "고압선 위험" 표지 시트가 발견되었다. 이것으로 유추할 수 있는 것은?

① 표지 시트 좌측에 전력 케이블이 묻혀 있다.
② 표지 시트 우측에 전력 케이블이 묻혀 있다.
③ 표지 시트와 직각방향에 전력 케이블이 묻혀 있다.
④ 표지 시트 직하에 전력 케이블이 묻혀 있다.

46 굴착기의 밸런스 웨이트(balance weight)에 대한 설명으로 옳은 것은?

① 작업을 할 때 굴착기의 뒷부분이 들리는 것을 방지한다.
② 굴삭량에 따라 중량물을 들 수 있도록 운전자가 조절하는 장치이다.
③ 접지 압력을 높여주는 장치이다.
④ 접지 면적을 높여주는 장치이다.

47 안전표시 중 응급치료소 응급처치용 장비를 표시하는 데 사용하는 색은?

① 황색과 흑색
② 흑색과 백색
③ 녹색
④ 적색

48 브레이크 파이프 내에 베이퍼 록이 생기는 원인과 관계없는 것은?

① 드럼의 과열
② 지나친 브레이크 조작
③ 잔압의 저하
④ 라이닝과 드럼의 간극과대

49 무한궤도형 굴착기의 장점이 아닌 것은?

① 운송수단 없이 장거리 이동이 가능하다.
② 습지 및 사지에서 작업이 가능하다.
③ 접지 압력이 낮다.
④ 노면 상태가 좋지 않은 장소에서 작업이 용이하다.

50 굴착기 작업장치의 종류에 속하지 않는 것은?

① 파워 셔블
② 백호 버킷
③ 우드 그래플
④ 파이널 드라이브

51 터보 차저에 사용하는 오일로 적합한 것은?

① 기어 오일
② 특수 오일
③ 유압 오일
④ 기관 오일

52 무한궤도식 굴착기의 동력전달 계통과 관계가 없는 것은?

① 주행 모터
② 최종 감속 기어
③ 유압 펌프
④ 추진축

53 납산 축전지를 오랫동안 방전상태로 방치해두면 사용하지 못하게 되는 원인은?

① 극판이 영구 황산납이 되기 때문이다.
② 극판에 산화납이 형성되기 때문이다.
③ 극판에 수소가 형성되기 때문이다.
④ 극판에 녹이 슬기 때문이다.

54 크롤러식 굴착기에서 상부회전체의 회전에는 영향을 주지 않고 주행모터에 작동유를 공급할 수 있는 부품은?

① 컨트롤 밸브
② 센터 조인트
③ 사축형 유압 모터
④ 언로더 밸브

55 커먼 레일 디젤기관에서 사용하는 공기유량센서(AFS)의 방식은?

① 맵 센서 방식
② 베인 방식
③ 열막 방식
④ 칼만 와류 방식

56 굴착기의 양쪽 주행 레버를 조작하여 급회전하는 것을 무슨 회전이라고 하는가?

① 저속 회전
② 스핀 회전
③ 피벗 회전
④ 원웨이 회전

57 압력 제어 밸브 중 상시 닫혀 있다가 일정 조건이 되면 열려 작동하는 밸브가 아닌 것은?

① 감압 밸브
② 무부하 밸브
③ 릴리프 밸브
④ 시퀀스 밸브

58 일반화재 발생장소에서 화염이 있는 곳을 대피하기 위한 요령은?

> **보기**
> A. 머리카락, 얼굴, 발, 손 등을 불과 닿지 않게 한다.
> B. 수건에 물을 적셔 코, 입을 막고 탈출한다.
> C. 몸을 낮게 엎드려서 통과한다.
> D. 옷은 물로 적시고 통과한다.

① A, B, C　② A, B, D
③ A, B, C, D　④ A, C, D

59 덤프 트럭에 상차 작업 시 가장 중요한 굴착기의 위치는?

① 선회거리를 가장 짧게 한다.
② 암 작동거리를 가장 짧게 한다.
③ 버킷 작동거리를 가장 짧게 한다.
④ 붐 작동거리를 가장 짧게 한다.

60 가압식 라디에이터 캡의 스프링 장력이 느슨해졌을 때 현상으로 옳은 것은?

① 엔진이 과냉한다.
② 엔진이 과열한다.
③ 냉각효율이 낮아진다.
④ 비점이 낮아진다.

1회 실전 모의고사 정답 및 해설

01	①	02	①	03	③	04	①	05	④	06	④	07	②	08	②	09	①	10	②
11	④	12	③	13	②	14	③	15	②	16	②	17	④	18	③	19	③	20	②
21	②	22	④	23	③	24	①	25	②	26	④	27	②	28	①	29	②	30	②
31	②	32	④	33	①	34	②	35	④	36	②	37	③	38	②	39	③	40	③
41	③	42	②	43	②	44	④	45	④	46	④	47	①	48	④	49	②	50	②
51	①	52	④	53	③	54	③	55	②	56	①	57	④	58	③	59	②	60	①

01 작동유의 수분함유 여부를 판정하기 위해서는 가열한 철판 위에 작동유를 떨어뜨려 본다.

02 오일이 누설되면 실(seal)의 파손, 실(seal)의 마모, 볼트의 이완 등을 점검한다.

04 **출장검사를 받을 수 있는 경우**
도서지역에 있는 경우, 자체중량이 40ton 이상 또는 축중이 10ton 이상인 경우, 너비가 2.5m 이상인 경우, 최고속도가 시간당 35km 미만인 경우

05 시 · 도지사 또는 검사대행자는 정기검사신청을 받은 날부터 5일 이내에 검사일시와 검사장소를 지정하여 신청인에게 통지해야 한다.

06 **클러치의 구비조건**
회전부분의 관성력이 작을 것, 동력전달이 확실하고 신속할 것, 방열이 잘되어 과열되지 않을 것, 회전부분의 평형이 좋을 것, 단속 작용이 확실하며 조작이 쉬울 것

08 리듀싱(감압)밸브는 회로일부의 압력을 릴리프밸브의 설정압력(메인 유압) 이하로 하고 싶을 때 사용한다.

09 베인펌프는 소형·경량이며, 구조가 간단하고 성능이 좋고, 맥동과 소음이 적다.

10 덮개를 설치하는 이유는 회전부분과 신체의 접촉을 방지하기 위함이다.

11 브레이커(breaker)는 아스팔트, 콘크리트, 바위 등을 깰 때 사용한다.

12 작동유가 넓은 온도범위에서 사용되기 위해서는 점도지수가 높아야 한다.

14 유압식 굴착기는 주행동력을 유압모터(주행모터)로부터 공급받는다.

15 아세틸렌 용접장치의 방호장치는 안전기이다.

17 캐리어 롤러(상부롤러)는 트랙 프레임 위에 한쪽만 지지하거나 양쪽을 지지하는 브래킷에 1~2개가 설치되어 프런트 아이들러와 스프로킷 사이에서 트랙이 처지는 것을 방지하는 동시에 트랙의 회전위치를 정확하게 유지한다.

18 건설기계 조종 중에 고의 또는 과실로 가스공급시설의 기능에 장애를 입혀 가스공급을 방해한 자는 면허효력정지 180일이다.

19 센터조인트는 상부회전체의 회전중심부에 설치되어 있으며, 메인펌프의 유압유를 주행모터로 전달한다. 또 상부회전체가 회전하더라도 호스, 파이프 등이 꼬이지 않고 원활히 공급된다.

20 자재이음(유니버설 조인트)은 추진축의 각도 변화를 가능하게 한다.

22 건설기계사업의 종류에는 매매업, 대여업, 해체재활용업, 정비업이 있다.

24 **동력전달 순서**
유압펌프 → 제어밸브 → 센터조인트 → 주행모터

25 건설기계소유자가 정비업소에 건설기계 정비를 의뢰한 후 정비업자로부터 정비완료 통보를 받고 5일 이내에 찾아가지 않을 때 보관·관리 비용을 지불하여야 한다.

26 트랙형 굴착기의 주행장치에 브레이크 장치가 없는 이유는 주행제어 레버를 중립으로 하면 주행모터의 유압유 공급 쪽과 복귀 쪽 회로가 차단되기 때문이다.

29 경사지에서 작업할 때 측면절삭을 해서는 안 된다.

31 전부장치가 부착된 굴착기를 트레일러로 수송할 때 붐은 뒤 방향으로 향하도록 한다.

32 거버너(governor, 조속기)는 분사펌프에 설치되어 있으며, 기관의 부하에 따라 자동적으로 연료 분사량을 가감하여 최고 회전속도를 제어한다.

33 4행정 사이클 기관에 주로 사용하는 오일펌프는 로터리펌프와 기어펌프이다.

34 버킷 투스의 끝이 암(디퍼스틱)보다 바깥쪽으로 향해야 한다.

35 분사노즐은 분사펌프에 보내준 고압의 연료를 연소실에 안개 모양으로 분사하는 부품이다.

36 깎기 작업을 할 때에는 상하부 동시작업을 해서는 안 된다.

37 혼합비가 희박하면 기관 시동이 어렵고, 저속운전이 불량해지며, 연소속도가 느려 기관의 출력이 저하한다.

39 암석을 옮길 때는 버킷으로 밀어내도록 한다.

40 직렬 연결 시 전압은 연결한 개수만큼 증가하고 전류는 1개일 때와 같다.

41 직접분사실식은 디젤기관의 연소실 중 연료 소비율이 낮으며 연소압력이 가장 높다.

42 예열장치는 한랭한 상태에서 기관을 시동할 때 시동을 원활히 하기 위해 사용한다.

43 축전지 커버와 케이스의 표면에서 전기누설이 발생하면 자기방전 된다.

44 안내표지는 녹색 바탕에 백색으로 안내대상을 지시하는 표지판이다.

45 굴착공사자는 매설배관 위치를 매설배관 직상부의 지면에 황색페인트로 표시해야 한다.

46 스트레이너(strainer)는 유압펌프의 흡입관에 설치하는 여과기이다.

47 유압모터는 넓은 범위의 무단변속이 용이한 장점이 있다.

48 지게차의 건설기계 범위는 타이어식으로 들어 올림 장치와 조종석을 가진 것. 다만, 전동식으로 솔리드 타이어를 부착한 것 중 도로가 아닌 장소에서만 운행하는 것은 제외한다.

49 통고처분의 수령을 거부하거나 범칙금을 기간 안에 납부하지 못한 자는 즉결심판에 회부된다.

52 유압실린더의 종류는 단동실린더, 복동실린더(싱글로드형과 더블로드형), 다단실린더, 램형 실린더가 있다.

53 길고 급한 경사 길을 운전할 때 반 브레이크를 사용하면 라이닝에서는 페이드가 발생하고, 파이프에서는 베이퍼 록이 발생한다.

55 암석, 토사 등을 평탄하게 고를 때 선회관성을 이용하면 스윙모터에 과부하가 걸리기 쉽다.

56 속도제어회로에는 미터-인 회로, 미터-아웃 회로, 블리드 오프 회로가 있다.

57 한국전력에서 사용하는 송전선로 종류에는 154kV, 345kV, 765kV가 있다.

58 무한궤도식 굴착기의 상부회전체가 하부주행체에 대한 역위치에 있을 때 좌측 주행레버를 당기면 차체는 좌향 피벗회전을 한다.

59 굴착기로 작업할 때 작업 반경을 초과해서 하중을 이동시켜서는 안 된다.

60 플래셔 유닛이 고장 나면 모든 방향지시등이 점멸되지 못한다.

실전 모의고사 정답 및 해설

01	②	02	③	03	①	04	③	05	②	06	④	07	②	08	②	09	④	10	③
11	②	12	①	13	③	14	①	15	③	16	④	17	②	18	④	19	④	20	②
21	②	22	③	23	③	24	④	25	①	26	②	27	③	28	②	29	④	30	③
31	④	32	④	33	②	34	②	35	④	36	④	37	②	38	④	39	④	40	④
41	②	42	②	43	②	44	②	45	②	46	①	47	②	48	③	49	③	50	④
51	④	52	③	53	③	54	③	55	③	56	①	57	①	58	①	59	③	60	②

01 디셀러레이션 밸브(deceleration valve)는 액추에이터(actuator)를 감속시키기 위해서 캠 조작 등으로 유량(流量)을 서서히 감소시키는 밸브이다.

02 캐비테이션은 공동현상이라고도 부르며, 저압부분의 유압이 진공에 가까워짐으로써 기포가 생기며 이로 인해 국부적인 고압이나 소음이 발생하는 현상이다.

03 연삭 칩의 비산을 방지하기 위하여 연삭기에 부착하여야 하는 안전방호장치는 안전덮개이다.

04 **사고를 많이 발생시키는 순서**
불안전행위 → 불안전조건 → 불가항력

05 암석, 토사 등을 평탄하게 고를 때 선회관성을 이용하면 스윙모터에 과부하가 걸리기 쉽다.

07 굴착기로 작업할 때 작업 반경을 초과해서 하중을 이동시켜서는 안 된다.

08 **화재의 분류**

- A급 화재 : 연료 후 재를 남기는 일반적인 화재
- B급 화재 : 유류(휘발유, 벤젠 등)화재
- C급 화재 : 전기화재
- D급 화재 : 금속화재

10 암석을 옮길 때는 버킷으로 밀어내도록 한다.

12 굴착을 깊게 할 때에는 여러 단계로 나누어 굴착을 하여야 한다.

13 도로굴착자는 되메움 공사 완료 후 도시가스배관 손상방지를 위하여 최소한 3개월 이상 지반침하 유무를 확인하여야 한다.

14 **토인의 필요성**
조향바퀴를 평행하게 회전시키고, 조향바퀴가 옆 방향으로 미끄러짐 및 타이어 이상마멸을 방지한다. 또 조향 링키지 마멸에 따라 토 아웃(toe-out)이 되는 것을 방지한다.

15 브레이크에 페이드 현상이 발생하면 정차시켜 열이 식도록 한다.

16 하부롤러는 건설기계의 전체하중을 지지하고 중량을 트랙에 균등하게 분배해주며, 트랙의 회전위치를 바르게 유지한다.

17 경사지에서 작업할 때 측면절삭을 해서는 안 된다.

20 트레일러로 굴착기를 운반할 때 전부(작업)장치를 반드시 뒤쪽으로 한다.

21 버킷 투스의 끝이 암(디퍼스틱)보다 바깥쪽으로 향해야 한다.

22 O-링은 탄성이 양호하고 압축변형이 적어야 한다.

24 건설기계 등록신청은 건설기계를 취득한 날로부터 2개월(60일) 이내에 하여야 한다.

26 전력케이블의 매설깊이는 차도 및 중량물의 영향을 받을 우려가 없는 경우 0.6m 이상이다.

27 밸브와 주배관이 접속하는 접속구는 4개이다.

28 토크렌치는 볼트나 너트를 규정토크로 조일 때 사용한다.

29 무한궤도식 굴착기의 환향(조향)은 주행모터로 한다.

30 퓨즈는 전기장치에서 과전류에 의한 화재예방을 위해 사용하는 부품이다.

32 아워미터(시간계)는 엔진의 가동시간을 표시하는 계기이며, 설치 목적은 가동시간에 맞추어 예방정비 및 각종 오일 교환과 각 부위 주유를 정기적으로 하기 위함이다.

33 교통정리가 행하여지고 있지 않은 교차로에서 차량이 동시에 교차로에 진입한 때 우측도로의 차량이 우선한다.

35 디젤기관의 노크는 연소실에 누적된 연료가 많아 일시에 연소할 때 발생한다.

36 **무한궤도식 굴착기의 하부추진체 동력전달 순서**
엔진 → 유압펌프 → 제어밸브 → 센터조인트 → 주행모터 → 트랙

37 축전지의 용량에 영향을 주는 요인은 방전율과 극판의 크기, 전해액의 비중, 전해액의 온도, 극판의 수 등이다.

38 굴착작업에 직접 관계되는 것은 암(디퍼스틱) 제어레버, 붐 제어레버, 버킷 제어레버 등이다.

39 엔진의 온도가 급상승하면 가장 먼저 냉각수의 양을 점검한다.

40 기어펌프는 정용량형이며, 제작이 용이하나 다른 펌프에 비해 소음이 큰 단점이 있다.

41 **실린더 수가 많을 때의 특징**
- 회전력의 변동이 적어 기관 진동과 소음이 적다.
- 회전의 응답성이 양호하다.
- 저속회전이 용이하고 출력이 높다.
- 가속이 원활하고 신속하다.
- 흡입공기의 분배가 어렵고 연료 소모가 많다.
- 구조가 복잡하여 제작비가 비싸다.

43 릴리프밸브는 유압제어밸브이다.

44 교통안전표지의 구분은 주의표지, 규제표지, 지시표지, 보조표지, 노면표시이다.

45 액슬 허브 오일을 교환할 때 오일을 배출시킬 경우에는 플러그를 6시 방향에, 주입할 때는 플러그를 9시 방향에 위치시킨다.

46 **연료라인의 공기빼기 작업**
연료탱크 내의 연료가 결핍되어 보충한 경우, 연료호스나 파이프 등을 교환한 경우, 연료필터의 교환, 분사펌프를 탈·부착한 경우

47 리닝장치는 모터그레이더에서 회전반경을 줄이기 위해 사용하는 앞바퀴 경사 장치이다.

48 헤드 개스킷은 실린더 헤드와 블록 사이에 삽입하여 압축과 폭발가스의 기밀을 유지하고 냉각수와 엔진오일이 누출되는 것을 방지한다.

49 센터조인트는 상부회전체의 회전중심부에 설치되어 있으며, 메인펌프의 유압유를 주행모터로 전달한다. 또 상부회전체가 회전하더라도 호스, 파이프 등이 꼬이지 않고 원활히 공급된다.

50 교류발전기의 다이오드는 정류작용과 역류방지 작용을 한다.

51 준설선의 건설기계 범위는 펌프식, 버킷식, 디퍼식 또는 그래브식으로 비자항식인 것이다.

52 방열판(히트싱크)은 교류발전기의 다이오드를 냉각시키는 부품이다.

53 **수시검사**
성능이 불량하거나 사고가 자주 발생하는 건설기계의 안전성 등을 점검하기 위하여 수시로 실시하는 검사와 건설기계 소유자의 신청을 받아 실시하는 검사

55 시퀀스 밸브는 2개 이상의 분기회로에서 유압실린더나 모터의 작동 순서를 결정한다.

57 **어큐뮬레이터(축압기)의 용도**
압력 보상, 체적변화 보상, 유압에너지 축적, 유압회로 보호, 맥동감쇠, 충격압력 흡수, 일정압력 유지, 보조 동력원으로 사용한다.

59 압력의 단위는 kgf/cm², PSI, Pa(kPa, MPa), mmHg, bar, atm, mAq 등을 사용한다.

60 경고표지판은 조종실 내부의 조종사가 보기 쉬운 곳에 부착한다.

3회 실전 모의고사 정답 및 해설

01	①	02	④	03	②	04	③	05	③	06	①	07	②	08	③	09	③	10	④
11	②	12	③	13	④	14	②	15	④	16	④	17	③	18	②	19	④	20	③
21	③	22	①	23	④	24	②	25	③	26	①	27	④	28	②	29	④	30	②
31	④	32	①	33	①	34	③	35	②	36	②	37	①	38	②	39	④	40	②
41	④	42	③	43	①	44	④	45	④	46	④	47	②	48	③	49	②	50	③
51	④	52	①	53	①	54	④	55	④	56	①	57	①	58	③	59	①	60	②

02 유압유의 구비조건
- 압축성, 밀도, 열팽창 계수가 작을 것
- 체적탄성계수가 클 것
- 점도지수가 높을 것
- 인화점 및 발화점이 높을 것

03 액슬 허브 오일을 교환할 때 오일을 배출시킬 경우에는 플러그를 6시 방향에, 주입할 때는 플러그 방향을 9시에 위치시킨다.

04 사고예방원리 5단계 순서
조직 → 사실의 발견 → 평가분석 → 시정책의 선정 → 시정책의 적용

05 드래그라인은 긁어 파기 작업을 할 때 사용하는 기중기의 작업장치이다.

07 무한궤도식은 접지면적이 크고 접지압력이 작아 사지나 습지와 같이 위험한 지역에서 작업이 가능하다.

08 배관의 표면색
저압은 황색, 중압 이상은 적색이다.

09 크롤러형 굴착기 하부추진체의 동력전달 순서
기관 → 유압펌프 → 컨트롤밸브 → 센터조인트 → 주행모터 → 트랙

11 조향장치는 선회할 때 회전반경이 적어야 한다.

12 자재이음은 타이어형 건설기계에서 추진축의 각도 변화를 가능하게 해주는 동력전달장치의 부품이다.

14 트랙의 유격은 일반적으로 25~40mm이다.

15 토크컨버터는 일정 이상의 과부하가 걸려도 엔진의 가동이 정지하지 않는다.

16 버킷 투스(포인트)의 사용 및 정비방법
- 샤프형은 점토, 석탄 등을 잘라낼 때 사용한다.
- 로크형은 암석, 자갈 등의 굴착 및 적재작업에 사용한다.
- 투스를 버킷에 고정하는 핀과 고무 등은 교환한다.
- 마모상태에 따라 안쪽과 바깥쪽의 포인트를 바꿔 끼워가며 사용한다.

18 베이퍼 록은 브레이크 오일이 비등하여 송유압력의 전달 작용이 불가능하게 되는 현상이다.

21 전도란 사람이 평면상으로 넘어졌을 때(미끄러짐 포함)를 말한다.

22 작업장치 연결부(작동부)의 니플에는 그리스(G.A.A)를 주유한다.

23 차마의 통행우선 순위
긴급자동차 → 긴급자동차 외의 자동차 → 원동기장치자전거 → 자동차 및 원동기장치자전거 외의 차마

24 트레일러로 굴착기를 운반할 때 작업장치를 반드시 뒤쪽으로 한다.

25 피스톤의 행정이란 상사점과 하사점까지의 거리이다.

26 암석을 옮길 때는 버킷으로 밀어내도록 한다.

27 **작업 후 탱크에 연료를 가득 채워주는 이유**
- 연료의 기포 방지를 위해
- 내일의 작업을 위해
- 연료탱크에 수분이 생기는 것을 방지하기 위해

28 축전지의 용량만을 크게 하려면 병렬로 연결([+]와 [+], [−]와 [−]의 연결)하여야 한다.

29 굴착작업에 직접 관계되는 것은 암(스틱) 제어레버, 붐 제어레버, 버킷 제어레버 등이다.

30 일체식 실린더는 강성 및 강도가 크고 냉각수 누출 우려가 적으며, 부품 수가 적고 중량이 가볍다.

31 굴착기 버킷용량은 m^3로 표시한다.

32 **자동차손해배상보장법에 따른 자동차보험에 반드시 가입하여야 하는 건설기계**
덤프트럭, 타이어식 기중기, 콘크리트믹서트럭, 트럭적재식 콘크리트펌프, 트럭적재식 아스팔트 살포기, 타이어식 굴착기, 특수건설기계[트럭지게차, 도로보수트럭, 노면측정장비(노면측정장치를 가진 자주식인 것)]

34 오거는 전신주나 기둥 또는 파이프 등을 세우기 위하여 구덩이를 뚫을 때 사용하는 작업장치이다.

35 겨울에는 점도가 낮은 오일을, 여름에는 점도가 높은 오일을 사용한다.

37 **디젤기관 노킹 발생의 원인**
- 연료의 세탄가, 연료의 분사압력, 연소실의 온도가 낮을 때
- 착화지연기간이 길 때
- 분사노즐의 분무상태가 불량할 때
- 기관이 과냉되었을 때
- 착화지연기간 중 연료분사량이 많을 때

38 안전기준을 초과하여 운행할 수 있도록 허가하는 사항은 적재중량, 승차인원, 적재용량이다.

39 스테이터 코일(stator coil)에 발생한 교류는 실리콘 다이오드에 의해 직류로 정류시킨 뒤에 외부로 끌어낸다.

40 플래셔 유닛(flasher unit)은 방향지시등 전구에 흐르는 전류를 일정한 주기로 단속·점멸하여 램프의 광도를 증감시키는 부품이다.

41 비가 내려 노면이 젖어 있을 때에는 최고속도의 100분의 20을 줄인 속도로 운행하여야 한다.

42 미터-인 회로는 액추에이터의 입구 쪽 관로에 설치한 유량제어밸브로 흐름을 제어하여 속도를 제어한다.

44 진로변경 제한선은 백색실선이며 진로변경을 할 수 없다.

45 정기검사를 받지 않은 자의 과태료는 300만 원 이하이다.

47 건설기계를 도난당한 경우에는 도난당한 날부터 2개월 이내에 등록말소를 신청하여야 한다.

49 스트레이너(strainer)는 유압펌프의 흡입관에 설치하는 여과기이다.

50 **임시운행 허가사유**
- 등록신청을 하기 위하여 건설기계를 등록지로 운행하는 경우
- 신규 등록검사 및 확인검사를 받기 위하여 건설기계를 검사장소로 운행하는 경우
- 수출을 하기 위하여 건설기계를 선적지로 운행하는 경우
- 신개발 건설기계를 시험·연구의 목적으로 운행하는 경우
- 판매 또는 전시를 위하여 건설기계를 일시적으로 운행하는 경우

52 캐비테이션 현상은 공동현상이라고도 하며 이 현상이 발생하면 소음과 진동이 발생하고 양정과 효율이 저하된다.

53 건설기계란 건설공사에 사용할 수 있는 기계로서 대통령령이 정하는 것을 말한다.

54 무부하밸브(unloader valve)는 고압 소용량, 저압 대용량 펌프를 조합운전 할 때 작동압력이 규정압력 이상으로 상승할 때 동력절감을 하기 위해 사용한다.

56 피스톤 펌프는 맥동적 토출을 하지만 다른 펌프에 비해 일반적으로 최고 압력토출이 가능하고 펌프효율에서도 전체압력 범위가 높다.

57 유압실린더의 과도한 자연낙하 현상은 작동압력이 낮을 때, 실린더 내의 피스톤 실링이 마모되었을 때, 컨트롤 밸브 스풀이 마모되었을 때, 릴리프밸브의 조정이 불량할 때 발생한다.

59 체크밸브는 역류를 방지하고 회로 내의 잔류압력을 유지한다.

60 무한궤도식 굴착기는 상부롤러 중심선 이상이 물에 잠기지 않도록 주의하면서 도하한다.

4회 실전 모의고사 정답 및 해설

01	③	02	②	03	②	04	④	05	②	06	②	07	④	08	①	09	③	10	④
11	④	12	①	13	③	14	①	15	④	16	④	17	③	18	③	19	④	20	④
21	②	22	②	23	②	24	②	25	②	26	①	27	①	28	①	29	②	30	①
31	①	32	④	33	③	34	③	35	②	36	④	37	③	38	②	39	④	40	④
41	②	42	④	43	②	44	③	45	④	46	①	47	④	48	③	49	②	50	③
51	②	52	③	53	④	54	④	55	③	56	④	57	③	58	①	59	④	60	④

01 굴착기는 작업장치, 상부회전체, 하부추진체로 구성된다.

02 커먼 레일은 고압 연료 펌프로부터 이송된 고압의 연료가 저장되는 곳으로 모든 실린더에 공통으로 연료를 공급하는 데 사용된다.

03 **트랙이 벗겨지는 원인**
- 트랙이 너무 이완되었을 때
- 트랙의 정렬이 불량할 때
- 고속주행 중 급선회를 하였을 때
- 프런트 아이들러, 상하부 롤러 및 스프로킷의 마멸이 클 때
- 리코일 스프링의 장력이 부족할 때
- 경사지에서 작업할 때

04 로터(rotor)는 여자전류를 공급받아 전자석이 되는 부품이며, 회전운동을 한다.

05 건설기계 조종사 면허가 취소되거나 효력정지 처분을 받은 후에도 건설기계를 계속하여 조종한 자에 대한 벌칙은 1년 이하의 징역 또는 1,000만 원 이하의 벌금이다.

06 타이어식 굴착기가 주행할 때 주행 모터의 회전력이 입력축을 통해 전달되면 변속기 내의 유성기어 → 유성기어 캐리어 → 출력축을 통해 차축으로 전달된다.

07 습식시험이란 건식시험을 한 후 밸브 불량, 실린더 벽 및 피스톤 링, 헤드 개스킷 불량 등의 상태를 판단하기 위하여 분사 노즐 설치구멍이나 예열 플러그 설치구멍으로 기관 오일을 10cc 정도 넣고 1분 후에 다시 하는 시험이다.

09 안전거리란 주행 중 앞차가 급정지하였을 때 앞차와 충돌을 피할 수 있는 거리이다.

10 힌지드 버킷은 지게차에 사용하는 작업장치이다.

11 카운터 밸런스 밸브(counter balance valve)는 체크 밸브가 내장된 밸브이며, 유압회로의 한 방향의 흐름에 대해서는 설정된 배압을 생기게 하고, 다른 방향의 흐름은 자유롭게 흐르도록 한다.

12 어스 오거(earth auger)는 전신주나 기둥 또는 파이프 등을 세우기 위하여 구덩이를 뚫을 때 사용하는 작업장치이다.

13 4행정 사이클 기관에서 크랭크축 기어와 캠축 기어와의 지름비율은 1:2이고, 회전비율은 2:1이다.

14 V형 버킷은 배수로, 농수로 등 도랑파기 작업을 할 때 사용한다.

15 과급기는 기관의 흡입효율(체적효율)을 높이기 위하여 흡입공기에 압력을 가해주는 일종의 공기 펌프이며, 디젤기관에서 주로 사용된다.

16 굴착기의 작업 사이클은 굴착 → 붐 상승 → 스윙 → 적재 → 스윙 → 굴착 순서이다.

17 **흡·배기 밸브의 구비조건**
- 열전도율이 좋을 것
- 열에 대한 팽창률이 작을 것
- 열에 대한 저항력이 클 것
- 고압가스와 고온에 잘 견딜 것
- 무게가 가벼울 것

18 무한궤도형 굴착기에는 일반적으로 주행 모터 2개와 스윙 모터 1개가 설치된다.

19 냉각장치 내의 비등점(비점)을 높이고, 냉각범위를 넓히기 위하여 압력식 캡을 사용한다.

20 축전지 전해액이 거의 없는 상태로 장시간 사용하면 내부 방전하여 못쓰게 된다.

21 붐은 풋(푸트) 핀에 의해 상부회전체에 설치된다.

22 퓨저블 링크(fusible link)는 전기회로가 단락되었을 때 녹아 끊어져 전원 및 회로를 보호한다.

24 전조등 회로는 병렬로 연결되어 있다.

26 **오일 실(oil seal)의 구비조건**
- 내압성과 내열성이 클 것
- 피로강도가 크고, 비중이 적을 것
- 탄성이 양호하고, 압축변형이 적을 것
- 정밀가공면을 손상시키지 않을 것
- 설치하기가 쉬울 것

27 전력 케이블의 매설 깊이는 차도 및 중량물의 영향을 받을 우려가 없는 경우 0.6m 이상이다.

31 **제1종 대형 운전면허로 조종할 수 있는 건설기계**
덤프 트럭, 아스팔트 살포기, 노상안정기, 콘크리트 믹서 트럭, 콘크리트 펌프, 트럭적재식 천공기

32 건설기계 형식이란 구조·규격 및 성능 등에 관하여 일정하게 정한 것을 말한다.

33 무한궤도식 굴착기의 정기검사 유효기간은 3년이다. (연식이 20년 이하인 경우)
※ 연식이 20년 초과인 경우 1년

34 포말소화기는 목재, 섬유 등 일반화재 및 가솔린과 같은 유류나 화학약품의 화재에 적당하나, 전기화재에는 부적당하다.

35 유성향상제는 금속 사이의 마찰을 방지하기 위한 방안으로 마찰계수를 저하시키기 위하여 사용한다.

37 열처리된 부품은 해머 작업을 하면 파손된다.

38 일반적으로 많이 사용하는 유압 회로도는 기호 회로도이다.

39 속도 제어 회로에는 미터 인(meter-in) 회로, 미터 아웃(meter-out) 회로, 블리드 오프(bleed-off) 회로, 카운터 밸런스(counter-balance) 회로 등이 있다.

41 가열한 철판 위에 오일을 떨어뜨리는 방법은 오일의 수분 함유 여부를 판정하기 위한 것이다.

43 서지 현상은 유압 회로 내의 밸브를 갑자기 닫았을 때, 오일의 속도에너지가 압력에너지로 변하면서 일시적으로 큰 압력 증가가 생기는 현상이다.

44 화재가 발생하기 위해서는 가연성 물질, 산소, 점화원(발화원)이 필요하다.

45 **무한궤도식 굴착기의 하부추진체 동력전달 순서**
기관 → 유압 펌프 → 제어 밸브 → 센터 조인트 → 주행 모터 → 트랙

47 변속기에서 소음이 발생하는 원인은 변속기 베어링의 마모, 변속기 기어의 마모, 변속기 오일의 부족 및 점도가 낮아진 때이다.

48 붐 제어 레버를 계속하여 상승위치로 당기고 있으면 릴리프 밸브 및 시트에 가장 큰 손상이 발생한다.

50 자재 이음은 타이어식 건설기계에서 구동각도의 변화를 주는 부품이다.

51 클러치 용량이란 클러치가 전달할 수 있는 회전력의 크기이며, 기관 최대출력의 1.5~2.5배로 설계한다.

52 터닝 조인트는 센터 조인트라고도 부르며 무한궤도형 굴착기에서 상부회전체의 유압유를 주행 모터로 공급하는 장치이다.

53 금지표지는 바탕은 흰색, 기본모형은 빨간색, 관련부호 및 그림은 검정색이다.

54 릴리프 밸브의 조정이 불량하면 굴삭 작업을 할 때 능력이 떨어진다.

56 굴삭 작업에 직접 관계되는 것은 암(디퍼스틱) 제어 레버, 붐 제어 레버, 버킷 제어 레버 등이다.

57 가스배관 매설위치를 확인할 때 인력굴착을 실시하여야 하는 범위는 가스배관의 주위 1m 이내이다.

58 작업장치 연결부분의 니플에는 그리스를 주유한다.

59 액슬축(차축) 지지방식에는 전부동식, 반부동식, 3/4부동식이 있다.

60 굴착기 버킷용량은 m^3로 표시한다.

5회 실전 모의고사 정답 및 해설

01	①	02	①	03	③	04	①	05	③	06	①	07	②	08	③	09	③	10	①
11	②	12	②	13	④	14	②	15	④	16	③	17	②	18	④	19	④	20	③
21	②	22	③	23	④	24	③	25	③	26	②	27	④	28	②	29	④	30	①
31	③	32	①	33	③	34	①	35	②	36	②	37	④	38	③	39	④	40	④
41	④	42	④	43	③	44	②	45	④	46	①	47	③	48	④	49	①	50	④
51	④	52	④	53	①	54	②	55	③	56	②	57	①	58	③	59	①	60	②

01 암반을 통과할 때 엔진 회전속도는 중속이어야 한다.

02 릴리스 베어링은 영구 주유 방식을 사용하므로 세척유로 세척해서는 안 된다.

04 냉각 팬이 회전할 때 공기가 향하는 방향은 방열기 방향이다.

05 유압 브레이크에서 잔압을 유지시키는 부품은 체크 밸브이다.

06 시·도지사가 저당권이 등록된 건설기계를 말소할 때 미리 그 뜻을 건설기계의 소유자 및 이해관계인에게 통보한 후 3개월이 지나지 않으면 등록을 말소할 수 없다.

07 토 인은 타이 로드로 조정한다.

08 건식 공기청정기의 효율 저하를 방지하려면 정기적으로 압축공기로 먼지 등을 털어 낸다.

09 플라이 휠 링 기어가 소손되면 기동전동기는 회전되나 엔진은 크랭킹이 되지 않는다.

10 터보 차저(과급기)는 기관의 출력을 증대시키는 장치이다.

11 0.85RW
0.85는 전선의 단면적이 $0.85mm^2$, R는 전선피복의 바탕색, W는 전선피복의 줄무늬 색을 의미한다.

12 교차로 가장자리 또는 도로의 모퉁이로부터 5m 이내의 장소에 정차 및 주차를 해서는 안 된다.

14 **주행 중 시동이 꺼지는 원인**
- 연료 여과기가 막혔을 때
- 연료 탱크에 오물이 들어 있을 때
- 연료 파이프에서 누설이 있을 때
- 연료가 결핍되었을 때

16 액추에이터(작업장치)는 유압 펌프를 통하여 송출된 에너지를 직선운동이나 회전운동을 통하여 기계적 일을 하는 기기이다.

17 **건설기계 등록의 말소사유**
- 건설기계를 폐기한 경우
- 건설기계가 멸실된 경우
- 건설기계의 차대가 등록 시의 차대와 다른 경우
- 부정한 방법으로 등록을 한 경우
- 구조 및 성능기준에 적합하지 아니하게 된 경우
- 정기검사의 최고를 받고 지정된 기한까지 검사를 받지 아니한 경우
- 건설기계를 도난당한 경우
- 건설기계를 수출하는 경우

18 유량 제어 밸브는 일의 속도를 결정하며, 종류에는 교축(스로틀) 밸브, 분류 밸브, 니들 밸브, 오리피스 밸브, 속도 제어 밸브, 급속 배기 밸브 등이 있다.

19 건설기계 형식이란 구조·규격 및 성능 등에 관하여 일정하게 정한 것을 말한다.

20 술에 취한 상태의 기준은 혈중 알코올 농도 0.03% 이상일 때이다.

21 유압유 탱크의 유량은 유면계로 점검한다.

23 카운터 밸런스 밸브(counter balance valve)는 유압 실린더 등이 중력에 의한 자유낙하를 방지하기 위해 배압을 유지한다.

26 굴착기는 토사 굴토 작업, 굴착 작업, 도랑파기 작업, 쌓기, 깎기, 되메우기, 토사 상차 작업에 사용된다.

27 **플런저(피스톤) 펌프의 특징**
피스톤은 직선운동을 하고, 축은 회전 또는 왕복운동을 한다. 펌프효율이 가장 높고, 가변용량에 적합하며(토출유량의 변화 범위가 큼), 토출압력이 높다.

29 **적성검사 기준**
- 두 눈의 시력이 각각 0.3 이상일 것(교정시력 포함)
- 두 눈을 동시에 뜨고 잰 시력이 0.7 이상일 것(교정시력 포함)
- 시각은 150도 이상일 것
- 55데시벨(보청기를 사용하는 사람은 40데시벨)의 소리를 들을 수 있을 것
- 언어분별력이 80% 이상일 것

30 **난연성 작동유의 종류**
인산에스텔형, 폴리올 에스텔형, 수중유형(O/W), 유중수형(W/O), 물-글리콜형

32 브레이커는 정(chisel)의 머리 부분에 유압방식 왕복해머로 연속적으로 타격을 가해 암석, 콘크리트, 아스팔트 등을 파쇄하는 작업장치이다.

33 유압계통 내의 흐름용량이 부족하면 액추에이터의 속도가 느려진다.

35 붐은 풋(푸트) 핀에 의해 상부회전체에 설치된다.

36 압력은 힘÷단면적으로 나타낸다.

37 **붐의 자연 하강량이 큰 원인**
유압 실린더 내부 누출, 컨트롤 밸브 스풀에서의 누출, 유압 실린더 배관의 파손, 과도하게 낮은 유압

39 **굴착기 작업장치의 동력전달 순서**
엔진 → 유압 펌프 → 제어 밸브 → 유압 실린더 및 유압 모터

41 유압유 첨가제에는 마모 방지제, 점도지수 향상제, 산화 방지제, 소포제(기포 방지제), 유동점 강하제, 유성 향상제 등이 있다.

42 리퍼(ripper)는 굳은 땅, 언 땅, 콘크리트 및 아스팔트 파괴 또는 나무뿌리 뽑기, 발파한 암석 파기 등에 사용된다.

43 배관의 심도가 0.6m인 도시가스 배관은 그 보호포가 설치된 위치로부터 최소한 0.4m 이상 깊이에 매설되어 있다.

44 굴착기 상부회전체는 스윙 볼 레이스에 의해 하부주행체와 연결된다.

45 "고압선 위험" 표지 시트 직하에 전력 케이블이 묻혀 있다.

46 밸런스 웨이트(평형추)는 작업을 할 때 굴착기의 뒷부분이 들리는 것을 방지한다.

47 녹색은 응급치료소 응급처치용 장비를 표시하는 데 사용한다.

48 **베이퍼 록이 발생하는 원인**
- 브레이크 드럼의 과열 및 잔압의 저하
- 긴 내리막길에서 과도한 브레이크 사용
- 라이닝과 브레이크 드럼의 간극 과소
- 브레이크 오일의 변질에 의한 비등점 저하
- 불량한 브레이크 오일 사용

49 무한궤도형 굴착기를 장거리 이동할 경우에는 트레일러로 운반해야 하는 단점이 있다.

50 파이널 드라이브는 동력전달장치의 종감속 기어를 말한다.

51 터보 차저에는 기관 오일이 공급된다.

52 추진축은 타이어형 건설기계의 동력전달장치에서 사용한다.

53 납산 축전지를 오랫동안 방전상태로 방치해두면 극판이 영구 황산납이 되어 사용하지 못하게 된다.

54 센터 조인트는 상부회전체의 회전중심부에 설치되어 있으며, 메인 펌프의 유압유를 주행 모터로 전달한다.

55 커먼 레일 디젤기관에서 사용하는 공기유량센서는 열막 방식이다.

56 **스핀 회전(spin turn)**

좌·우측 주행 레버를 동시에 한 쪽 레버는 앞으로 밀고, 다른 한 쪽 레버는 당기면 차체 중심을 기점으로 급회전이 이루어진다.

57 감압 밸브는 상시 개방형이며 유압이 규정값 이상으로 높아지면 닫혀 출구 쪽의 유압을 규정값으로 한다.

59 덤프트럭에 상차 작업을 할 때 굴착기의 선회거리를 가장 짧게 하여야 한다.

60 라디에이터 캡의 스프링 장력이 느슨해지면 비등점이 낮아지므로 엔진이 과열할 우려가 있다.

부록

시험 직전에 보는

핵심 이론 요약

1 점검

1 운전 전·후 점검

1 엔진오일량 점검방법

① 굴착기를 평탄한 곳에 주기시킨 후 엔진의 가동을 정지시키고 15분 정도 기다린다.
② 엔진 덮개 고리를 풀고 덮개를 들어 올린다.
③ 유면표시기(oil level gauge)를 빼내서 깨끗한 걸레로 묻은 오일을 깨끗이 닦아낸 후 다시 끼워 넣는다.
④ 유면표시기를 다시 빼내어 오일량을 점검한다. 오일량은 유면표시기의 "FULL" 표시와 "LOW" 표시 사이에서 유지되어야 한다.

2 냉각수 점검

① 엔진의 가동을 정지시킨다.
② 냉각수의 양을 점검할 때에는 라디에이터 캡을 손으로 만질 수 있을 만큼 충분히 냉각시킨다.
③ 냉각계통을 점검하기 전에 "운전하지 마시오." 또는 "위험 점검 중"이라는 경고표시를 시동스위치 또는 조종레버에 붙여서 점검하고 있는 것을 알려야 한다.
④ 냉각수가 정상이면 색깔은 파랗게 보인다. 너무 오랫동안 사용하여 색깔이 변하고 탁하게 보이면 엔진오일을 교체하듯이 냉각수도 교체한다.

3 트랙 점검

(1) 트랙의 유격점검

상부롤러와 프런트 아이들러 사이의 트랙 위에 곧은 자를 설치하고 처짐을 측정하며, 건설기계의 종류에 따라 다소 차이는 있으나 일반적으로 25~40mm 정도이다.

(2) 트랙의 유격 조정방법

트랙의 유격을 조정하는 방법에는 조정너트로 조정하는 방법과 그리스 주입 방법이 있으며, 2가지 모두 프런트 아이들러를 전진 및 후진시켜서 조정한다.

2 장비 시운전

1 엔진의 시동 후 난기운전(warming up)하기

굴착기의 적정 유압유 온도는 40~80℃ 정도이다. 유압유 온도가 25℃ 이하일 때 급격한 조작을 하면 유압장치에 고장이 발생할 수 있다. 작업을 하기 전에 유압유 온도가 25℃ 이상이 되게 난기운전을 실시한다.

2 무한궤도형 굴착기의 주행 자세

주행모터를 뒤쪽에 두고, 작업 장치는 앞쪽으로 한 상태로 주행한다. 하부주행장치와 상부회전체가 180° 선회한 상태에서는 주행방향이 반대로 되므로 주의한다.

3 주행 조작방법

① 주행레버나 페달로 주행이 가능하며 어느 쪽을 사용해도 무방하다.
② 지면이 고르지 못하거나 장애물을 통과할 때는 굴착기 본체에 큰 충격이 가해지므로 엔진 회전속도를 낮추고 저속으로 주행한다.

3 작업상황 파악

1 작업공정

작업에서 수행해야 할 전반적인 절차와 작업물량, 작업일정, 작업내용, 작업종류, 작업지시사항, 연계작업 등을 포함한다.

2 작업공정계획표

건설공사를 하는 경우, 목적하는 건설물을 소정의 공사기간 내에 완성하기 위해 공사의 진행과정을 관리하는 것이 필요하며 이를 공정관리라고 한다. 이때 공정관리의 근거가 되는 문서가 작업공정계획표이다.

3 연약지반의 파악

일반적으로 연약지반이라고 하면 정규압밀의 점토층, 유기질의 토층, 느슨한 실트층(silt layer), 느슨한 모래층, 느슨한 매립층 등을 의미한다.

4 지하매설물 안전대책

(1) 가스관 안전대책

① 굴착공사 착공 전에 관계기관의 협조를 받아 가스관 탐지기 등을 이용하여 가스관의 매설 위치를 확인한다.
② 가스관의 매설 위치를 표시한다.
③ 천공은 가스관 외면으로부터 1m 이상의 수평거리를 유지한다.

(2) 상수도관 안전대책

① 굴착공사 착공 전에 관계기관의 협조를 받아 공사구간 내에 매설된 상수도 도면 검토 후 탐지기를 사용하여 관로의 정확한 위치를 확인한다.
② 굴착공사 착공 전에 공사예정 구간 내의 지하매설 상수도관 현황도를 작성·비치한다.

(3) 하수도관 안전대책

① 기존 하수도관을 절단한 상태로 장기간 방치해서는 안 되며 대체시설은 우기를 감안하여 기존 하수도관 이상의 크기로 설치하여야 한다.
② 하수도관에 근접하여 굴착할 때에는 기존 하수도의 노후상태를 조사하여 적합한 보호대책을 강구하고 지반이완으로 하수도 연결부분에 틈이 생기는 일이 없도록 하여야 한다.

5 전력 및 전기통신시설 안전대책

① 공사의 계획단계 등 착공 전에 전력 및 전기통신설비의 위치와 규모에 대해서 관계기관에 조회하고 실태파악을 한다.

② 브레이커에 의한 케이블 또는 관로의 파손방지를 위하여 케이블 매설장소 부근은 표면층을 제외하고는 인력굴착을 하고 공사착수 전에 시험굴착을 하도록 한다.

2 주행 및 작업

1 주행

1 운전석에서 시야 확보

운전실 안쪽에 부착된 개폐방법을 사용설명서를 통해 사전에 숙지하여 안전한 시야를 확보할 수 있도록 하는 것이 중요하다.

2 측면과 후방의 시야 확보

사람의 접근과 주변구조물 등과의 충돌을 방지하기 위해 후사경은 중요한 역할을 한다. 운전자의 시야 확보는 안전한 작업을 위해 매우 중요하다.

2 작업

1 깎기

깎기는 굴착기를 이용하여 작업지시사항에 따라 부지조성을 하기 위해 흙, 암반구간 등을 깎는 작업이다. 깎기 작업의 종류에는 일반적인 깎기 작업, 경사면(부지사면) 깎기 작업, 암반구간 깎기 작업, 상차 작업 등이 있다.

2 쌓기

쌓기란 터파기와 깎기 작업에서 발생한 돌, 토사를 후속작업에 지장이 없도록 조치하여 쌓아 놓는 것으로 흙 쌓기, 돌 쌓기, 야적 쌓기 작업이 있다.

3 메우기

메우기란 부지, 관로, 조경시설물, 도로를 완성시키기 위해 돌, 흙, 골재, 모래 등으로 빈 공간을 채우는 작업이다.

4 선택장치 연결

(1) 선택작업장치의 정의

굴착기의 주요작업장치는 굴착기의 본체와 붐, 암, 버킷이며, 선택작업장치는 암(arm)과 버킷에 작업 용도에 따라 옵션(option)으로 부착하여 사용한다.

(2) 선택작업장치의 종류

브레이커 (breaker)	정(chisel)의 머리 부분에 유압방식 왕복해머로 연속적으로 타격을 가해 암석, 콘크리트 등을 파쇄하는 장치로 유압해머라 부르기도 한다.
크러셔 (crusher)	2개의 집게로 작업 대상물을 집고, 조여서 암반 및 콘크리트 파쇄 작업과 철근 절단 작업, 물체를 부수는 장치이다.
그래플 (grapple, 집게)	• 그랩(grab)이라고도 하며, 유압실린더를 이용하여 2~5개의 집게를 움직여 작업물질을 집는 장치이다. • 스톤 그래플(stone grab), 우드 그래플(wood grab), 멀티 그래플(multi grab)이 있다.
그 밖의 선택작업장치	• 우드 클램프(wood clamp) : 목재의 상차 및 하차 작업에 사용한다. • 어스 오거(earth auger) : 유압모터를 이용한 스크루로 구멍을 뚫고 전신주 등을 박는 작업에 사용한다. • 트윈 헤더(twin header) : 발파가 불가능한 지역의 모래, 암석, 석회암 절삭작업(연한 암석지대의 터널 굴착)을 할 때 사용한다.

3 전·후진 주행장치

1 동력조향장치(power steering system)

(1) 동력조향장치의 장점

① 조향기어 비율을 조작력에 관계없이 선정할 수 있다.
② 굴곡노면에서의 충격을 흡수하여 조향핸들에 전달되는 것을 방지한다.
③ 작은 조작력으로 조향조작을 할 수 있다.
④ 조향조작이 경쾌하고 신속하다.
⑤ 조향핸들의 시미(shimmy)현상을 줄일 수 있다.

(2) 동력조향장치의 구조

① 유압발생장치(오일펌프-동력부분), 유압제어장치(제어밸브-제어부분), 작동장치(유압실린더-작동부분)로 되어 있다.
② 안전 체크밸브는 동력조향장치가 고장 났을 때 수동조작이 가능하도록 해 준다.

(3) 앞바퀴 얼라인먼트(front wheel alignment)

① 캠버(camber) : 앞바퀴를 앞에서 보면 바퀴의 윗부분이 아래쪽보다 더 벌어져 있는데, 이 벌어진 바퀴의 중심선과 수선 사이의 각도이다.
② 캐스터(caster) : 앞바퀴를 옆에서 보았을 때 조향축(킹핀)이 수선과 어떤 각도를 두고 설치되며, 조향핸들의 복원성 부여 및 조향바퀴에 직진성능을 부여한다.
③ 토인(toe-in) : 앞바퀴를 위에서 아래로 보았을 때 앞쪽이 뒤쪽보다 좁게 되어져 있는 상태이며, 토인은 2~6mm 정도 둔다.

(4) 무한궤도형 굴착기의 조향방법

무한궤도형 굴착기의 조향(환향)작용은 유압(주행)모터로 하며, 피벗 턴과 스핀 턴이 있다.

피벗 턴(pivot turn)	스핀 턴(spin turn)
주행레버를 1개만 조작하여 선회하는 방법이다.	주행레버 2개를 동시에 반대 방향으로 조작하여 선회하는 방식이다.

2 변속장치 구조와 기능

(1) 변속기의 필요성

① 회전력을 증대시킨다.

② 기관을 무부하 상태로 한다.

③ 차량을 후진시키기 위하여 필요하다.

(2) 변속기의 구비조건

① 소형·경량이고, 고장이 없을 것

② 조작이 쉽고 신속할 것

③ 단계가 없이 연속적으로 변속될 것

④ 전달효율이 좋을 것

(3) 자동변속기(automatic transmission)

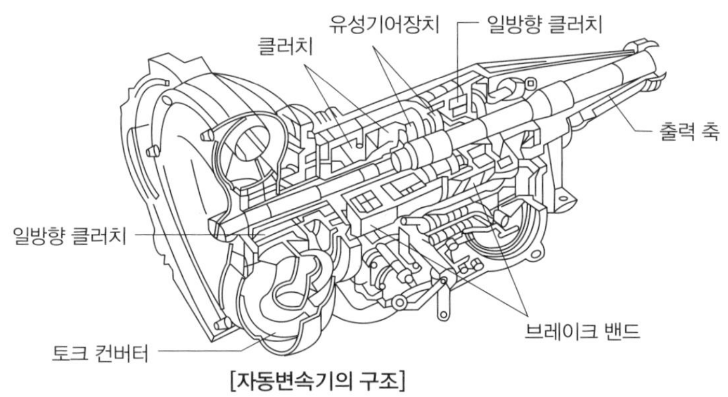

[자동변속기의 구조]

① 토크컨버터(torque converter) : 토크컨버터는 펌프(임펠러)는 엔진의 크랭크축과 기계적으로 연결되고, 터빈(러너)은 변속기 입력축과 연결되어 펌프, 터빈, 스테이터 등이 상호운동하여 회전력을 변환시킨다.

② 다판 디스크 클러치와 브레이크 밴드 : 다판 디스크 클러치는 한쪽의 회전부분과 다른 한쪽의 회전부분을 연결하거나 차단하는 작용을 한다. 브레이크 밴드는 유성기어장치의 선기어·유성기어 캐리어 및 링기어의 회전운동을 필요에 따라 고정시키는 작용을 한다.

③ 유성기어장치(planetary gear system) : 유성기어장치는 바깥쪽에 링기어가 있으며, 중심부분에 선기어가 있다. 링기어와 선기어 사이에 유성기어(유성피니언)가 있고, 유성기어를 구동시키기 위한 유성기어 캐리어로 구성된다.

3 동력전달장치 구조와 기능

(1) 드라이브 라인(drive line)

① 슬립이음(slip joint) : 추진축의 길이 변화를 주는 부품이다.

② 자재이음(유니버설 조인트) : 변속기와 종감속기어 사이의 구동각도 변화를 주는 기구이다. 즉, 두 축 사이의 충격완화와 각도변화를 융통성 있게 동력을 전달한다.

(2) 종감속기어와 차동기어장치

① 종감속기어(final reduction gear) : 기관의 동력을 바퀴까지 전달할 때 마지막으로 감속하여 전달한다.

② 차동기어장치(differential gear system)

- 타이어형 건설기계가 선회할 때 바깥쪽 바퀴의 회전속도를 안쪽 바퀴보다 빠르게 한다.
- 선회할 때 선회를 원활하게 해주는 작용을 한다.

4 제동장치 구조와 기능

(1) 제동장치의 개요

① 제동장치는 주행속도를 감속시키거나 정지시키기 위한 장치이다.

② 독립적으로 작동시킬 수 있는 2계통의 제동장치가 있다.

③ 경사로에서 정지된 상태를 유지할 수 있는 구조이다.

(2) 제동장치 구비조건

① 작동이 확실하고, 제동효과가 클 것

② 신뢰성과 내구성이 클 것

③ 점검 및 정비가 쉬울 것

(3) 유압 브레이크(hydraulic brake)

유압 브레이크는 파스칼의 원리를 응용한다.

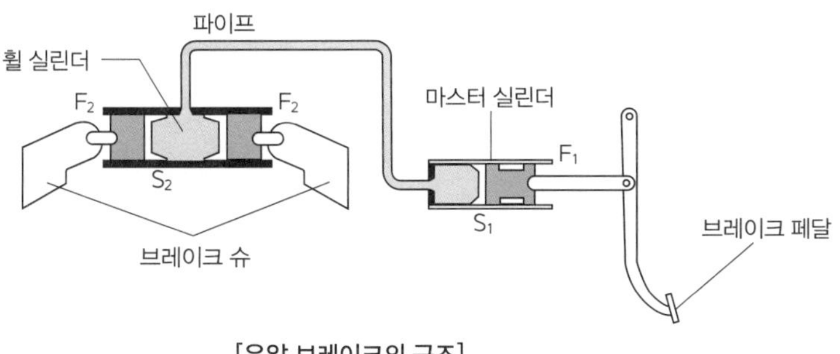

[유압 브레이크의 구조]

① 마스터 실린더(master cylinder)
- 마스터 실린더는 브레이크 페달을 밟으면 유압을 발생시킨다.
- 잔압은 마스터 실린더 내의 체크밸브에 의해 형성된다.

② 휠 실린더(wheel cylinder) : 마스터 실린더에서 압송된 유압에 의하여 브레이크 슈를 드럼에 압착시킨다.

③ 브레이크 슈(brake shoe) : 휠 실린더의 피스톤에 의해 드럼과 접촉하여 제동력을 발생하는 부품이며, 라이닝이 리벳이나 접착제로 부착되어 있다.

④ 브레이크 드럼(brake drum) : 휠 허브에 볼트로 설치되어 바퀴와 함께 회전하며, 브레이크 슈와의 마찰로 제동을 발생시킨다.

(4) 배력 브레이크(servo brake)

① 배력 브레이크는 유압 브레이크에서 제동력을 증대시키기 위해 사용한다.

② 진공배력방식(하이드로 백)은 기관의 흡입행정에서 발생하는 진공(부압)과 대기압 차이를 이용한다.

③ 진공배력장치(하이드로 백)에 고장이 발생하여도 유압 브레이크로 작동한다.

(5) 공기 브레이크(air brake)

장점	• 차량 중량에 제한을 받지 않는다. • 공기가 다소 누출되어도 제동성능이 현저하게 저하되지 않는다. • 베이퍼 록 발생 염려가 없다. • 페달 밟는 양에 따라 제동력이 제어된다(유압방식은 페달 밟는 힘에 의해 제동력이 비례한다).
작동	• 압축공기의 압력을 이용하여 모든 바퀴의 브레이크슈를 드럼에 압착시켜서 제동 작용을 한다. • 브레이크 페달로 밸브를 개폐시켜 공기량으로 제동력을 조절한다. • 브레이크 슈를 확장시키는 부품은 캠(cam)이다.

5 주행장치 구조와 기능

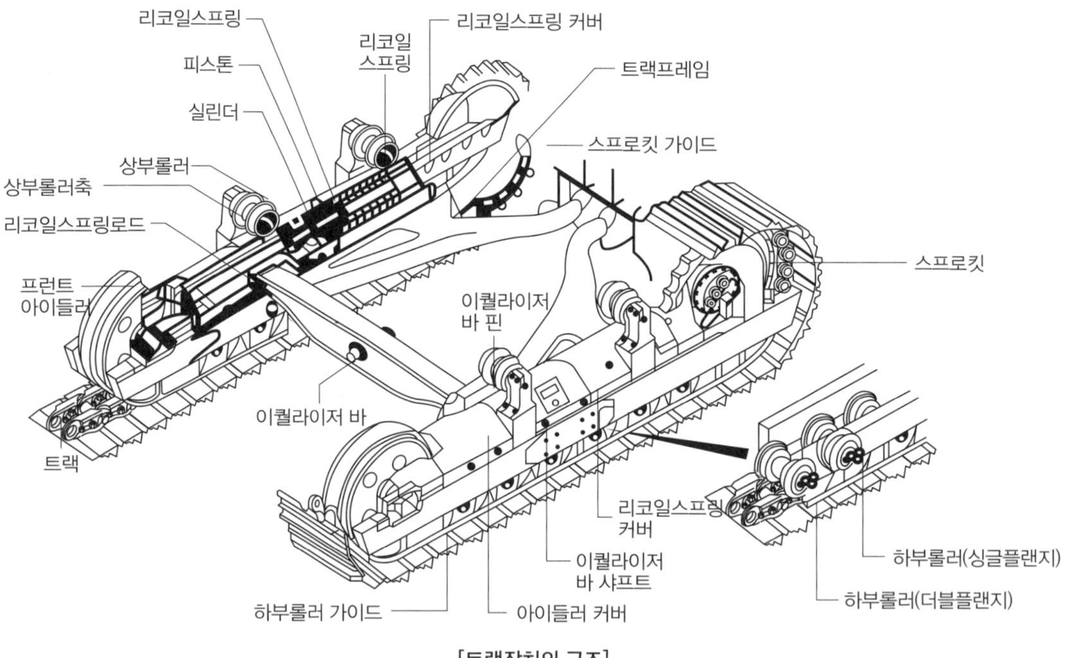

[트랙장치의 구조]

(1) 트랙(track, 무한궤도, 크롤러)

① 트랙의 구조 : 링크·핀·부싱 및 슈 등으로 구성되며, 프런트 아이들러, 상·하부 롤러, 스프로킷에 감겨져 있고, 스프로킷으로부터 동력을 받아 구동된다.

② 마스터 핀(master pin) : 트랙의 분리를 쉽게 하기 위하여 둔 것이다.

(2) 프런트 아이들러(front idler, 전부 유동륜)

프런트 아이들러는 트랙의 장력을 조정하면서 트랙의 진행방향을 유도한다.

(3) 리코일 스프링(recoil spring)

리코일 스프링은 주행 중 트랙 전방에서 오는 충격을 완화하여 차체 파손을 방지하고 운전을 원활하게 한다.

(4) 상부롤러(carrier roller)

① 상부롤러는 프런트 아이들러와 스프로킷 사이에 1~2개가 설치된다.

② 트랙이 밑으로 처지는 것을 방지하고, 트랙의 회전을 바르게 유지한다.

(5) 하부롤러(track roller)

① 하부롤러는 트랙 프레임에 3~7개 정도가 설치된다.

② 건설기계의 전체중량을 지탱하며, 전체중량을 트랙에 균등하게 분배해 주고 트랙의 회전을 바르게 유지한다.

(6) 스프로킷(기동륜)

스프로킷은 최종구동기어로부터 동력을 받아 트랙을 구동한다.

3 구조 및 기능

1 일반사항

굴착기는 붐(boom), 암(arm), 버킷(bucket)을 장착하고, 굴토(땅파기)작업, 굴착작업(건물의 기초나 지하실을 만들기 위해 소정의 모양으로 지반을 파내는 작업), 도랑파기 작업, 토사상차 작업에 사용된다.

2 작업장치

1 작업장치의 개요

굴착기의 작업장치는 붐, 암(디퍼스틱), 버킷으로 구성되며, 작업 사이클은 굴착 → 붐 상승 → 스윙(선회) → 적재 → 스윙(선회) → 굴착이다.

2 암(디퍼스틱, arm or dipper stick)

암은 버킷과 붐 사이에 설치되며 버킷이 굴착작업을 하도록 한다.

3 붐(boom)

붐은 고장력 강판을 용접한 상자(box)형으로, 상부회전체의 프레임에 풋 핀(foot pin)을 통해 설치된다.

4 버킷의 종류 및 기능

버킷은 직접 굴착하여 토사를 담는 것으로 버킷용량은 m^3로 표시한다. 버킷의 굴착력을 높이기 위해 투스(tooth)를 부착한다.

3 작업용 연결장치(퀵 커플러, quick coupler)

1 작업용 연결장치의 정의

굴착기의 선택작업장치를 신속하게 분리 및 결합할 수 있는 장치이다.

2 작업용 연결장치의 안전기준

① 버킷 잠금장치는 이중 잠금으로 할 것

② 유압 잠금장치가 해제된 경우 조종사가 알 수 있을 정도로 충분한 크기의 경고음이 발생할 것

4 상부회전체

상부회전체는 하부주행장치의 프레임(frame) 위에 설치되며, 프레임 위에 스윙 볼 레이스(swing ball race)와 결합되고, 앞쪽에는 붐이 풋 핀(foot pin)을 통해 설치되어 있다.

5 하부주행체

1 무한궤도형 굴착기 하부주행장치의 동력전달 순서

엔진 → 유압펌프 → 제어밸브 → 센터조인트 → 주행모터 → 트랙

2 센터조인트(center joint)

상부회전체의 중심부분에 설치되며, 상부회전체의 유압유를 하부주행장치(주행모터)로 공급해주는 장치이다.

3 주행모터(track motor)

센터조인트로부터 유압을 받아서 작동하며, 감속기어·스프로킷 및 트랙을 회전시켜 주행하도록 한다.

4 주행감속기어(travel reduction gear)

주행감속기어는 주행모터의 회전속도를 감속하여 견인력을 증대시켜 모터의 동력을 스프로킷으로 전달한다.

4 안전관리

1 안전보호구 착용 및 안전장치 확인

1 산업안전의 개요

① 안전제일의 이념은 인명 보호, 즉 인간 존중이다.
② 위험요인을 발견하는 방법은 안전점검이며, 일상점검, 수시점검, 정기점검, 특별점검이 있다.
③ 재해가 자주 발생하는 주원인은 고용의 불안정, 작업 자체의 위험성, 안전기술 부족 때문이며, 사고의 직접적인 원인은 불안전한 행동 및 상태이다.

2 산업재해

산업재해란 근로자가 업무에 관계되는 작업이나 기타 업무에 기인하여 사망 또는 부상하거나 질병에 걸리게 되는 것이다.

(1) 산업재해 부상의 종류

① 무상해 : 응급처치 이하의 상처로 작업에 종사하면서 치료를 받는 상해정도이다.
② 응급조치 상해 : 1일 미만의 치료를 받고 다음부터 정상작업에 임할 수 있는 정도의 상해이다.
③ 경상해 : 부상으로 1일 이상 14일 이하의 노동손실을 가져온 상해정도이다.
④ 중상해 : 부상으로 2주 이상의 노동손실을 가져온 상해정도이다.

(2) 재해율의 분류

① 도수율 : 근로시간 100만 시간당 발생하는 사고건수이다.
② 강도율 : 근로시간 1,000시간당의 재해에 의한 노동손실 일수이다.
③ 연천인율 : 1년 동안 1,000명의 근로자가 작업할 때 발생하는 사상자의 비율이다.

3 안전보호구(protective equipment)

(1) 안전모(safety cap)

작업자가 작업할 때 비래하는 물건이나 낙하하는 물건에 의한 위험성으로부터 머리를 보호한다.

(2) 안전화(safety shoe)

① 경작업용 : 금속선별, 전기제품조립, 화학제품 선별, 식품가공업 등 경량의 물체를 취급하는 작업장용이다.
② 보통작업용 : 기계공업, 금속가공업 등 공구부품을 손으로 취급하는 작업 및 차량 사업장, 기계 등을 조작하는 일반작업장용이다.
③ 중작업용 : 광산에서 채광, 철강업에서 원료 취급, 강재 운반 등 중량물 운반 작업 및 중량이 큰 물체를 취급하는 작업장용이다.

(3) 보안경

보안경은 날아오는 먼지나 쇳가루 등으로부터 눈을 보호하고 유해광선에 의한 시력장해를 방지하기 위해 사용한다.

(4) 방음보호구(귀마개·귀덮개)

소음이 발생하는 작업장에서 작업자의 청력을 보호하기 위해 사용하며, 소음의 허용기준은 8시간 작업을 할 때 90db이고, 그 이상의 소음 작업장에서는 귀마개나 귀덮개를 착용한다.

(5) 호흡용 보호구

산소결핍 작업, 분진 및 유독가스 발생 작업장에서 작업할 때 신선한 공기공급 및 여과를 통하여 호흡기를 보호한다.

4 안전장치(safety device)

(1) 안전대

안전대는 신체를 지지하는 요소와 구조물 등 걸이설비에 연결하는 요소로 구성된다. 안전대의 용도는 작업 제한, 작업자세 유지, 추락 억제이다.

(2) 방호장치

① 격리형 방호장치 : 작업점 이외에 직접 사람이 접촉하여 말려들거나 다칠 위험이 있는 장소를 덮어씌우는 방호장치 방법이다.

② 덮개형 방호조치 : V-벨트나 평 벨트 또는 기어가 회전하면서 접선방향으로 물려 들어가는 장소에 많이 설치한다.

③ 접근반응형 방호장치 : 작업자의 신체부위가 위험한계 또는 그 인접한 거리로 들어오면 이를 감지하여 그 즉시 동작하던 기계를 정지시키거나 스위치가 꺼지도록 하는 방호법이다.

2 위험요소 확인

1 안전표지

① 금지표지 : 위험한 어떤 일이나 행동 등을 하지 못하도록 제한하는 표지이다.

② 경고표지 : 조심하도록 미리 주의를 주는 표지로 직접적으로 위험한 것, 위험한 장소에 대한 표지이다.

③ 지시표지 : 불안전 행위, 부주의에 의한 위험이 있는 장소를 나타내는 표지이다.

④ 안내표지 : 응급구호표지, 방향표지, 지도표지 등 안내를 나타내는 표지이다.

2 위험요소

(1) 지상 시설물

① 전기 동력선 부근에서 작업하기 전에 관련기관과 연락을 취하여 안전사항을 숙지한다.

② 굴착기는 고압전선으로부터 최소 3m 이상 떨어져 있어야 한다.

③ 50,000V 이상인 경우에는 매 1,000V당 1m씩 떨어져 작업을 할 수 있도록 사전에 작업 반경을 확인한다.

(2) 지하 매설물

① 작업현장 주변에 가스관, 수도관, 통신선로 등의 지하 매설물 위치를 확인한다.

② 문화재 등 지장물체의 위치를 파악한다.

3 안전운반 작업

1 운반경로의 선정

운반경로를 선정할 때에는 미리 도로 및 인근상황에 대하여 충분히 조사하고, 사전에 도로 관리자 및 경찰 등과 협의하여야 한다.

2 무한궤도형 굴착기 운반방법

(1) 트레일러에 굴착기 적재하기

① 가능한 평탄한 노면에서 상·하차한다.

② 충분한 길이, 폭, 강도 및 구배를 확보한 경사대를 사용한다. 또 비나 눈 등으로 미끄러지기 쉬울 때는 주의하여 작업한다.

[트레일러에 상차하기]

4 장비 안전관리

1 일상점검표

일상점검은 작은 이상을 빨리 발견함으로 큰 고장으로 발전하지 않도록 하여, 굴착기를 최적·최상의 상태로 유지하고 수명을 연장하기 위하여 엔진을 시동하기 전에, 작업 중에, 작업을 완료한 후에 운전자가 실시하는 점검이다.

2 운전 전 점검사항

① 연료·냉각수 및 엔진오일 보유량과 상태를 점검한다.
② 유압유의 유량과 상태를 점검한다.
③ 작업장치 핀 부분의 니플에 그리스를 주유한다.
④ 타이어형 굴착기는 공기압을 점검하고, 무한궤도형 굴착기는 트랙의 장력을 점검한다.
⑤ 각종 부품의 볼트나 너트의 풀림 여부를 점검한다.
⑥ 각종 오일 및 냉각수의 누출부위는 없는지 점검한다.
⑦ 팬벨트의 유격을 점검한다.

3 운전 중 점검사항

① 엔진의 이상소음 및 배기가스 색깔을 점검(배기가스 색깔이 무색이면 정상)한다.
② 유압경고등, 충전경고등, 온도계 등 각종 계기들을 점검한다.
③ 각 부분의 오일누출 여부를 점검한다.
④ 각종 조종레버 및 페달의 작동상태를 점검한다.
⑤ 운전 중 경고등이 점등하거나 결함이 발생하면 즉시 굴착기를 정차시킨 후 점검한다.

4 운전 후 점검사항

① 연료를 보충한다.
② 상·하부 롤러 사이의 이물질을 제거한다.

③ 각 연결부분의 볼트·너트 이완 및 파손 여부를 점검한다.
④ 선회서클을 청소한다.
⑤ 각 부품의 변형 및 파손유무, 볼트나 너트의 풀림 여부를 점검한다.
⑥ 굴착기 내·외부를 청소한다.

5 수공구(hand tool) 안전사항

(1) 수공구를 사용할 때 주의사항

① 수공구를 사용하기 전에 이상 유무를 확인한다.
② 작업자는 필요한 보호구를 착용한다.
③ 용도 이외의 수공구는 사용하지 않는다.
④ 사용 전에 공구에 묻은 기름 등은 닦아낸다.
⑤ 수공구 사용 후에는 정해진 장소에 보관한다.
⑥ 공구를 던져서 전달해서는 안 된다.

(2) 렌치(wrench)를 사용할 때 주의사항

① 볼트 및 너트에 맞는 것을 사용한다. 즉 볼트 및 너트 머리 크기와 같은 조(jaw)의 렌치를 사용한다.
② 볼트 및 너트에 렌치를 깊이 물린다.
③ 렌치를 몸 안쪽으로 잡아 당겨 움직이도록 한다.
④ 힘의 전달을 크게 하기 위하여 파이프 등을 끼워서 사용해서는 안 된다.

(3) 토크렌치(torque wrench)의 특징

볼트·너트 등을 조일 때 조이는 힘을 측정하기(조임력을 규정 값에 정확히 맞도록) 위하여 사용한다.

(4) 해머(hammer) 작업을 할 때 주의사항

① 해머로 녹슨 것을 때릴 때에는 반드시 보안경을 쓴다.
② 기름이 묻은 손이나 장갑을 끼고 작업하지 않는다.
③ 해머는 작게 시작하여 점차 큰 행정으로 작업한다.

6 드릴(drill) 작업을 할 때 주의사항

① 구멍을 거의 뚫었을 때 일감 자체가 회전하기 쉽다.
② 드릴의 탈·부착은 회전이 멈춘 다음 행한다.
③ 드릴 작업은 장갑을 끼고 작업해서는 안 된다.
④ 작업 중 쇳가루를 입으로 불어서는 안 된다.
⑤ 드릴 작업을 하고자 할 때 재료 밑의 받침은 나무판을 이용한다.

7 그라인더(grinder, 연삭숫돌) 작업을 할 때 주의사항

① 숫돌차와 받침대 사이의 표준간격은 2~3mm 정도가 좋다.
② 반드시 보호안경을 착용하여야 한다.
③ 안전커버를 떼고서 작업해서는 안 된다.
④ 숫돌작업은 측면에 서서 숫돌의 정면을 이용하여 연삭한다.

8 산소-아세틸렌 용접(oxy-acetylene welding) 주의사항

① 반드시 소화기를 준비한다.
② 아세틸렌 밸브를 열어 점화한 후 산소 밸브를 연다.
③ 점화는 성냥불로 직접 하지 않는다.
④ 역화가 발생하면 토치의 산소 밸브를 먼저 닫고 아세틸렌 밸브를 닫는다.
⑤ 산소 통의 메인밸브가 얼었을 때 40℃ 이하의 물로 녹인다.
⑥ 산소는 산소병에 35℃에서 150기압으로 압축 충전한다.

5 가스 및 전기 안전관리

1 LNG와 LPG

(1) LNG(액화천연가스 또는 도시가스)

LNG(Liquefied Natural Gas)는 주성분이 메탄(methane)이며, 공기보다 가벼워서 누출되면 위로 올라간다.

(2) LPG(액화석유가스)

LPG(Liquefied Petroleum Gas)는 주성분이 프로판(propane)과 부탄(butane)이며, 공기보다 무거워서 누출되면 바닥에 가라앉는다.

2 가스배관과의 이격거리 및 매설깊이

① 상수도관을 도시가스배관 주위에 매설할 때 도시가스배관 외면과 상수도관과의 최소 이격거리는 30cm 이상이다.
② 가스배관과의 수평거리 2m 이내에서 파일박기를 하고자 할 때 시험굴착을 통하여 가스배관의 위치를 확인해야 한다.
③ 항타기(기둥박기 장비)는 부득이한 경우를 제외하고 가스배관의 수평거리를 최소한 2m 이상 이격하여 설치한다.
④ 가스배관과 수평거리 30cm 이내에서는 파일박기를 할 수 없다.
⑤ 도시가스배관을 공동주택부지 내에서 매설할 때 깊이는 0.6m 이상이어야 한다.
⑥ 폭 4m 이상 8m 미만인 도로에 일반도시가스배관을 매설할 때 지면과 배관 상부와의 최소 이격거리는 1.0m이다.
⑦ 도로 폭이 8m 이상의 큰 도로에서 장애물 등이 없을 경우 일반도시가스배관의 최소 매설깊이는 1.2m 이상이다.
⑧ 폭 8m 이상의 도로에서 중압도시가스배관을 매설 시 규정심도는 최소 1.2m 이상이다.
⑨ 가스도매사업자의 배관을 시가지의 도로노면 밑에 매설하는 경우 노면으로부터 배관 외면까지의 깊이는 1.5m 이상이다.

3 가스배관 및 보호포의 색상

① 저압인 경우에는 황색이다.
② 중압 이상인 경우에는 적색이다.

4 도시가스 압력에 의한 분류

① 저압 : 0.1MPa(메가파스칼) 미만

② 중압 : 0.1MPa 이상 1MPa 미만

③ 고압 : 1MPa 이상

5 인력으로 굴착하여야 하는 범위

가스배관의 주위를 굴착하고자 할 때에는 가스배관의 좌우 1m 이내의 부분은 인력으로 굴착하여야 한다.

6 전기안전관련 및 전기시설

(1) 전선로와의 안전 이격거리

① 전압이 높을수록 이격거리를 크게 한다.

② 1개 틀의 애자수가 많을수록 이격거리를 크게 한다.

③ 전선이 굵을수록 이격거리를 크게 한다.

(2) 전압에 따른 건설기계의 이격거리

구 분	전압	이격거리	비고
저·고압	100V, 200V	2m	
	6,600V	2m	
특별고압	22,000V	3m	고압전선으로부터 최소 3m 이상 떨어져 있어야 하며, 50,000V 이상인 경우 1,000V당 1m씩 떨어져야 한다.
	66,000V	4m	
	154,000V	5m	
	275,000V	7m	
	500,000V	11m	

(3) 고압전선 부근에서 작업할 때 주의사항

① 굴착기의 최대 높이와 작업장 주변의 고압전선 등에 닿는 거리를 사전에 파악하여 안전한 작업을 할 수 있도록 위치를 확인한다.

② 작업장 주변에 고압전선이 있을 경우 굴착기의 작업부분과 부착물 등의 작업 반경과 동력선 등에 안전한 거리를 유지하고 작업한다.

③ 안전을 위해 굴착기는 고압전선으로부터 최소 3m 이상 떨어져 있어야 한다. 50,000V 이상인 경우에는 매 1,000V당 1m씩 떨어져 작업을 할 수 있도록 사전에 작업 반경을 확인하여야 하며 사고예방을 위한 최소한의 거리를 확보하는 것이 중요하다.

5 건설기계관리법 및 도로교통법

1 건설기계관리법

1 건설기계관리법의 목적

건설기계의 등록·검사·형식승인 및 건설기계사업과 건설기계조종사면허 등에 관한 사항을 정하여 건설기계를 효율적으로 관리하고 건설기계의 안전도를 확보하여 건설공사의 기계화를 촉진함을 목적으로 한다.

2 건설기계 사업

건설기계 사업의 분류에는 대여업, 정비업, 매매업, 해체재활용업 등이 있으며, 건설기계 사업을 영위하고자 하는 자는 특별자치시장·특별자치도지사·시장·군수·구청장에게 등록하여야 한다.

3 건설기계 등록신청

① 건설기계를 등록하려는 건설기계의 소유자는 건설기계소유자의 주소지 또는 건설기계의 사용본거지를 관할하는 특별시장·광역시장·도지사 또는 특별자치도지사(이하 "시·도지사")에게 제출하여야 한다.
② 건설기계 등록신청은 건설기계를 취득한 날(판매를 목적으로 수입된 건설기계의 경우에는 판매한 날)부터 2월 이내에 하여야 한다. 다만, 전시·사변 기타 이에 준하는 국가비상사태하에 있어서는 5일 이내에 신청하여야 한다.

4 건설기계 조종사 면허

(1) 건설기계 조종사 면허의 결격사유

① 18세 미만인 사람
② 건설기계조종 상의 위험과 장해를 일으킬 수 있는 정신질환자 또는 뇌전증환자
③ 앞을 보지 못하는 사람, 듣지 못하는 사람
④ 국토교통부령이 정하는 장애인
⑤ 마약, 대마, 향정신성 의약품 또는 알코올 중독자
⑥ 건설기계조종사면허가 취소된 날부터 1년이 경과되지 아니한 자
⑦ 거짓 그 밖의 부정한 방법으로 면허를 받아 취소된 날로부터 2년이 경과되지 아니한 자
⑧ 건설기계조종사면허의 효력정지기간 중에 건설기계를 조종하여 취소되어 2년이 경과되지 아니한 자

(2) 건설기계 면허 적성검사 기준

① 두 눈을 동시에 뜨고 잰 시력이 0.7 이상일 것(교정시력을 포함)
② 두 눈의 시력이 각각 0.3 이상일 것(교정시력을 포함)
③ 55데시벨(보청기를 사용하는 사람은 40데시벨)의 소리를 들을 수 있고, 언어분별력이 80% 이상일 것
④ 시각은 150도 이상일 것
⑤ 마약·알코올 중독의 사유에 해당되지 아니할 것
⑥ 건설기계조종사는 10년마다(65세 이상인 경우는 5년마다) 시장·군수 또는 구청장이 실시하는 정기적성검사를 받아야 한다.

5 등록번호표

(1) 등록번호표에 표시되는 사항

등록번호표에는 기종, 등록관청, 등록번호, 용도 등이 표시된다.

(2) 등록번호표의 색상

① 비사업용(관용 또는 자가용) : 흰색 바탕에 검은색 문자
② 대여사업용 : 주황색 바탕에 검은색 문자
③ 임시운행 번호표 : 흰색 페인트 판에 검은색 문자

(3) 건설기계 등록번호

① 관용 : 0001~0999
② 자가용 : 1000~5999
③ 대여사업용 : 6000~9999

6 건설기계 검사

(1) 건설기계 검사의 종류

① 신규등록검사 : 건설기계를 신규로 등록할 때 실시하는 검사이다.
② 정기검사 : 건설공사용 건설기계로서 3년의 범위에서 국토교통부령으로 정하는 검사유효기간이 끝난 후에 계속하여 운행하려는 경우에 실시하는 검사와 대기환경보전법 및 소음·진동관리법에 따른 운행차의 정기검사이다.
③ 구조변경검사 : 건설기계의 주요구조를 변경 또는 개조한 때 실시하는 검사이다.
④ 수시검사 : 성능이 불량하거나 사고가 자주 발생하는 건설기계의 안전성 등을 점검하기 위하여 수시로 실시하는 검사와 건설기계 소유자의 신청을 받아 실시하는 검사이다.

(2) 정기검사 신청기간 및 검사기간 산정

① 정기검사를 받으려는 자는 검사유효기간의 만료일 전후 각각 31일 이내에 신청한다.
② 유효기간의 산정은 정기검사신청기간까지 신청한 경우에는 종전 검사유효기간 만료일의 다음 날부터, 그 외의 경우에는 검사를 받은 날의 다음 날부터 기산한다.

(3) 당해 건설기계가 위치한 장소에서 검사(출장검사)하는 경우

① 도서지역에 있는 경우
② 자체중량이 40톤을 초과하거나 축중이 10톤을 초과하는 경우
③ 너비가 2.5미터를 초과하는 경우
④ 최고속도가 시간당 35킬로미터 미만인 경우

(4) 굴착기 정기검사 유효기간

타이어형 굴착기의 정기검사 유효기간은 1년이다.

(5) 정비명령

검사에 불합격된 건설기계에 대해서는 31일 이내의 기간을 정하여 해당 건설기계의 소유자에게 검사를 완료한 날(검사를 대행하게 한 경우에는 검사결과를 보고받은 날)부터 10일 이내에 정비명령을 해야 한다.

7 건설기계의 구조 변경을 할 수 없는 경우

① 건설기계의 기종 변경
② 육상작업용 건설기계규격의 증가 또는 적재함의 용량 증가를 위한 구조 변경

8 건설기계조종사면허 취소 및 정지 사유

(1) 면허취소 사유

① 거짓이나 그 밖의 부정한 방법으로 건설기계조종사면허를 받은 경우
② 건설기계조종사면허의 효력정지기간 중 건설기계를 조종한 경우
③ 건설기계 조종 상의 위험과 장해를 일으킬 수 있는 정신질환자 또는 뇌전증환자로서 국토교통부령으로 정하는 사람
④ 앞을 보지 못하는 사람, 듣지 못하는 사람, 그 밖에 국토교통부령으로 정하는 장애인
⑤ 건설기계 조종 상의 위험과 장해를 일으킬 수 있는 마약·대마·향정신성의약품 또는 알코올중독자로서 국토교통부령으로 정하는 사람
⑥ 건설기계의 조종 중 고의 또는 과실로 중대한 사고를 일으킨 경우
- 고의로 인명피해(사망·중상·경상 등)를 입힌 경우
- 과실로 중대재해가 발생한 경우

⑦ 건설기계조종사면허증을 다른 사람에게 빌려 준 경우
⑧ 술에 만취한 상태(혈중 알코올농도 0.08% 이상)에서 건설기계를 조종한 경우
⑨ 술에 취한 상태에서 건설기계를 조종하다가 사고로 사람을 죽게 하거나 다치게 한 경우
⑩ 2회 이상 술에 취한 상태에서 건설기계를 조종하여 면허효력정지를 받은 사실이 있는 사람이 다시 술에 취한 상태에서 건설기계를 조종한 경우
⑪ 약물(마약, 대마, 향정신성 의약품 및 환각물질)을 투여한 상태에서 건설기계를 조종한 경우
⑫ 정기적성검사를 받지 않거나 적성검사에 불합격한 경우

(2) 면허정지 사유

① 인명피해를 입힌 경우
- 사망 1명마다 : 면허효력정지 45일
- 중상 1명마다 : 면허효력정지 15일
- 경상 1명마다 : 면허효력정지 5일

② 재산피해 : 피해금액 50만 원 마다 면허효력정지 1일(90일을 넘지 못함)
③ 건설기계 조종 중에 고의 또는 과실로 가스공급시설을 손괴하거나 가스공급시설의 기능에 장애를 입혀 가스의 공급을 방해한 경우 : 면허효력정지 180일
④ 술에 취한 상태(혈중 알코올 농도 0.03% 이상 0.08% 미만)에서 건설기계를 조종한 경우 : 면허효력정지 60일

9 벌칙

(1) 2년 이하의 징역 또는 2천만 원 이하의 벌금

① 등록되지 아니한 건설기계를 사용하거나 운행한 자
② 등록이 말소된 건설기계를 사용하거나 운행한 자
③ 시·도지사의 지정을 받지 아니하고 등록번호표를 제작하거나 등록번호를 새긴 자

(2) 1년 이하의 징역 또는 1천만 원 이하의 벌금

① 거짓이나 그 밖의 부정한 방법으로 등록을 한 자
② 등록번호를 지워 없애거나 그 식별을 곤란하게 한 자
③ 구조변경검사 또는 수시검사를 받지 아니한 자
④ 정비명령을 이행하지 아니한 자
⑤ 건설기계조종사면허를 받지 아니하고 건설기계를 조종한 자
⑥ 건설기계조종사면허를 거짓이나 그 밖의 부정한 방법으로 받은 자
⑦ 소형 건설기계의 조종에 관한 교육과정의 이수에 관한 증빙서류를 거짓으로 발급한 자
⑧ 술에 취하거나 마약 등 약물을 투여한 상태에서 건설기계를 조종한 자와 그러한 자가 건설기계를 조종하는 것을 알고도 말리지 아니하거나 건설기계를 조종하도록 지시한 고용주
⑨ 건설기계조종사면허가 취소되거나 건설기계조종사면허의 효력정지처분을 받은 후에도 건설기계를 계속하여 조종한 자
⑩ 건설기계를 도로나 타인의 토지에 버려둔 자

(3) 100만 원 이하의 과태료

① 등록번호표를 부착·봉인하지 아니하거나 등록번호를 새기지 아니한 자
② 등록번호표를 부착 및 봉인하지 아니한 건설기계를 운행한 자
③ 등록번호표를 가리거나 훼손하여 알아보기 곤란하게 한 자 또는 그러한 건설기계를 운행한 자
④ 등록번호의 새김명령을 위반한 자

10 대형 건설기계 범위

① 길이가 16.7미터를 초과하는 건설기계
② 너비가 2.5미터를 초과하는 건설기계
③ 높이가 4.0미터를 초과하는 건설기계
④ 최소회전반경이 12미터를 초과하는 건설기계
⑤ 총중량이 40톤을 초과하는 건설기계(다만, 굴착기, 로더 및 지게차는 운전중량이 40톤을 초과하는 경우)
⑥ 총중량 상태에서 축하중이 10톤을 초과하는 건설기계(다만, 굴착기, 로더 및 지게차는 운전중량 상태에서 축하중이 10톤을 초과하는 경우)

11 건설기계의 좌석안전띠

① 30km/h 이상의 속도를 낼 수 있는 타이어식 건설기계에는 좌석안전띠를 설치해야 한다.
② 안전띠는 사용자가 쉽게 잠그고 풀 수 있는 구조여야 한다.

2 도로교통법

1 도로교통법의 목적

도로에서 일어나는 교통상의 모든 위험과 장해를 방지하고 제거하여 안전하고 원활한 교통을 확보함을 목적으로 한다.

2 신호 또는 지시에 따를 의무

신호기나 안전표지가 표시하는 신호 또는 지시와 교통정리를 위한 경찰공무원 등의 신호 또는 지시가 다른 때에는 경찰공무원 등의 신호 또는 지시에 따라야 한다.

3 이상 기후일 경우의 운행속도

도로의 상태	감속운행속도
• 비가 내려 노면에 습기가 있는 때 • 눈이 20mm 미만 쌓인 때	최고 속도의 20/100
• 폭우·폭설·안개 등으로 가시거리가 100m 이내인 때 • 노면이 얼어붙는 때 • 눈이 20mm 이상 쌓인 때	최고 속도의 50/100

4 앞지르기 금지

(1) 앞지르기 금지

① 앞차의 좌측에 다른 차가 앞차와 나란히 가고 있을 때
② 앞차가 다른 차를 앞지르고 있거나 앞지르고자 할 때
③ 앞차가 좌측으로 방향을 바꾸기 위하여 진로 변경하는 경우 및 반대 방향에서 오는 차량의 진행을 방해하게 될 때

(2) 앞지르기 금지장소

교차로, 도로의 구부러진 곳, 비탈길의 고갯마루 부근, 가파른 비탈길의 내리막, 터널 안, 다리 위 등이다.

(3) 차마 서로 간의 통행 우선순위

긴급자동차 → 긴급자동차 이외의 자동차 → 원동기장치자전거 → 자동차 및 원동기장치자전거 이외의 차마

5 주·정차 금지장소

① 화재경보기로부터 3m 이내의 곳
② 교차로의 가장자리 또는 도로의 모퉁이로부터 5m 이내의 곳
③ 횡단보도로부터 10m 이내의 곳
④ 버스여객 자동차의 정류소를 표시하는 기둥이나 판 또는 선이 설치된 곳으로부터 10m 이내의 곳
⑤ 건널목 가장자리로부터 10m 이내의 곳
⑥ 안전지대가 설치된 도로에서 그 안전지대의 사방으로부터 각각 10m 이내의 곳

6 주차 금지장소

① 소방용 기계기구가 설치된 곳으로부터 5m 이내의 곳
② 소방용 방화물통으로부터 5m 이내의 곳
③ 소화전 또는 소화용 방화물통의 흡수구나 흡수관을 넣는 구멍으로부터 5m 이내의 곳
④ 도로공사 중인 경우 공사구역의 양쪽 가장자리로부터 5m 이내
⑤ 터널 안 및 다리 위

7 교통사고 발생 후 벌점

① 사망 1명마다 90점(사고 발생으로부터 72시간 내에 사망한 때)
② 중상 1명마다 15점(3주 이상의 치료를 요하는 의사의 진단이 있는 사고)
③ 경상 1명마다 5점(3주 미만 5일 이상의 치료를 요하는 의사의 진단이 있는 사고)
④ 부상신고 1명마다 2점(5일 미만의 치료를 요하는 의사의 진단이 있는 사고)

6 장비구조

1 엔진구조

1 엔진(heat engine)의 정의

엔진이란 연료를 연소시켜 발생한 열에너지를 기계적 에너지인 크랭크축의 회전력을 얻는 장치이다.

2 엔진의 구성

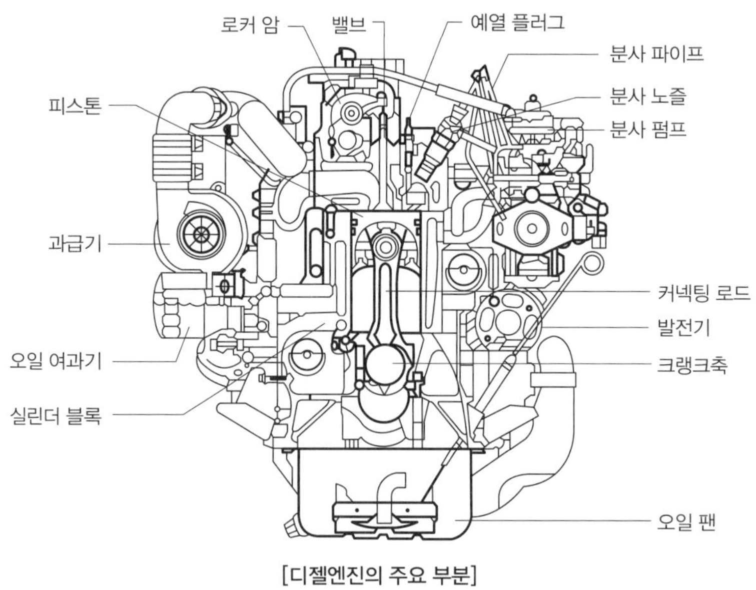

[디젤엔진의 주요 부분]

(1) 실린더 헤드(cylinder head)

실린더 헤드는 헤드개스킷을 사이에 두고 실린더 블록에 볼트로 설치되며, 피스톤 및 실린더와 함께 연소실을 형성한다.

(2) 실린더 블록(cylinder block)

실린더 블록은 엔진의 기초 구조물이며, 위쪽에는 실린더 헤드가 설치되고, 아래 중앙 부분에는 평면베어링을 사이에 두고 크랭크축이 설치된다. 내부에는 피스톤이 왕복운동을 하는 실린더가 마련되어 있으며, 실린더 냉각을 위한 물재킷이 실린더를 둘러싸고 있다.

(3) 피스톤

피스톤은 실린더 내를 직선왕복운동을 하여 폭발행정에서의 고온·고압가스로부터 받은 동력을 커넥팅로드를 통하여 크랭크축에 회전력을 발생시키고 흡입·압축 및 배기행정에서는 크랭크축으로부터 힘을 받아서 각각 작용을 한다.

(4) 크랭크축(crank shaft)

크랭크축은 폭발행정에서 얻은 피스톤의 동력을 회전운동으로 바꾸어 엔진의 출력을 외부로 전달하고, 흡입·압축 및 배기행정에서는 피스톤에 운동을 전달하는 회전축이다.

(5) 플라이 휠(fly wheel)

플라이 휠은 엔진의 맥동적인 회전을 관성력을 이용하여 원활한 회전으로 바꾸어 주는 역할을 하는 부품이다.

(6) 크랭크축 베어링(crank shaft bearing)

크랭크축과 커넥팅 로드 대단부에서는 평면베어링(미끄럼 베어링)을 사용한다.

(7) 밸브 기구(valve train)

밸브 기구는 캠축, 밸브 리프터, 푸시로드, 로커 암, 밸브 등으로 구성된다.

3 윤활장치 구조와 기능

윤활장치는 엔진의 작동을 원활하게 하고, 각 부분의 마찰로 인한 마멸을 방지하고자 엔진 각 작동부분에 오일을 공급한다.

4 엔진오일의 작용

① 마찰 감소 및 마멸 방지작용
② 실린더 내의 가스누출 방지(밀봉, 기밀 유지)작용
③ 열전도(냉각)작용
④ 세척(청정)작용
⑤ 응력 분산(충격 완화)작용
⑥ 부식 방지(방청)작용

5 엔진오일의 구비조건

① 점도지수가 커 온도와 점도와의 관계가 적당할 것
② 인화점 및 자연발화점이 높을 것
③ 강인한 유막을 형성할 것
④ 응고점이 낮고 비중과 점도가 적당할 것
⑤ 기포발생 및 카본생성에 대한 저항력이 클 것

6 윤활장치의 구성부품

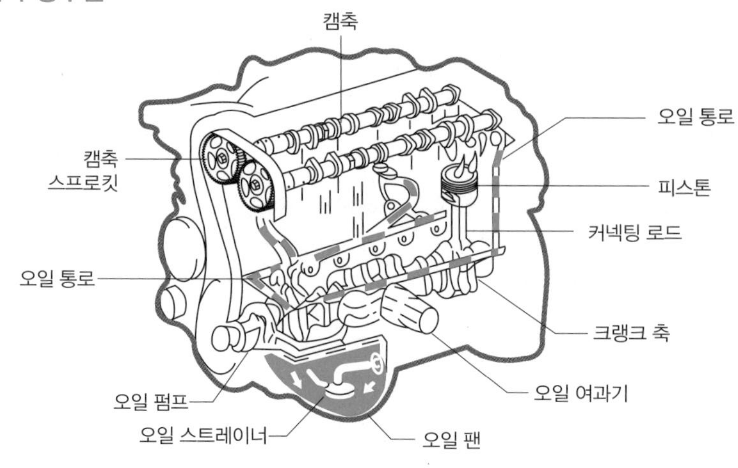

[윤활장치의 구성]

(1) 오일 팬(oil pan, 아래 크랭크 케이스)

오일 팬은 엔진의 가장 아래쪽에 설치되어 있으며 엔진오일이 담겨지는 용기이다.

(2) 오일 스트레이너(oil strainer)

오일 스트레이너는 오일 팬 속에 들어 있으며 가느다란 철망으로 되어 있어 비교적 큰 불순물을 제거하고, 오일을 펌프로 유도해 준다.

(3) 오일 펌프(oil pump)

오일 펌프는 오일 팬 내의 오일을 흡입·가압하여 각 윤활부분으로 압송하며, 종류에는 기어 펌프, 베인 펌프, 로터리 펌프, 플런저 펌프 등이 있다.

(4) 유압조절밸브(oil pressure relief valve)

유압조절밸브는 윤활회로 내의 유압이 과다하게 상승하는 것을 방지하여 유압을 일정하게 유지해 준다.

(5) 오일여과기(oil filter)

오일여과기는 오일의 세정(여과)작용을 하며, 여과지 엘리먼트를 주로 사용한다.

(6) 오일레벨게이지(oil level gauge, 유면표시기)

오일레벨게이지는 오일 팬 내의 오일량을 점검할 때 사용하는 금속막대이며, F(full)와 L(low)표시가 있다. 오일량을 점검할 때에는 엔진의 가동이 정지된 상태에서 점검하며, 이때 F선 가까이 있으면 양호하다. 그리고 보충할 때에는 F선까지 한다.

7 기계제어 디젤엔진 연료장치

(1) 연료탱크(fuel tank)

연료탱크는 연료를 저장하는 용기이며, 특히 겨울철에는 공기 중의 수증기가 응축하여 물이 되어 들어가므로 연료탱크 내에 연료를 가득 채워 두어야 한다.

(2) 연료공급펌프(feed pump)

연료공급펌프는 연료탱크 내의 연료를 흡입·가압하여 분사펌프로 보내는 장치이며, 연료계통에 공기가 침입하였을 때 공기빼기 작업을 하는 프라이밍 펌프가 있다.

(3) 연료여과기(fuel filter)

연료여과기는 연료 속의 먼지나 수분을 제거 분리한다.

(4) 분사펌프(injection pump)

분사펌프는 연료공급펌프에서 보내준 저압의 연료를 고압으로 형성하여 분사노즐로 보낸다.

(5) 분사노즐(injection nozzle)

분사노즐은 분사펌프에서 보내준 고압의 연료를 미세한 안개 모양으로 연소실 내에 분사한다.

8 전자제어 디젤엔진 연료장치(커먼레일 방식)

(1) 전자제어 디젤엔진 연료장치의 장점

① 유해배출가스를 감소시킬 수 있다.
② 연료소비율, 엔진의 성능, 운전성능을 향상시킬 수 있다.
③ 밀집된(compact) 설계 및 경량화를 이룰 수 있다.
④ 모듈(module)화 장치가 가능하다.

(2) 전자제어 디젤엔진의 연료장치

① 저압연료펌프 : 연료펌프 릴레이로부터 전원을 받아 작동하며, 저압의 연료를 고압연료펌프로 보낸다.
② 연료여과기 : 연료 속의 수분 및 이물질을 여과하며, 연료가열장치가 설치되어 있어 겨울철에 냉각된 엔진을 시동할 때 연료를 가열한다.
③ 고압연료펌프 : 저압연료펌프에서 공급된 연료를 약 1,350bar의 높은 압력으로 압축하여 커먼레일로 보낸다.
④ 커먼레일(common rail) : 고압연료펌프에서 공급된 연료를 저장하며, 연료를 각 실린더의 인젝터로 분배해 준다. 연료압력센서와 연료압력조절밸브가 설치되어 있다.
⑤ 연료압력조절밸브 : 고압연료펌프에서 커먼레일에 압송된 연료의 복귀량을 제어하여 엔진 작동상태에 알맞은 연료압력으로 제어한다.
⑥ 고압파이프 : 커먼레일에 공급된 높은 압력의 연료를 각 인젝터로 공급한다.
⑦ 인젝터 : 높은 압력의 연료를 컴퓨터의 전류제어를 통하여 연소실에 미립형태로 분사한다.

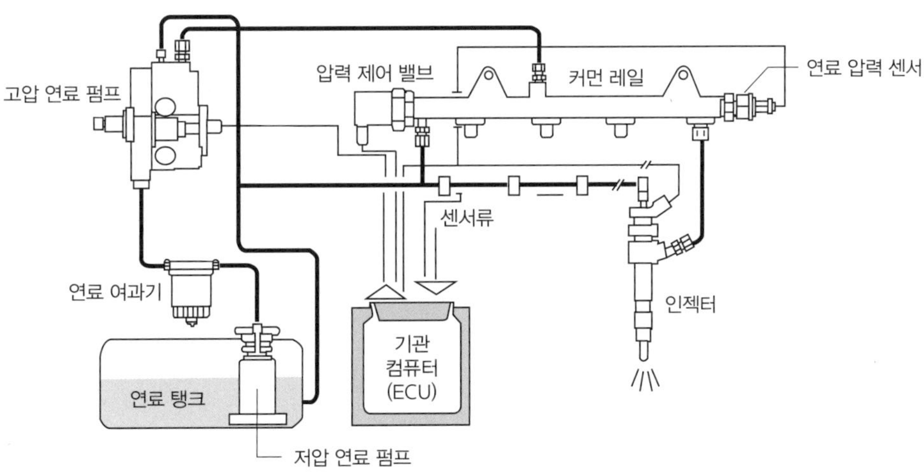

[전자제어 디젤엔진 연료장치의 구성]

(3) 컴퓨터(ECU)의 입력요소자

① 연료압력센서(RPS, rail pressure sensor) : 커먼레일 내의 연료압력을 검출하여 컴퓨터(ECU)로 입력시킨다.

② 공기유량센서(AFS, air flow sensor) : 열막 방식을 이용한다. 작용은 EGR(배기가스 재순환) 피드백 제어이며, 스모그 제한 부스터 압력제어용으로 사용한다.

③ 흡기온도센서(ATS, air temperature sensor) : 부특성 서미스터를 사용하며, 각종 제어(연료분사량, 분사시기, 엔진을 시동할 때 연료분사량 제어 등)의 보정신호로 사용된다.

④ 연료온도센서(FTS, fuel temperature sensor) : 부특성 서미스터를 사용하며, 연료온도에 따른 연료분사량 보정신호로 사용된다.

⑤ 수온센서(WTS, water temperature sensor) : 부특성 서미스터를 사용하며 냉간 시동에서 연료분사량을 증가시켜 원활한 시동이 될 수 있도록 엔진의 냉각수 온도를 검출한다.

⑥ 크랭크축 위치센서(CPS, crank shaft position sensor) : 크랭크축과 일체로 된 센서 휠(sensor wheel)의 돌기를 검출하여 크랭크축의 각도 및 피스톤의 위치, 엔진 회전속도 등을 검출한다.

⑦ 캠축 위치센서(CMP, cam shaft position sensor) : 캠축에 설치되어 캠축 1회전(크랭크축 2회전)당 1개의 펄스신호를 발생시켜 컴퓨터로 입력시킨다.

⑧ 가속페달 위치센서(APS, accelerator sensor) : 운전자의 의지를 컴퓨터로 전달하는 센서이며, 센서 1에 의해 연료분사량과 분사시기가 결정되며, 센서 2는 센서 1을 감시하는 기능으로 차량의 급출발을 방지하기 위한 것이다.

9 공기청정기(air cleaner)

공기청정기는 흡입공기 여과와 흡입소음을 감소시키며, 엘리먼트가 막히면 배기가스 색깔은 흑색이 되고, 엔진의 출력은 저하한다.

10 과급기(turbo charger)

과급기(터보차저)는 흡입공기량을 증가시켜 엔진의 출력을 증대(엔진의 중량은 10~15% 정도 증가하나 출력은 35~45% 증가)시키는 장치이다.

11 소음기(muffler, 머플러)

소음기를 부착하면 배기소음은 작아지나, 배기가스의 배출이 늦어져 엔진의 출력이 저하된다. 또 소음기에 카본이 많이 끼면 엔진이 과열하며, 피스톤에 배압이 커져 출력이 저하된다.

12 냉각장치

냉각장치는 작동 중인 엔진의 온도를 75~95℃(실린더 헤드 물재킷 내의 온도)로 유지하기 위한 것이다.

13 수랭식 냉각장치

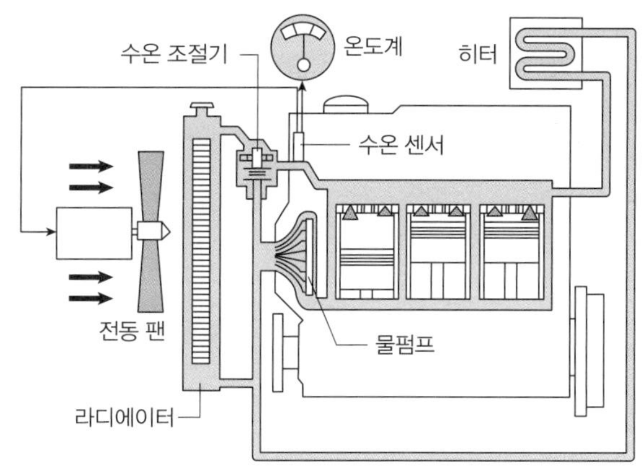

[수령식 냉각장치의 구성]

(1) 물재킷(water jacket) : 물재킷은 실린더 블록과 헤드에 마련된 냉각수 통로이다.

(2) 물펌프(water pump) : 크랭크축 풀리에서 팬벨트(V형 벨트)로 구동되며 냉각수를 순환시킨다.

(3) 냉각팬(cooling fan) : 물펌프 축과 함께 회전하면서 라디에이터를 통하여 공기를 흡입하여 라디에이터 냉각을 도와준다. 최근에는 냉각수 온도에 따라 작동하는 전동 팬을 사용한다.

(4) 팬벨트(fan belt) : 고무제 V벨트이며 풀리와의 접촉은 양쪽 경사진 부분에 접촉되어야 하며, 풀리의 밑 부분에 접촉하면 미끄러진다. 팬벨트는 풀리의 회전을 정지시킨 후 걸어야 한다.

(5) 라디에이터(radiator, 방열기)

라디에이터는 엔진 내에서 뜨거워진 냉각수를 냉각시켜주는 기구이다.

(6) 라디에이터 캡

라디에이터 캡은 냉각장치 내의 비등점(끓는점)을 높이기 위해 압력 캡을 사용한다.

(7) 수온조절기(thermostat, 정온기)

수온조절기는 냉각수 온도에 따라 개폐되어 엔진의 온도를 알맞게 유지한다.

14 냉각수와 부동액

(1) 냉각수 : 냉각수는 증류수·빗물·수돗물 등의 연수를 사용한다.

(2) 부동액

에틸렌글리콜, 메탄올(알코올), 글리세린 등이 있으며, 현재는 에틸렌글리콜을 주로 사용한다. 에틸렌글리콜은 물과 50:50의 비율로 혼합하면 -45℃까지 얼지 않으며, 팽창계수과 금속부식성이 크기 때문에 정기적으로(2~3년) 교환하여야 한다.

15 엔진의 과열 원인

① 팬벨트의 장력이 적거나 파손되었을 때
② 냉각팬이 파손되었을 때
③ 라디에이터 호스가 파손되었을 때
④ 라디에이터 코어가 20% 이상 막혔을 때

⑤ 라디에이터 코어가 파손되었거나 오손되었을 때
⑥ 물펌프의 작동이 불량하거나 고장이 났을 때
⑦ 수온조절기(정온기)가 닫힌 채 고장이 났을 때
⑧ 수온조절기가 열리는 온도가 너무 높을 때
⑨ 물재킷 내에 스케일(물때)이 많이 쌓여 있을 때
⑩ 냉각수의 양이 부족할 때

2 전기장치

1 전류 · 전압 및 저항

(1) 전류

① 전류란 자유전자의 이동이며, 측정단위는 암페어(A)이다.
② 전류는 발열작용, 화학작용, 자기작용을 한다.

(2) 전압(전위차)

전압은 전류를 흐르게 하는 전기적인 압력이며, 측정단위는 볼트(V)이다.

(3) 저항

① 저항은 전자의 움직임을 방해하는 요소이며, 측정단위는 옴(Ω)이다.
② 전선의 저항은 길이가 길어지면 커지고, 지름이 커지면 작아진다.

2 전기회로의 법칙

(1) 옴의 법칙(Ohm' Law)

① 도체에 흐르는 전류는 전압에 정비례하고, 그 도체의 저항에는 반비례한다.
② 도체의 저항은 도체 길이에 비례하고, 단면적에 반비례한다.

(2) 키르히호프의 법칙(Kirchhoff's Law)

① 키르히호프의 제1법칙 : 회로 내의 어떤 한 점에 유입된 전류의 총합과 유출한 전류의 총합은 같다.
② 키르히호프의 제2법칙 : 임의의 폐회로(closed circuit)에서 기전력의 총합과 저항에 의한 전압강하의 총합은 같다.

3 접촉저항

① 접촉저항은 도체를 연결할 때 헐겁게 연결하거나 녹 및 페인트 등을 떼어내지 않고 전선을 연결하면 그 접촉면 사이에 저항이 발생하여 열이 생기고 전류의 흐름이 방해되는 현상이다.
② 접촉저항은 스위치 접점, 배선의 커넥터, 축전지 단자(터미널) 등에서 발생하기 쉽다.

4 퓨즈(fuse)

① 퓨즈는 단락(short)으로 인하여 전선이 타거나 과대전류가 부하로 흐르지 않도록 하는 안전장치이다. 즉 전기장치에서 과전류에 의한 화재예방을 위해 사용하는 부품이다.
② 퓨즈의 용량은 암페어(A)로 표시하며, 회로에 직렬로 연결된다.
③ 퓨즈의 재질은 납과 주석의 합금이다.

5 축전지

(1) 축전지의 정의

축전지는 전류의 화학작용을 이용하며, 화학적 에너지를 전기적 에너지로 바꾸는 장치이다.

(2) 축전지의 기능

① 시동장치의 전기적 부하를 담당한다.
② 발전기가 고장일 경우 주행전원으로 작동한다.
③ 운전상태에 따른 발전기 출력과 부하와의 불균형을 조정한다.

6 납산축전지의 구조

(1) 납산축전지의 양극판·음극판의 작용

양(+)극판은 과산화납(PbO_2)이고, 음(-)극판은 해면상납(Pb)이다. 방전하면 양극판의 과산화납과 음극판의 해면상납이 묽은 황산(H_2SO_4)과 화학반응을 하여 모두 황산납($PbSO_4$)으로 변화하면서 전기를 발생시킨다.

(2) 전해액

전해액은 무색·무취의 묽은 황산(H_2SO_4)이며, 양쪽 극판과의 화학작용으로부터 얻어진 전류의 저장 및 발생, 그리고 셀 내부의 전기적 전도 기능도 한다.

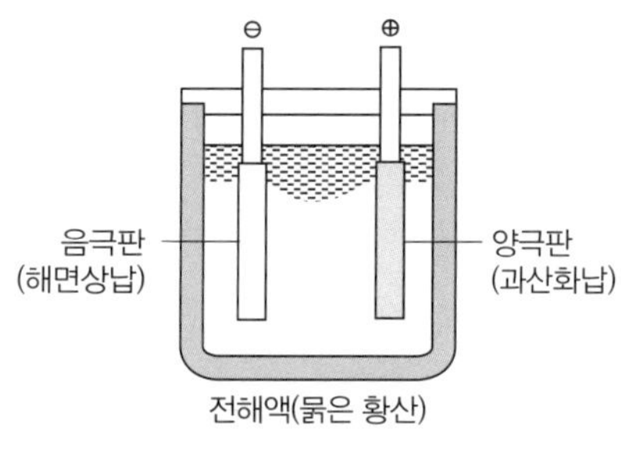

[납산축전지의 원리]

7 축전지 연결에 따른 용량과 전압의 변화

(1) 직렬 연결

같은 전압, 같은 용량의 축전지 2개 이상을 [+]단자와 다른 축전지의 [-]단자에 연결하는 방법이며, 이때 전압은 연결한 개수만큼 증가하고 용량(전류)은 1개일 때와 같다. 12V-50AH 축전지 3개를 직렬로 연결하면 36V-50AH가 된다.

(2) 병렬 연결

같은 전압, 같은 용량의 축전지 2개 이상을 [+]단자는 다른 축전지의 [+]단자에, [-]단자는 [-]단자에 연결하는 방법이며, 이때 용량(전류)은 연결한 개수만큼 증가하고 전압은 1개일 때와 같다.

8 MF(maintenance free battery) 축전지

MF축전지는 자기방전이나 화학반응을 할 때 발생하는 가스로 인한 전해액 감소를 방지하고, 축전지 점검·정비를 줄이기 위해 개발된 것이며 다음과 같은 특징이 있다.

① 증류수를 점검하거나 보충하지 않아도 된다.
② 자기방전 비율이 매우 낮다.
③ 장기간 보관이 가능하다.
④ 증류수를 전기분해할 때 발생하는 산소와 수소가스를 촉매마개를 사용하여 증류수로 환원시킨다.

9 축전지 단자에서 케이블 탈착 및 부착 순서

① 케이블을 떼어낼 때에는 [-]단자(접지단자)의 케이블을 먼저 떼어낸 다음 [+]단자의 케이블을 떼어 낸다.

② 케이블을 설치할 때에는 [+]단자의 케이블을 먼저 연결한 다음 [-]단자의 케이블을 연결한다.

10 시동장치

내연기관은 자기시동(self starting)이 불가능하므로 외부의 힘을 이용하여 크랭크축을 회전시켜야 한다. 이때 필요한 장치가 기동전동기와 축전지이다.

11 기동전동기

(1) 전기자(armature)

전기자는 회전력을 발생하는 부분이며, 전기자 철심은 자력선의 통과를 쉽게 하고 맴돌이 전류를 감소시키기 위해 성층철심으로 되어 있다.

(2) 정류자(commutator)

정류자는 브러시에서의 전류를 일정한 방향으로만 흐르게 한다.

(3) 계철(yoke)

계철은 자력선의 통로와 전동기의 틀이며, 안쪽에 계자철심이 있고 여기에 계자코일이 감겨진다. 계자코일에 전류가 흐르면 계자철심이 전자석이 된다.

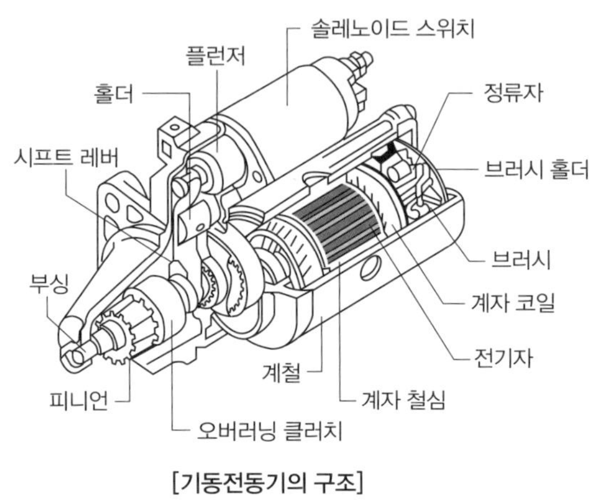

[기동전동기의 구조]

(4) 브러시와 브러시 홀더(brush & brush holder)

브러시는 정류자를 통하여 전기자 코일에 전류를 출입시키며, 브러시는 1/3 이상 마모되면 교환한다. 브러시는 일반적으로 4개를 사용한다.

(5) 오버러닝 클러치(over running clutch)

① 전기자 축에 설치되어 있으며, 엔진을 시동할 때 기동전동기의 피니언과 엔진 플라이휠 링기어가 물렸을 때 양 기어의 물림이 풀리는 것을 방지한다.

② 엔진이 시동된 후에는 기동전동기 피니언이 공회전하여 플라이휠 링기어에 의해 엔진의 회전력이 기동전동기에 전달되지 않도록 한다.

(6) 솔레노이드 스위치(solenoid switch) : 마그넷 스위치라고도 부르며, 기동전동기의 전자석 스위치이며, 풀인 코일(pull-in coil)과 홀드인 코일(hold-in coil)로 되어 있다.

12 예열장치(glow system)

디젤엔진은 압축착화방식이므로 한랭한 상태에서는 경유가 잘 착화하지 못해 시동이 어렵다. 따라서 예열장치는 연소실이나 흡기다기관 내의 공기를 미리 가열하여 시동이 쉽도록 하는 장치이다.

① 예열플러그(glow plug type) : 예열플러그는 예연소실식, 와류실식 등에 사용하며, 연소실에 설치된다. 그 종류에는 코일형과 실드형이 있고, 현재는 실드형을 사용한다.

② 히트레인지(heat range) : 히트레인지는 직접분사실식에서 사용하며, 흡기다기관에 설치된 열선에 전원을 공급하여 발생되는 열에 의해 흡입되는 공기를 가열하는 방식이다.

13 발전기의 원리

N, S극에 의한 스테이터 코일 내에서 로터를 회전시키면 플레밍의 오른손법칙에 따라 기전력이 발생한다.

14 교류발전기

교류발전기(alternator, 알터네이터)는 스테이터, 로터, 정류기(다이오드)로 구성된다.

① 스테이터(stator, 고정자) : 스테이터는 전류가 발생하는 부분이며, 3상 교류가 유기된다.

② 로터(rotor, 회전자) : 로터는 브러시를 통하여 여자전류를 받아서 자속을 만든다.

③ 다이오드(diode, 정류기) : 다이오드는 스테이터에서 발생한 교류를 직류로 정류하여 외부로 공급하고, 축전지의 전류가 발전기로 역류하는 것을 방지한다.

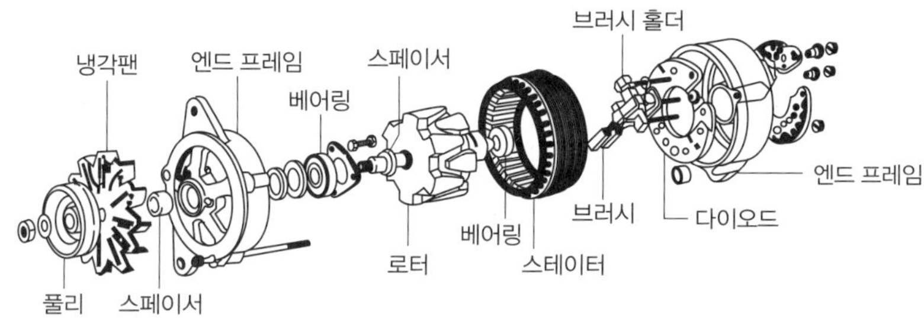

[교류발전기의 구조]

15 전조등

전조등은 좌우 램프별로 병렬로 연결되며, 형식에는 실드 빔형과 세미실드 빔형이 있다.

① 실드 빔형(shield beam type) : 반사경·렌즈 및 필라멘트가 일체로 된 형식이다.

② 세미 실드 빔형(semi shield beam type) : 반사경·렌즈 및 필라멘트가 별도로 되어 있어 필라멘트가 단선되면 전구를 교환하면 된다.

16 방향지시등

플래셔 유닛(flasher unit)은 방향지시기 전구에 흐르는 전류를 일정한 주기로 단속·점멸하여 램프를 점멸시키거나 광도를 증감시키는 부품이다.

17 계기판의 계기와 경고등

(1) 계기(gauge)

속도계	연료계	온도계(수온계)
10 20 30 40 50 mph Km/h	E 1/2 F	H 적색 C

(2) 경고등(warning light) 및 표시등

엔진점검 경고등	브레이크 고장 경고등	축전지 충전 경고등
CHECK		
연료레벨 경고등	**안전벨트 경고등**	**냉각수 과열 경고등**
주차 브레이크 표시등	**엔진예열 표시등**	**엔진오일 압력 표시등**
P		

3 유압일반

1 파스칼의 원리(Pascal's Principle)

파스칼의 원리란 밀폐된 용기 내에 액체를 가득 채우고 그 용기에 힘을 가하면 그 내부압력은 용기의 각 면에 수직으로 작용하며, 용기 내의 어느 곳이든지 똑같은 압력으로 작용한다는 것이다.

2 유압장치의 장점 및 단점

(1) 유압장치의 장점

① 작은 동력원으로 큰 힘을 낼 수 있고, 정확한 위치제어가 가능하다.
② 운동방향을 쉽게 변경할 수 있고, 에너지 축적이 가능하다.
③ 과부하 방지가 간단하고 정확하다.
④ 원격제어가 가능하고, 속도제어가 쉽다.
⑤ 무단변속이 가능하고 작동이 원활하다.
⑥ 윤활성, 내마멸성, 방청성이 좋다.
⑦ 힘의 전달 및 증폭과 연속적 제어가 쉽다.

(2) 유압장치의 단점

① 고압 사용으로 인한 위험성 및 이물질에 민감하다.
② 유압유의 온도에 따라서 점도가 변하여 기계의 속도가 변화하므로 정밀한 속도와 제어가 곤란하다.
③ 폐유에 의해 주위환경이 오염될 수 있다.
④ 유압유는 가연성이 있어 화재에 위험하다.
⑤ 회로구성이 어렵고 누설되는 경우가 있다.
⑥ 에너지의 손실이 크며, 파이프를 연결한 곳에서 유압유가 누출될 우려가 있다.
⑦ 구조가 복잡하므로 고장원인의 발견이 어렵다.

3 유압유의 구비조건

① 강인한 유막을 형성할 수 있을 것
② 적당한 점도와 유동성이 있을 것
③ 비중이 적당할 것
④ 인화점 및 발화점이 높을 것
⑤ 압축성이 없고 윤활성이 좋을 것
⑥ 점도와 온도의 관계가 좋을 것(점도지수가 클 것)
⑦ 물리적·화학적 변화가 없고 안정이 될 것
⑧ 체적탄성계수가 크고, 밀도가 작을 것
⑨ 유압장치에 사용되는 재료에 대하여 불활성일 것
⑩ 독성과 휘발성이 없을 것
⑪ 물·먼지 및 공기 등을 신속히 분리할 수 있을 것

4 유압펌프(hydraulic pump)

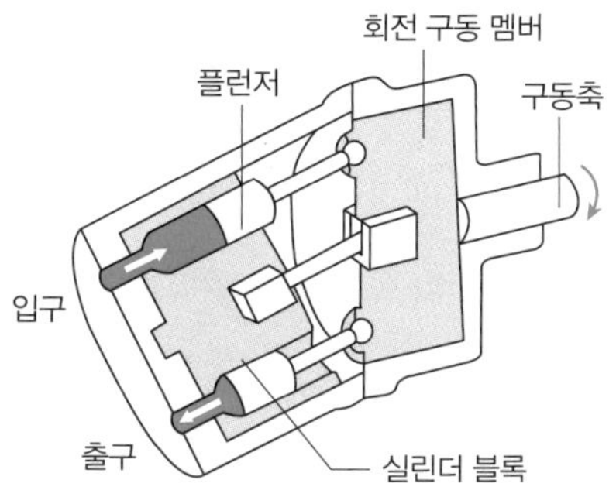

[액시얼 플런저펌프의 구조]

① 유압펌프는 원동기(내연기관, 전동기 등)로부터의 기계적인 에너지를 이용하여 유압유에 압력 에너지를 부여하는 장치이다.
② 종류에는 기어 펌프, 베인 펌프, 피스톤(플런저) 펌프, 나사 펌프, 트로코이드 펌프 등이 있다.

5 유압액추에이터(작업기구)

유압펌프에서 보내준 유압유의 압력 에너지를 직선운동이나 회전운동을 하여 기계적인 일을 하는 기구이며, 유압모터와 실린더가 있다.

(1) 유압실린더(hydraulic cylinder)

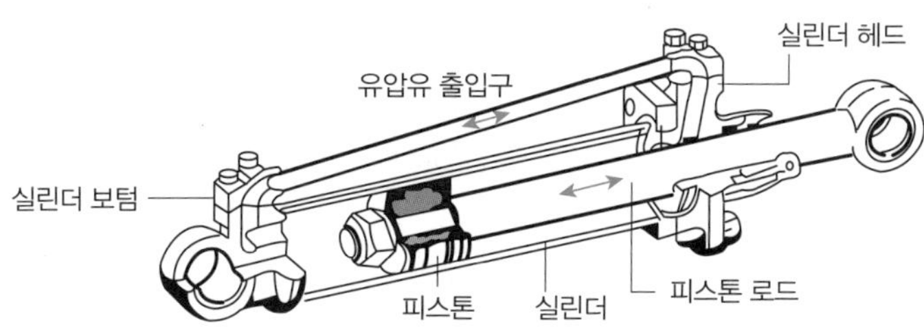

[유압실린더의 구조(복동형)]

① 유압실린더는 실린더, 피스톤, 피스톤 로드로 구성된 직선 왕복운동을 하는 액추에이터이다.
② 종류에는 단동실린더, 복동실린더(싱글 로드형과 더블 로드형), 다단실린더, 램형 실린더 등이 있다.

(2) 유압모터(hydraulic motor)

유압모터는 유압 에너지에 의해 연속적으로 회전운동하여 기계적인 일을 하는 장치이다. 종류에는 기어 모터, 베인 모터, 플런저 모터가 있으며, 장점 및 단점은 다음과 같다.

구분	내용
장점	• 넓은 범위의 무단변속이 용이하다. • 소형·경량으로 큰 출력을 낼 수 있다. • 구조가 간단하며, 과부하에 대해 안전하다. • 정·역회전 변화가 가능하다. • 자동원격 조작이 가능하고 작동이 신속·정확하다. • 전동모터에 비하여 급속정지가 쉽다. • 회전속도나 방향의 제어가 용이하다. • 회전체의 관성이 작아 응답성이 빠르다.
단점	• 유압유의 점도 변화에 의하여 유압모터의 사용에 제약이 있다. • 유압유가 인화하기 쉽다. • 유압유에 먼지나 공기가 침입하지 않도록 특히 보수에 주의해야 한다. • 공기와 먼지 등이 침투하면 성능에 영향을 준다.

6 제어밸브

제어밸브(control valve)란 유압유의 압력, 유량 또는 방향을 제어하는 밸브의 총칭이다.
① 압력제어밸브 : 일의 크기를 결정한다.
② 유량제어밸브 : 일의 속도를 결정한다.
③ 방향제어밸브 : 일의 방향을 결정한다.

7 압력제어밸브(pressure control valve)

(1) 릴리프밸브(relief valve)

① 유압펌프 출구와 방향제어밸브 입구 사이에 설치되어 있다.
② 유압장치 내의 압력을 일정하게 유지하고, 최고압력을 제한하며 회로를 보호하며, 과부하 방지와 유압기기의 보호를 위하여 최고압력을 규제한다.

(2) 감압밸브(reducing valve, 리듀싱밸브)

① 유압회로에서 메인(main) 유압보다 낮은 압력으로 유압 액추에이터를 동작시키고자 할 때 사용한다.
② 상시개방 상태로 되어 있다가 출구(2차 쪽)의 압력이 감압밸브의 설정압력보다 높아지면 밸브가 작용하여 유로를 닫는다.

(3) 시퀀스밸브(sequence valve)

유압원에서의 주회로부터 유압실린더 등이 2개 이상의 분기회로를 가질 때, 각 유압실린더를 일정한 순서로 순차작동시킨다.

(4) 무부하밸브(unloader valve, 언로드밸브)

유압회로 내의 압력이 설정압력에 도달하면 유압펌프에서 토출된 유압유를 모두 오일탱크로 회송시켜 유압펌프를 무부하로 운전시키는 데 사용한다.

(5) 카운터밸런스밸브(counter balance valve)

체크밸브가 내장되는 밸브로서 유압회로의 한 방향의 흐름에 대해서는 설정된 배압을 발생시키고, 다른 방향의 흐름은 자유롭게 흐르도록 한다.

8 유량제어밸브(flow control valve)

① 액추에이터의 운동속도를 조정하기 위하여 사용한다.
② 종류에는 속도제어밸브, 급속배기밸브, 분류밸브, 니들밸브, 오리피스밸브, 교축밸브(스로틀밸브), 스로틀체크밸브, 스톱밸브 등이 있다.

9 방향제어밸브(direction control valve)

(1) 스풀밸브(spool valve)

액추에이터의 방향제어밸브이며, 원통형 슬리브 면에 내접하여 축 방향으로 이동하여 유로를 개폐한다.

(2) 체크밸브(check valve)

유압회로에서 역류를 방지하고 회로 내의 잔류압력을 유지한다. 즉 유압유의 흐름을 한쪽으로만 허용하고 반대방향의 흐름을 제어한다.

(3) 셔틀밸브(shuttle valve)

2개 이상의 입구와 1개의 출구가 설치되어 있으며, 출구가 최고압력의 입구를 선택하는 기능을 가진 밸브이다.

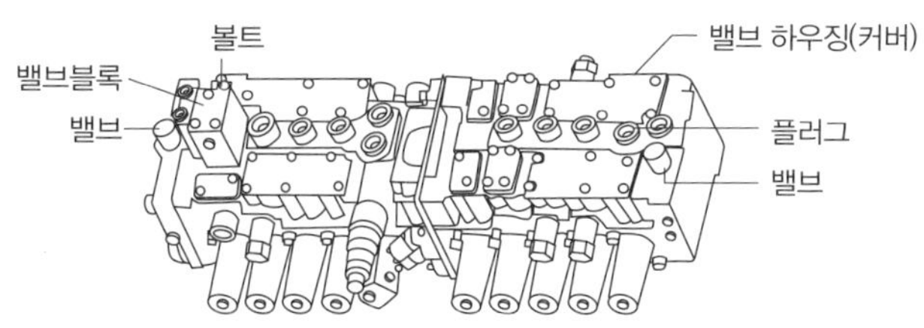

[방향제어밸브]

10 유압의 기본회로

유압의 기본회로에는 오픈(개방)회로, 클로즈(밀폐)회로, 병렬회로, 직렬회로, 탠덤회로 등이 있다.

(1) 언로드회로(unload circuit)

일하던 도중에 유압펌프 유량이 필요하지 않게 되었을 때 유압유를 저압으로 탱크에 귀환시킨다.

(2) 속도제어회로(speed control circuit)

① 미터-인 회로(meter-in circuit) : 미터-인 회로는 액추에이터의 입구 쪽 관로에 직렬로 설치한 유량제어밸브로 유량을 제어하여 속도를 제어한다.
② 미터-아웃 회로(meter-out circuit) : 미터-아웃 회로는 액추에이터의 출구 쪽 관로에 직렬로 설치한 유량제어밸브로 유량을 제어하여 속도를 제어한다.
③ 블리드 오프 회로(bleed off circuit) : 블리드오프 회로는 유량제어밸브를 실린더와 병렬로 설치하여 유압펌프 토출유량 중 일정한 양을 탱크로 되돌리므로 릴리프밸브에서 과잉압력을 줄일 필요가 없는 장점이 있으나 부하변동이 급격한 경우에는 정확한 유량제어가 곤란하다.

11 유압기호

(1) 기호 회로도에 사용되는 유압기호의 표시방법

① 기호에는 흐름의 방향을 표시한다.
② 각 기기의 기호는 정상상태 또는 중립상태를 표시한다.
③ 오해의 위험이 없는 경우에는 기호를 회전하거나 뒤집어도 된다.
④ 기호에는 각 기기의 구조나 작용압력을 표시하지 않는다.
⑤ 기호가 없어도 바르게 이해할 수 있는 경우에는 드레인 관로를 생략해도 된다.

(2) 기호 회로도

명칭	기호	명칭	기호
정용량 유압 펌프	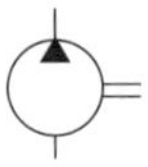	압력 스위치	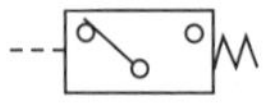
가변용량형 유압 펌프		단동 실린더	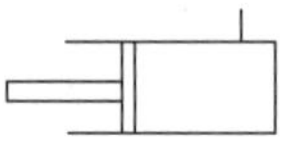
복동 실린더	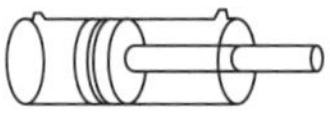	릴리프 밸브	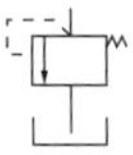
무부하 밸브	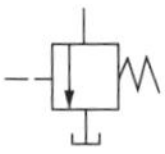	체크 밸브	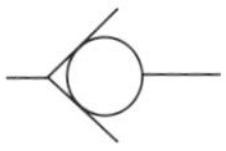
축압기(어큐뮬레이터)		공기·유압 변환기	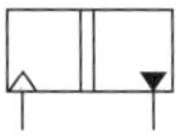
압력계		오일탱크	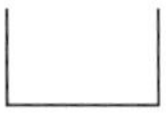
유압 동력원		오일 여과기	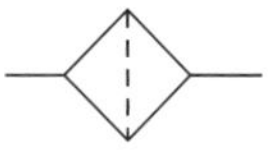
정용량형 펌프·모터	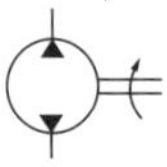	회전형 전기 액추에이터	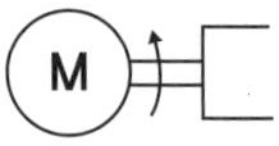 M
가변용량형 유압 모터	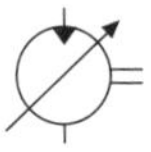	솔레노이드 조작 방식	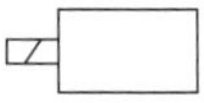
간접 조작 방식	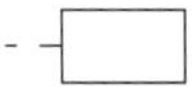	레버 조작 방식	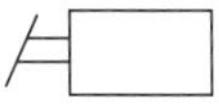
기계 조작 방식	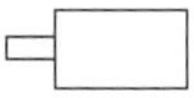	복동 실린더 양로드형	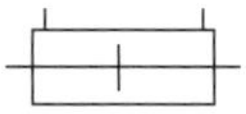
드레인 배출기	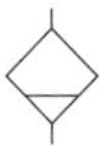	전자·유압 파일럿	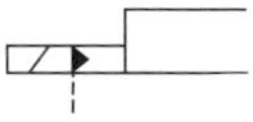

⑫ 유압유 탱크(hydraulic oil tank)의 기능

① 적정유량의 확보
② 유압유의 기포 발생 방지 및 기포의 소멸
③ 적정 유압유 온도 유지

⑬ 어큐뮬레이터(accumulator, 축압기)

① 유압펌프에서 발생한 유압을 저장하고, 맥동을 소멸시키고 유압에너지의 저장, 충격흡수 등에 이용하는 기구이다.
② 용도는 압력보상, 체적변화 보상, 유압에너지 축적, 유압회로 보호, 맥동감쇠, 충격압력 흡수, 일정압력 유지, 보조동력원으로의 사용 등이다.
③ 블래더형 어큐뮬레이터(축압기)의 고무주머니 내에는 질소가스를 주입한다.

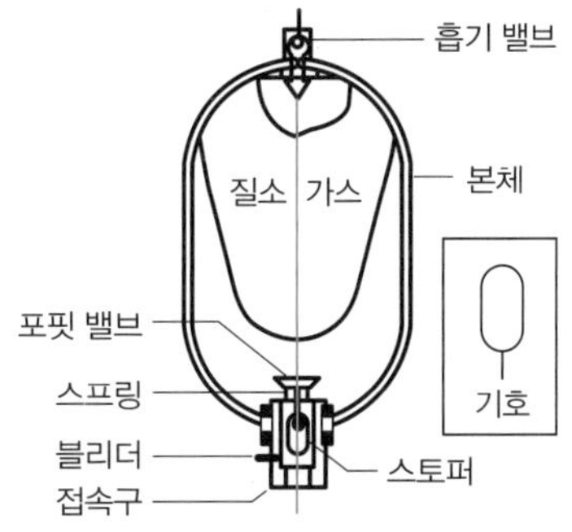

[어큐뮬레이터의 구조]

⑭ 유압파이프와 호스

유압파이프는 강철파이프를 사용하고, 유압호스는 나선 블레이드 호스를 사용하며, 유니언 이음(union coupling) 되어 있다.

⑮ 실(seal)

유압회로의 유압유 누출을 방지하기 위해 사용한다. 재질은 합성고무, 우레탄 등이며 종류에는 O-링, U-패킹, 금속패킹, 더스트 실 등이 있다. 유압실린더의 피스톤 부분에는 금속패킹, 고압작동 부분에는 U-패킹을 사용한다.

교통안전표지일람표

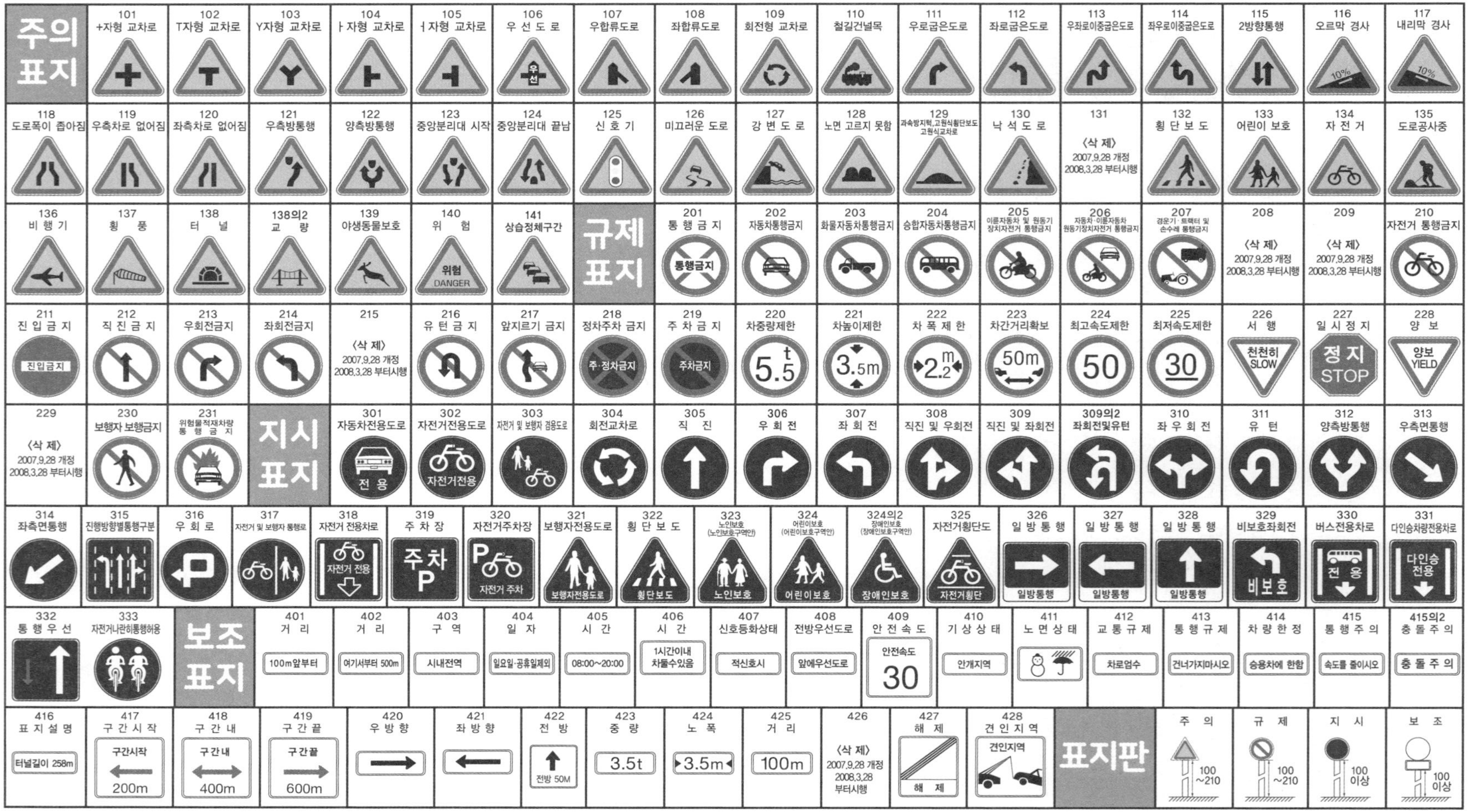

주의표지

- 101 +자형 교차로
- 102 T자형 교차로
- 103 Y자형 교차로
- 104 ㅏ자형 교차로
- 105 ㅓ자형 교차로
- 106 우 선 도 로 (우선)
- 107 우합류도로
- 108 좌합류도로
- 109 회전형 교차로
- 110 철길건널목
- 111 우로굽은도로
- 112 좌로굽은도로
- 113 우좌로이중굽은도로
- 114 좌우로이중굽은도로
- 115 2방향통행
- 116 오르막 경사 (10%)
- 117 내리막 경사 (10%)
- 118 도로폭이 좁아짐
- 119 우측차로 없어짐
- 120 좌측차로 없어짐
- 121 우측방통행
- 122 양측방통행
- 123 중앙분리대 시작
- 124 중앙분리대 끝남
- 125 신 호 기
- 126 미끄러운 도로
- 127 강 변 도 로
- 128 노면 고르지 못함
- 129 과속방지턱,고원식횡단보도 고원식교차로
- 130 낙 석 도 로
- 131 〈삭 제〉 2007.9.28 개정 2008.3.28 부터시행
- 132 횡 단 보 도
- 133 어린이 보호
- 134 자 전 거
- 135 도로공사중
- 136 비 행 기
- 137 횡 풍
- 138 터 널
- 138의2 교 량
- 139 야생동물보호
- 140 위 험 (위험 DANGER)
- 141 상습정체구간

규제표지

- 201 통 행 금 지 (통행금지)
- 202 자동차통행금지
- 203 화물자동차통행금지
- 204 승합자동차통행금지
- 205 이륜자동차 및 원동기장치자전거 통행금지
- 206 자동차·이륜자동차 원동기장치자전거 통행금지
- 207 경운기·트랙터 및 손수레 통행금지
- 208 〈삭 제〉 2007.9.28 개정 2008.3.28 부터시행
- 209 〈삭 제〉 2007.9.28 개정 2008.3.28 부터시행
- 210 자전거 통행금지
- 211 진 입 금 지 (진입금지)
- 212 직 진 금 지
- 213 우회전금지
- 214 좌회전금지
- 215 〈삭 제〉 2007.9.28 개정 2008.3.28 부터시행
- 216 유 턴 금 지
- 217 앞지르기 금지
- 218 정차주차 금지 (주·정차금지)
- 219 주 차 금 지 (주차금지)
- 220 차중량제한 (5.5 t)
- 221 차높이제한 (3.5m)
- 222 차 폭 제 한 (2.2 m)
- 223 차간거리확보 (50m)
- 224 최고속도제한 (50)
- 225 최저속도제한 (30)
- 226 서 행 (천천히 SLOW)
- 227 일 시 정 지 (정 지 STOP)
- 228 양 보 (양보 YIELD)
- 229 〈삭 제〉 2007.9.28 개정 2008.3.28 부터시행
- 230 보행자 보행금지
- 231 위험물적재차량 통 행 금 지

지시표지

- 301 자동차전용도로 (전 용)
- 302 자전거전용도로 (자전거전용)
- 303 자전거 및 보행자 겸용도로
- 304 회전교차로
- 305 직 진
- 306 우 회 전
- 307 좌 회 전
- 308 직진 및 우회전
- 309 직진 및 좌회전
- 309의2 좌회전및유턴
- 310 좌 우 회 전
- 311 유 턴
- 312 양측방통행
- 313 우측면통행
- 314 좌측면통행
- 315 진행방향별통행구분
- 316 우 회 로
- 317 자전거 및 보행자 통행로
- 318 자전거 전용차로 (자전거 전용)
- 319 주 차 장 (주차 P)
- 320 자전거주차장 (자전거 주차)
- 321 보행자전용도로 (보행자전용도로)
- 322 횡 단 보 도 (횡단보도)
- 323 노인보호 (노인보호구역안) (노인보호)
- 324 어린이보호 (어린이보호구역안) (어린이보호)
- 324의2 장애인보호 (장애인보호구역안) (장애인보호)
- 325 자전거횡단도 (자전거횡단)
- 326 일 방 통 행 (일방통행)
- 327 일 방 통 행 (일방통행)
- 328 일 방 통 행 (일방통행)
- 329 비보호좌회전 (비보호)
- 330 버스전용차로 (전 용)
- 331 다인승차량전용차로 (다인승 전용)
- 332 통 행 우 선
- 333 자전거나란히통행허용

보조표지

- 401 거 리 (100m앞부터)
- 402 거 리 (여기서부터 500m)
- 403 구 역 (시내전역)
- 404 일 자 (일요일·공휴일제외)
- 405 시 간 (08:00~20:00)
- 406 시 간 (1시간이내 차둘수있음)
- 407 신호등화상태 (적신호시)
- 408 전방우선도로 (앞에우선도로)
- 409 안 전 속 도 (안전속도 30)
- 410 기 상 상 태 (안개지역)
- 411 노 면 상 태
- 412 교 통 규 제 (차로엄수)
- 413 통 행 규 제 (건너가지마시오)
- 414 차 량 한 정 (승용차에 한함)
- 415 통 행 주 의 (속도를 줄이시오)
- 415의2 충 돌 주 의 (충 돌 주 의)
- 416 표 지 설 명 (터널길이 258m)
- 417 구 간 시 작 (구간시작 200m)
- 418 구 간 내 (구간내 400m)
- 419 구 간 끝 (구간끝 600m)
- 420 우 방 향
- 421 좌 방 향
- 422 전 방 (전방 50M)
- 423 중 량 (3.5t)
- 424 노 폭 (3.5m)
- 425 거 리 (100m)
- 426 〈삭 제〉 2007.9.28 개정 2008.3.28 부터시행
- 427 해 제 (해 제)
- 428 견 인 지 역 (견인지역)

표지판

- 주 의 (100 ~210)
- 규 제 (100 ~210)
- 지 시 (100 이상)
- 보 조 (100 이상)

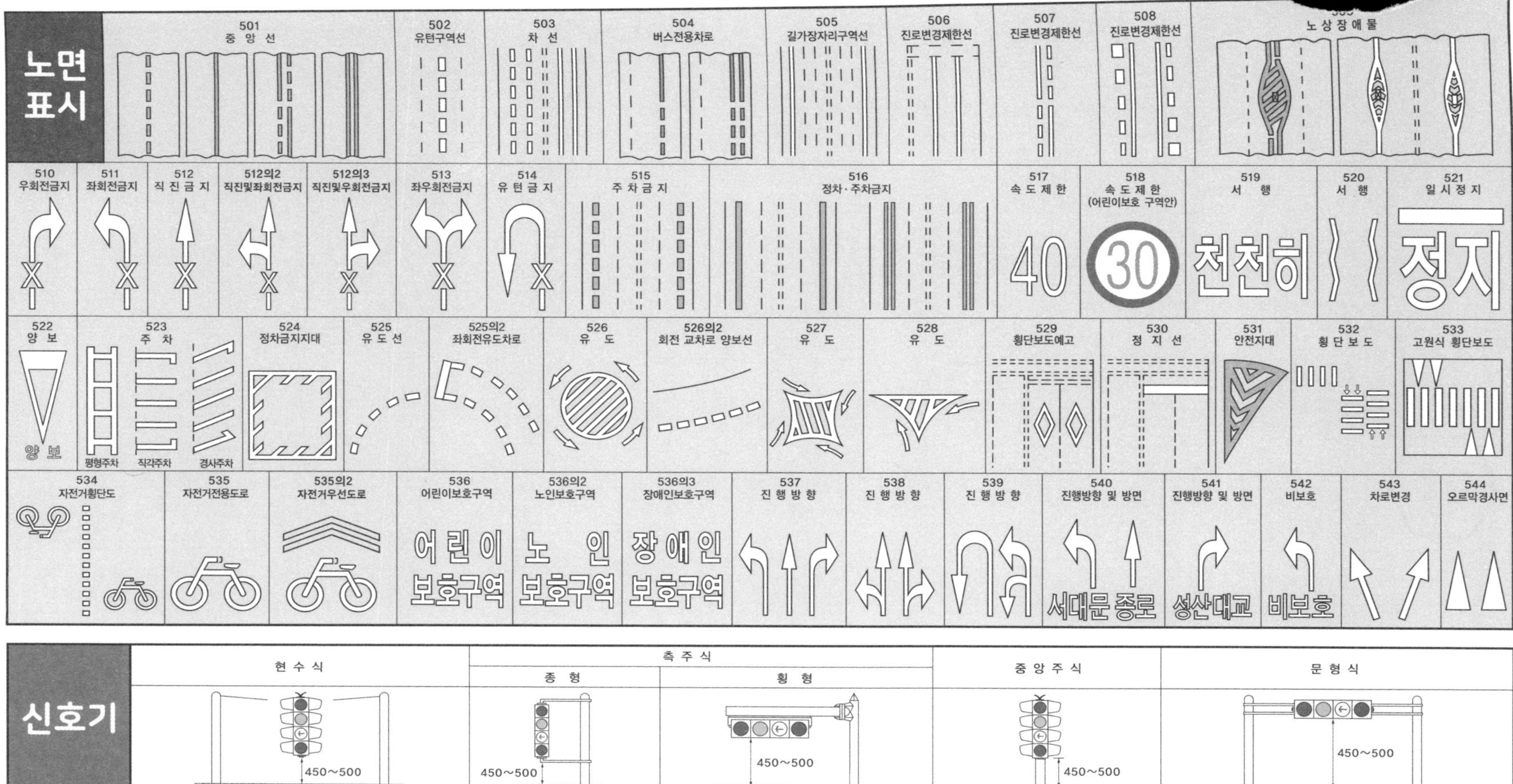
노면 표시
501 중 앙 선
502 유턴구역선
503 차 선
504 버스전용차로
505 길가장자리구역선
506 진로변경제한선
507 진로변경제한선
508 진로변경제한선
노 상 장 애 물
510 우회전금지
511 좌회전금지
512 직 진 금 지
512의2 직진및좌회전금지
512의3 직진및우회전금지
513 좌우회전금지
514 유 턴 금 지
515 주 차 금 지
516 정차·주차금지
517 속 도 제 한
40
518 속 도 제 한 (어린이보호 구역안)
30
519 서 행
천천히
520 서 행
521 일 시 정 지
정지
522 양 보
양 보
523 주 차
평형주차
직각주차
경사주차
524 정차금지지대
525 유 도 선
525의2 좌회전유도차로
526 유 도
526의2 회전 교차로 양보선
527 유 도
528 유 도
529 횡단보도예고
530 정 지 선
531 안전지대
532 횡 단 보 도
533 고원식 횡단보도
534 자전거횡단도
535 자전거전용도로
535의2 자전거우선도로
536 어린이보호구역
어린이 보호구역
536의2 노인보호구역
노 인 보호구역
536의3 장애인보호구역
장애인 보호구역
537 진 행 방 향
538 진 행 방 향
539 진 행 방 향
540 진행방향 및 방면
서대문 종로
541 진행방향 및 방면
성산대교
542 비보호
비보호
543 차로변경
544 오르막경사면
신호기
현 수 식
450~500
측 주 식
종 형
450~500
횡 형
450~500
중 앙 주 식
450~500
문 형 식
450~500
신호등
횡 형
3 색 등
(화 살 표)
4 색 등
A
B
종 형
3 색 등
(화 살 표)
4 색 등
버스 삼색등
가변형가변등
경보형경보등
보 행 등
자전거 신호등
차량 보조등
종형 3색등
종형 4색등